人工智能基础理论研究丛书

三链范式

——智能科学探秘

朱涛 著

维度链 着力解决“认知”问题

逻辑链 着力解决“行动”问题

主客链 着力解决“存储”和“驱动”问题

三位一体 共同构筑一个高等智能系统

同济大学出版社
TONGJI UNIVERSITY PRESS
·上海·

图书在版编目(CIP)数据

三链范式：智能科学探秘 / 朱涛著. -- 上海：同济大学出版社，2022.12
(人工智能基础理论研究丛书)
ISBN 978-7-5765-0450-7

Ⅰ.①三… Ⅱ.①朱… Ⅲ.①人工智能 Ⅳ.①TP18

中国版本图书馆 CIP 数据核字(2022)第 206800 号

三链范式——智能科学探秘
朱 涛 著

出品人 金英伟 责任编辑 丁国生 责任校对 徐春莲 封面设计 陈益平

出版发行 同济大学出版社 www.tongjipress.com.cn
(地址：上海市四平路 1239 号 邮编：200092 电话：021-65985622)
经 销 全国各地新华书店
制 作 南京月叶图文制作有限公司
印 刷 上海安枫印务有限公司
开 本 787 mm×1092 mm 1/16
印 张 16.25
字 数 406 000
版 次 2022 年 12 月第 1 版
印 次 2022 年 12 月第 1 次印刷
书 号 ISBN 978-7-5765-0450-7

定 价 178.00 元

前言

本书的宗旨是建立类脑智能的基础原理和基本架构。通俗地说，就是要回答这样的问题：人的大脑(或心灵)是按照什么原理工作？具备怎样的思维结构？人工智能的研究一直试图解决这个问题，但是传统人工智能在这一方面显然没有能够取得令人满意的结果。

新一轮人工智能浪潮正在席卷全球，世界主要发达国家都把发展人工智能作为提升国家竞争力、维护国家安全的重大战略，加紧出台规划和政策，围绕核心技术、顶尖人才、标准规范等强化部署，力图在新一轮国际科技竞争中掌握主导权。截至2020年12月，全球已有39个国家和地区制定了国家级人工智能战略。2017年，中国发布《新一代人工智能发展规划》，规划到2030年在类脑智能等领域取得重大突破，形成较为成熟的新一代人工智能理论与技术体系。

“类脑智能”被称为“新一代人工智能”，是当前人工智能领域最新的竞争焦点，也是当前国际重要的科技前沿。然而，即便是目前最先进的人工神经网络模型，在真正的大脑面前仍然是简陋得可怕。简单来说有两个瓶颈：一是对大脑知之甚少，脑机理认知尚不清楚；二是没法把大脑的工作方式抽象成计算机可以理解的数学模型，类脑计算模型和算法尚不精确。虽然我们已对神经元之间信息传导的生理机制有了一定了解，同时也对大脑皮层各部分主要掌管或参与的生理活动有了一定研究，但对二者间信息的传递和解析，我们几乎一无所知；另外，皮层的神经活动生理机制尚不明了，且通用性大脑皮层数学模型建立难度确实太大，缺少相关算法原理作为支持，以致学术界仿照大脑皮层运转模式的有效数学模型一直难有突破。

为了解决这个世纪性难题，建立有效的生物脑智能模拟系统，本书在“从结构上类脑”(指专研生理结构)的传统科研模式之外，另辟蹊径，着力于“从功能上类脑”的模式，转从认知功能角度剖析大脑的运作机制。本书以“存在双解”“三耦输入”“生物学习”①等原创性理论为基础，结合大数据分层储存和演化的多维数据分析技术，融合“自主目的”“永恒思策”“策略共享”“花蔓传承”②等数十项算法，成功构建了一个“智能系统总模型”。模型包含基、律、动、束、熵、恒、无七个信息维度③，是一个完整的类脑智能系统基本结构，我们把它称为“三链范式”④。围绕该范式，本书建立了一套统一的、相对完备的类脑智能基础理论和共性技术体系。

“三链范式”，是指依托对生物智能认知原理的研究，形成以“维度链”“逻辑链”“主客

①②③④ 各概念详请参见书后之“概念索引”一章。

链”技术的耦合为中心理念，以系列与之相关的范畴、原理、定律、算法为架构，建立的一套人工智能系统运行的基础理论和技术体系。其中，“维度链”认为：认知是对存在的表达，存在的实质是一种作用关系，由此形成的智能系统一定是个多维度架构。因存在是一种作用关系，就必须在作用发生时才能呈现；作用呈现的结果是对存在的解释；解释本身也是一种存在，须提前通过另一次作用才能得以呈现；如此形成存在、存在的解释、解释的解释、解释的解释的解释……实际在原存在之上，新增七层信息维度（详见九层维度原理）。“逻辑链”认为：成熟的智能系统是一个任务集合，系统运动就是实施趋避行动的过程，因果逻辑是对规律的模拟，策略则是对规律的运用，均由因果逻辑前后衔接而成，逻辑环环相扣宛如链条，故称“逻辑链”，记忆体则是无数“逻辑链”的集合。随外境演变，内驱力在行动步骤间跳转，推动环境朝向预期目标发展，达成趋利避害的智能效果。“主客链”认为：系统由外到内是一个由客体到主体且主体层次不断深化的过程，依次有四层认知主体，即身体我、人性我、逻辑我和印耦。前三层为自我意识，合称“三重自我”，印耦是认知的总背景。随着认知的深入，认知者其实也是被认知对象，低层主体及其认知内容，全都属于高层主体的认知对象。“主客链”理论清晰界定了系统的内外划分，揭示了系统的驱动结构。

第一篇“智能的基础原理解析”，是从十个专项领域对智能系统的细化描述。其中，“存在双解原理”是范式的理论基石，从观察者视角，“存在是一种作用关系”；从存在物视角，“存在是有东西在”。智能是双解的耦合，通过作用过程获得认知而结果表达为并存状态。“九层维度原理”揭示系统是包含身体和七维信息并由印耦统合、覆盖九层维度、涉及十二维时空的超级巨系统。“三耦输入原理”阐明了系统的输入和输出。真实外境刺激称物耦输入；系统投射虚拟外境的刺激称数耦输入，属自驱动；连接认知背景称印耦输入，因它促成认知故实属系统输出。“认知环路原理”揭示了单次认知原理。意识沿着从低维到高维的“求因”和反向“投射”组成的环路完成认知。“因果逻辑原理”揭示因果逻辑的发现、验证和反应的运作机制，并总结了智能的第四层定义。“感受运作原理”揭示感受生成和运行的奥秘。感受在因果逻辑验证中生成，有三大原理、五大作用，是类脑智能的必备技术。“两种行动原理”阐明了身体和心理行动的技术，前者指肢体及言语动作，后者指通过预设因果逻辑获得策略的过程。“场景切换原理”阐明系统的状态转换。联想切换、心弦切换、花蔓切换依次呈现表层、中层、底层的运动规律。“万物分类原理”是对万物的归类和揭秘。万物分刹那和非刹那，前者再分实存、外投、过程、内投、纽带、趋性等六类。“语言言语原理”分为言语行为和语言组织技术，言语遵循行为规律，在行为中完成语言组织过程。

第二篇“智能的主要特征探秘”，是从十大特征角度对智能技术展开具体解析。“智能的自我意识”阐明系统共有三层自我即身体我、人性我和逻辑我。人性我指联想、感受、思维功能，逻辑我指记忆体。“智能的身体器官”介绍身体的感知和执行器官，前者负责视、听等八种感觉功能，后者负责行动的执行。“智能的目的系统”揭示、发现因果逻辑形成隐性目的，逻辑验证形成显性目的，两类目的驱动系统运转的原理。“智能的时间空间”揭示由时空概念构筑关联逻辑体系，并简述系统时序管理。“智能的信息存储”将信息分为“现象层”和“实体层”两类，并揭示“印耦角色法”是存储的关键技术。“智能的逻辑链条”揭示逻辑体系由数据型逻辑和功能型逻辑耦合形成，分析类脑逻辑架构的设计要点。“智能的情绪情感”揭示生物作为情感体的原理：七维感受的整体是情绪，情绪累积形成情感。“智能的精神活动”释明各种精神活动的运作机理，揭示联想、感受、思考、记忆、学习等意识现象可用算法模拟。“智能的生物学习”创立生物学习概念并阐述其含义、模式、算法和优势，剖析了机器学习的技术瓶颈并给出解决方案。“智能的主客争斗”发现争斗的真正原因是彰显智能，而趋性跳转是争斗制胜的“秘诀”，并总结出智能的四层定义。

总的来说，三链范式十分注重研究业界的技术难点和发展瓶颈，致力于提出系统性解决方案。与其他学派相比，三链范式有以下特点：

(1) 建立了数据型和功能型两类逻辑，形成因果型和并存型两条“逻辑链”，逻辑体系严密而完整，是形成技术优势的基础。

(2) 通过发现和验证因果逻辑生成自主目的，形成自驱动技术，有助于解决强化学习的稀疏奖励等问题。奠定强人工智能基础。

(3) 建立因果逻辑可以共享的“策略共享机制”，彻底解决了机器学习长期困扰的策略泛化和迁移问题，使系统获得通用智能。

(4) 系统有九层维度，具“维度泛化”优势，使认知更具常识性、稳定性，解决了强化学习探索效率过低的问题。可处理小数据、鲁棒性强，弥补了深度学习依赖大数据、脆弱、易被攻击的缺陷。

(5) 学习功能完善，有固定和机动两种学习模式，前者解决基础问题，后者解决具体问题。具有超越机器学习的多项优势。

(6) 提出感受运作算法，使系统成为具有情绪情感的情感体。

(7) 智能具有可解释性，弥补了深度学习的“黑箱”弊端。

(8) 有别于冯·诺依曼架构，立足于以记忆体为中心的“花蔓传承”运行总模式，强调存储和计算融合，可开发“存算一体”架构。

(9) 多项研究彰显类脑智能的特征，例如“类脑六要素”理论、“趋利避害”机制、“自我三技”“永恒思策”技术等。

本书涉及的学科范围较广，不可能要求读者(包括笔者)在所有这些领域都是专家，同时也考虑到非专业人员阅读的可能性，故本书在文字表达上力求通俗，辅以示意、流程图增进理解，尽量避免数学形式的表达。对于非相关专业、仅以满足探索认知奥秘好奇心为目的的读者来说，本书的可读性也是很强的，足以提供茶余饭后的谈资。但对于想要深入理解本书内容的人来说，需要多下些功夫才行。本书所研究的问题本身是很困难的，新概念比较多，大多数概念需要通过与其他概念相互间的关联才能深入理解，因此建议读者在阅读时可参考书末的概念索引，采用多次反复阅读的方法，不清楚之处先放过去，等下次再阅读时，可能就容易理解了。可以说，只阅读个别章节可能很难理解，任一章节的深入理解都需要整体的支持，这是反复阅读的理由。此外，本书在有限篇幅里容纳了庞大的理论体系，使得叙述趋于精简，有些地方可能会有言犹未尽之感。其中有些是在其他学科中已研究过或正在研究的内容，读者可参考有关文献以加深认识，更多的则是尚未深入研究的部分，可作为未来研究的课题。

诚然，由于笔者才疏学浅，书中不当之处在所难免，若读者发现有疏漏或错谬不足之处，恳请不吝告知，电子邮箱：slfs_tom@163.com，笔者将不胜感激。

朱涛

2022年8月于浦东

目录

第二篇　智能的主要特征探秘

导论　智能科学概述

导论是为了让准备阅读本书的人有相应的知识铺垫，或者对正文的论述内容提前有一个提纲挈领的整体认识。

作为一本专注于生物智能和类脑智能研究的著述，本书不仅甚为关心微观的算法细节，也十分关心对智能科学的宏观理解。导论是作者对于智能科学的概括性论述和整体性看法，既包括对全书主要章节内容的概要阐述，也包括对整体技术理念的归纳总结。

导论分为三章。第一章在评析业界对人工智能概念的主流看法基础上，提出了包含“智能三要素”和“类脑六要素”的智能新定义；第二章介绍了智能技术发展过程中的五种主要学派，提出了本书所倡导的人工智能“三链范式”新理念，并进行了原理概述和技术比较；第三章专门介绍了三链范式的具体理论及技术体系概要。

第一章　智能的定义

常听到业界有人感叹，人工智能发展至今仍不能给出智能的准确定义；甚至认为都搞不清智能是什么，如何能取得快速发展？前述对智能含义的困惑，并不只是个别现象，而是有相当的普遍性，这说明当前智能科学的基础理论还十分薄弱。“工欲善其事，必先利其器”，准备工作尤为重要，古往今来，人类要想成就某项目标，首先必须要将注意力“锁定”目标，认准方向发力，随后方能成就。当今，我们若要开创人工智能新时代，首先必须锁定智能这个目标，但如果我们不清楚智能是什么，就难以锁定它，这样必然大大影响前进的步伐。所以，认清智能含义的本质，是业界必须重视的关键课题。

智能究竟是什么？具有怎样的客观属性？接下来，让我们的思路从分析业界的困惑入手，通过对生命活动的层层梳理，归纳出智能的“表象三要素”和“技术六要素”，从而获得智能的定义。

一、业界的困惑

研究智能科学，首先需要明白智能以及人工智能的基本定义，但这并不是很容易的过程，因为智能到底是什么，正是一直令业界普遍感到困惑的难解之谜。人工智能发展迅速，在近年已上升至全球主要经济体国家战略的高度，无疑已经成为智能科学的主要重点领域，因此，我们就先从人工智能的概念谈起。

长期以来，制造具有智能的机器一直是人类的光辉梦想，但人工智能作为一门前沿交叉学科，其定义一直存在不同的观点，现在我们就来梳理一下这些观点。以下信息引自中国电子技术标准化研究院发布的《人工智能标准化白皮书(2018 版)》：《人工智能：一种现代的方法》中将已有的一些人工智能定义分为四类：像人一样思考的系统、像人一样行动的系统、理性地思考的系统、理性地行动的系统。维基百科上定义"人工智能就是机器展现出的智能"，即只要是某种机器具有某种或某些"智能"的特征或表现，都应该算作"人工智能"。《大英百科全书》则限定人工智能是计算机或其控制的机器人在执行智能生物体才有的一些任务上的能力。百度百科定义人工智能是"研究、开发用于模拟、延伸和扩展人的智能的理论、方法、技术及应用系统的一门新的技术科学"。2018 版白皮书认为，人工智能是利用数字计算机或者数字计算机控制的机器模拟、延伸和扩展人的智能，感知环境、获取知识并使用知识获得最佳结果的理论、方法、技术及应用系统。2018 版白皮书还认为，根据人工智能是否能真正实现推理、思考和解决问题，可将人工智能分为弱人工智能和强人工智能，其中，弱人工智能是指不能真正实现推理和解决问题的智能机器，没有自主意识，迄今为止的人工智能都还是弱人工智能；强人工智能是指真正有思维的智能机器，是有知觉和自我意识的。

以上列举的人工智能定义，代表了业界部分主流观点，限于篇幅未列举的还有很多。分析上述各种观点，可归纳如下特点：

(1) 大多将人工智能定义与智能、人类智能或生物智能捆绑，但未说清后者是什么，这在某种程度上有违概念定义的常识：①定义项的认知度应高于被定义项，但人类对自身智能的认知还很模糊；②定义项不能直接或间接地包含被定义项，否则有"循环定义"的毛病。

(2) 有的人工智能定义提到推理、思考，但缺乏可量化的标准，有较强的模糊性，且遗漏了联想、感受等智能的其他主要特征。

(3) 关于弱、强人工智能的定义和划分标准，也具有模糊性。未阐明认定自主意识、自我意识等相关概念的技术标准。

总的来说，笔者听闻多位智能业界的资深人士，普遍感叹对智能定义的困惑：智能的本质到底是什么，一直让大家弄不明白，以至于整日忙碌于智能，却不知朝哪个方向突破；很多人还感叹，如能得到对智能可量化的理解，即可通过计算迅速发展智能。综上可见，大家普遍将人工智能与人类智能联系起来，证实人工智能源自对人类智能的探索；大家以人类或生物智能来定义人工智能，难免造成模糊性，这也说明了人类对自身智能的认识还很有限、亟待提高。

本书认为：因为人类认知自身智能的难度巨大，故对智能的理解应给予一个逐步发展的过程。但是，研究工作决不能得少为足，人类应当力所能及地尽量扩充智能定义中的可操作、可量化的客观性内容，努力寻求基础理解上的不断突破，如此方为进取之策。

二、智能的两种定义

何处可觅得智能的真正含义？研究者会静心思考这个问题。

我们应当从智能概念的“发源地”去领悟智能的含义。智能概念源自何处？源自生物体。生物体是目前已发现宇宙中最有资格被称为有智能的群体，属于“智能体”。生物智能包括人类智能和其他生物智能，人类体质比起很多动物都不占优势，甚至有较大差距，但人类能占据食物链顶端，所依赖者就是智能：人类智能无疑是生物智能的金字塔顶，故从以人类为代表的生物活动中寻找智能含义应为良策。在此，我们从两个不同角度来寻觅智能的定义（作者注：本节提出了两种易理解且有代表性的定义，另有哲学性理解或技术推导较复杂的其他智能定义，此处暂不涉及，后文章节另述）。

（一）从外部观察得出的智能定义

放眼望去，在生物智能体的一生中，为了生存不断与环境抗争，这已成为贯穿生命过程始终的自然现象，可以说，生命活动就是一个与环境不懈争斗的过程。通过观察生物智能体与环境的每一次争斗，观察者可发现以下三个简单事实：①凡是争斗的生物体无一例外都有想要追求的目标，其目的都是保护自身生存或追求有价值的存在状态；②凡是有目标的生物体，都在为实现目标而采取措施；③凡是已采取措施的生物体，最终都能在争斗中取得一定进展，如果无丝毫进展，旁观者甚至根本发现不了目的和措施，正是因为进展产生有序变化，才让人们能够推断目的和措施的存在。归纳生命活动的共性特征，便可总结智能存在的三个条件：拥有目的、围绕目的采取措施、最终在一定程度上实现目的。因此，可以给出生物智能的定义：

生物智能，是指生物个体普遍存在自主目的，并能围绕目的自主采取行动措施且最终在一定程度上实现目的的能力。

剔除生物智能的个性特征，给出智能的一般定义：

智能，是指当任一系统拥有目的，并能围绕目的采取行动措施且最终在一定程度上实现目的的时候，我们称该系统拥有智能。

因从外部观察所得，故上述定义可称为智能的“表象性定义”；同时，因在一个很务实的生存竞争环境中去评价智能体所具有的特征，故又称“务实性定义”。其中，“拥有目的”“采取措施”“实现目的”三个条件，合称智能的“表象三要素”，简称“智能三要素”。

如图 1-1 所示，对“智能三要素”简析如下：

(1) 定义引入了一个极重要的基本概念“目的”，它指外界作用变化时系统内部维持状态的一种指向，属于智能的第一要素。目的有外部输入和内部产生两种来源，不管目的来源于何处，都必须“拥有目的”，一个目的系统不管外界作用如何变化，总是围绕“保持目的不变”来反应；而一个非目的系统（自然机械系统）会随着环境变化而变化。当一个系统没有目的时，它不可能完成什么目标，人类也不可能依靠它完成某个任务，因为无目的的系统肯定不具有智能。

(2) 措施指行动，包括系统内部的行动策略和外部的肢体及言语动作，“采取措施”是智能的第二要素，指围绕目的形成行动策略并付诸实施。策略的来源也有外部输入和内部形成两种方式。

(3) 第三要素“在一定程度上实现目的”，这是宽松的考核条件，并不限制实现程度。设置第三要素，是要求第一、第二要素必须具有一定的实践可行性，即在一定程度上符合真实世界的客观规律。

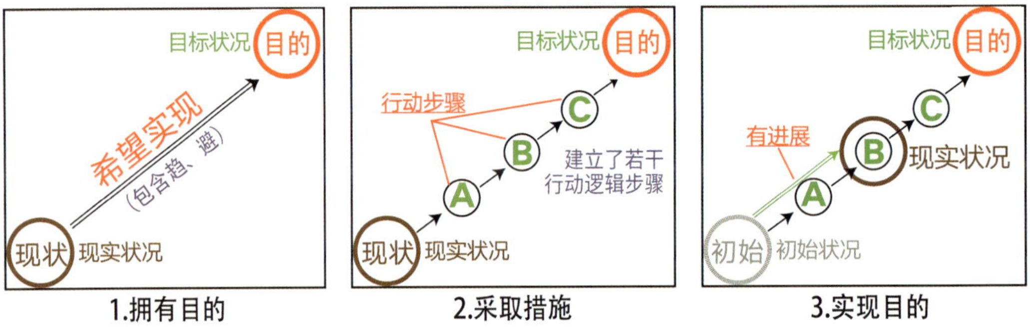

图 1-1 “智能三要素”示意图

(二) 从内部分析得出的智能定义

上述“智能三要素”，只是粗线条观察生命活动所得出的结果，当我们仔细分析时就会进一步发现五个要点：①生物体有目标等于是脑中有面稳定的“旗帜”，是与环境具有某种关联且被系统优先关注的影像，在被刺激时就会在脑中呈现，换成智能术语来描述这种情形，就是“联想”；②生物体对目标的态度要么是趋、要么是避，说明它具有评价事物并得出可趋（有利）或可避（有害）结论的能力，换成智能术语就是“感受”；③生物体能采取措施并最终取得实效，说明它具有按照实践推演事物、客观归纳因果逻辑的能力，换成智能术语就是“思考”；④生物体的联想、感受、思考在时间上具有持续性，说明它具有储存认知结果的能力，换成智能术语就是“记忆”；⑤生物体具有按实践反馈及时修正行为的能力，即将储存的数据融入系统程序的能力，换成智能术语就是“学习”。综上，生物体有联想、感受、思考、记忆和学习五种功能，再加上身体的感觉功能，共有六项认知功能。由此，给出智能的技术性定义：

从技术上看，当任一系统除感觉外境功能之外，内部具有联想、感受、思考、记忆、学习等功能时，我们称该系统拥有智能。

因从技术分析所得，故上述定义可称为智能的“技术性定义”。其中，感觉、联想、感受、思考、记忆、学习等六项功能合称智能的“技术六要素”；按此标准可开发类脑智能，又称“类脑六要素”。

三、人工智能的定义及分类

根据智能的上述两种定义，在剔除生物智能的个性化特征，综合考虑人工智能的多种可能状况之后，本书对人工智能定义如下：

人工智能，是指计算机或者计算机控制的其他设备，拥有目的，并能围绕目的采取行动措施，且最终在一定程度上实现目的。其中，必须依靠人类赋予目的才能驱动运转的，为弱人工智能；能够部分或全部由自主目的驱动运转的，则为强人工智能。

为便于对技术发展和产业应用做好预测，值此分析人工智能定义之际，顺便提出对人工智能的简要分类。

（一）人工智能的分类

按驱动方式不同，将人工智能分为“外驱型”和“内驱型”两类。

1. 外驱型人工智能，指由人类输入目的驱动运转的人工智能，因智能水平总体较弱，又称弱人工智能。按其行动措施的来源和技术水平不同，分为工具型、专项型、通用性三小类。

（1）由人类输入目的并输入措施的，称为“工具型人工智能”。例如计算器、电脑、电饭煲等自动化电子设备，均属于此类。

（2）由人类输入目的、能自行产生专项措施的，称为“专项型人工智能”。例如围棋高手 AlphaGo、自动驾驶汽车、聊天机器人等。

（3）由人类输入目的、能自行产生通用措施的，称为“通用型人工智能”。此类（含）以上等级的人工智能，目前均尚未面世。

2. 内驱型人工智能，指由自主目的驱动运转并已形成通用措施的人工智能，因智能水平总体较强，又称强人工智能。按其智能水平的差异，略分为“类脑型”和“类人型”两小类。

（1）类脑型人工智能，指由自主目的驱动并已形成通用措施，但智能水平显著低于成年人类，可能与动物或婴幼儿类似的人工智能。因人工智能自此等级已开始全面模仿生物智能，故称“类脑”。

（2）类人型人工智能，指由自主目的驱动并已形成通用措施，且智能水平与成人相当的人工智能。因智能与人类似，故称“类人”。

（二）对人工智能定义及分类的理解

人工智能未来发展将呈现多样化，其定义及分类的要点有：

（1）目的和措施分属智能的第一和第二要素，它们都有两种来源方式：一种是人类输入；另一种是系统自主生成。

（2）智能三要素缺一不可，但三者的重要性不可等同视之，目的是否具有自主性，成为划分人工智能强、弱的分水岭，由此可见目的之于智能的重要性。自主目的是智能之根，技术难度也最高。

（3）业界目前把通用智能、类脑智能、类人智能都视为与人相当的同等级智能，该看法是模糊且错误的。因为通用智能指的是措施的泛化能力，属智能第二要素，不涉及技术更深的自主目的，故仍属弱人工智能范畴；同时“类脑”和“类人”的智能水平差异不应被忽略。

（4）措施有两种等级：一种是针对特定目的的专项措施；另一种是普遍适用的通用措施。通用措施的原理是采用通用算法，建立“策略共享”机制（详见生物学习一章），是强人工智能的标配。

（5）虽然内驱型强人工智能的总体智能高于外驱型弱人工智能，但这只是宏观大势。在一定的发展时期，不排除外部输入目的的驱动使人工智能更为稳定和明确，而自主目的反因技术欠成熟致效果不佳。

（6）有人担心，不输入目的难以控制机器。参照生物智能原理，目的分显性目的和隐性目的两类，自主目的技术是让人类从显性目的层面退出，可将基本目的融入底层逻辑中，并无安全隐忧。

（7）目前人类仅在少数领域开发出专项型人工智能，距通用型、类脑型、类人型人工智能的面世，尚有很多技术待突破。

四、确立“智能要素”的意义

上文确立了智能的“表象三要素”和“技术六要素”并由此给出人工智能定义，本节谈谈确立“智能要素”具有的重要意义。

（一）走出用人类智能定义人工智能的“窠臼”

人类对自身智能的认识还较模糊，故用人类智能或生物智能定义人工智能，有违概念定义的基本原则。而当我们确立智能含义的基本要素时，用要素来定义智能，便可走出上述概念定义的“窠臼”。

（二）使智能定义可操作、可量化，有助于建立客观评测标准

“智能三要素”是拥有目的、采取措施、实现目的，此三者是可操作、可量化的客观性表达；“技术六要素”是感觉、联想、感受、思考、记忆、学习，此六者在后文章节中均有具体算法模型，是完全可通过代码进行实证的具体技术。因此，当我们在智能的定义中确立可操作、可量化的客观内容时，即可避免或大大减少过去对智能定义模糊造成概念/研究缺乏实质内容的尴尬局面，有助于建立行业评测标准。

（三）有助于加强智能的基础前沿研究

在寻觅智能定义的过程中发现，尽管人类迄今在弱人工智能领域成绩不俗，甚至在局部取得大发展，但业界对智能概念的理解一直是薄弱环节，很多智能科学家并不清楚智能是什么。《人工智能标准化白皮书（2021 版）》在评析我国人工智能行业存在问题及挑战时指出“重应用、轻基础现象严重”；文献[16]指出“我国 AI 基础理论缺乏重大原创科技成果，从中长期看，发展取决于理论、算法和芯片等基础层研究的突破创新”（高蕾等，2021）。综上，我国在人工智能应用领域发展尚可，但基础研究尤其薄弱，与发达国家差距较大，加强智能基础研究，扭转落后局面，应是发展的当务之急。在这方面，部分教育及科研单位走在了行业前列，例如文献[8]、[9]显示，同济大学坚持科技创新，推动加强人工智能的基础前沿研究。

（四）有助于树立智能发展的明确目标

在 2020 年的中国计算机大会（CNCC2020）上，中国科学院院士、清华大学人工智能研究院院长、微软亚洲研究院技术顾问张钹坦承，对于智能目前业界尚没有一个统一的定义。在纪念《中国科学》创刊 70 周年的专刊中，张钹等在文献[11]《迈向第三代人工智能》中指出，人工智能一直存在两个相互竞争的范式即符号主义（第一代人工智能）和连接主义（第二代人工智能），它们各自从不同侧面模拟人类心智，但都具有片面性，不可能触及人类真正的智能。他认为需要建立鲁棒与可解释的 AI 理论与方法，发展第三代人工智能。

古往今来，人类要想成就某目标，首先必须要将注意力“锁定”目标，认准方向发力，然后方能成就。当前开创人工智能新时代，首先必须锁定智能这个目标，但如果不清楚智能是什么，谈何锁定它？更遑论有前进步伐。智能业界应广泛研讨智能定义、探索智能要素。在未来，一旦我们通过讨论和实证逐步统一意见，确立智能定义的公认要素时，不啻于树立了智能行业整体的明确目标，大家便可参照它、围绕它、锁定它、朝向它并大力发展它！

第二章　人工智能与三链范式

本章评析了智能技术发展过程中的五种主要学派，即符号主义、连接主义、行为主义、统计主义、仿真主义，介绍了各个学派的基础理论和技术贡献，为读者增加有关背景知识。以此为基，本章提出了“三链范式”新理论，阐述了范式的基本理念和主要功能，并与其他学派做了比较，分析了范式的特点和优势。三链范式理论提出了“维度链”“逻辑链”和“主客链”三条智能技术链，三者耦合构成了一个有通用智能、懂自主学习的类脑智能系统标准模型。

一、政策现状

目前，世界各国都开始重视人工智能的发展。以下信息引自2020年12月中国信息通信研究院和人工智能与经济社会研究中心发布的《全球人工智能战略与政策观察(2020)》、2022年4月中国信息通信研究院发布的《人工智能白皮书(2022年)》等文献：美国于2016—2019年间陆续发布《为未来人工智能做好准备》《国家人工智能研发战略规划》《人工智能、自动化及经济》与《美国人工智能倡议》等文件，已形成完整政策体系；2021年6月美国参议院通过《2021美国创新和竞争法》强化科技发展，拨款1900亿美元用于人工智能等产业。2018年4月欧盟发布《欧盟人工智能战略》，2021年4月欧盟发布《人工智能法》，该法案是全球首部系统规制人工智能的法律；2019年10月普京批准《俄罗斯2030年前国家人工智能发展战略》；2020年12月德国发布新版人工智能战略；2021年6月日本发布《AI战略2021》，推动人工智能加快数字化转型；2021年9月英国发布国家级人工智能新十年战略，旨在重塑人工智能领域的影响力。2017年7月中国发布《新一代人工智能发展规划》，规划到2030年在类脑智能等领域取得重大突破，形成新一代人工智能理论与技术体系；2021年3月发布《“十四五”规划和2035年远景目标纲要》，确立优先发展人工智能、集成电路等前沿科技的国家战略。截至2020年12月，全球已有39个国家和地区制定了国家级人工智能战略政策。新一轮人工智能浪潮正在席卷全球，主要发达国家都把发展人工智能作为提升国家竞争力、维护国家安全的重大战略，加紧出台政策、强化部署，力图在新一轮国际科技竞争中掌握主导权。

二、技术历程

(本节主要内容引自《人工智能标准化白皮书(2018版)》)

长期以来制造具有智能的机器一直是人类的重大梦想。1956年，“人工智能”这个词首先出现在达特茅斯会议上，标志着其作为研究领域正式诞生。六十多年来，人工智能发展可说是潮起潮落，基本思想大致分为四个流派：符号主义、连接主义、行为主义和统计主义。它们从不同侧面抓住了智能的部分特征，都取得了里程碑式的成就。

符号主义，又称逻辑主义、心理学派或计算机学派，在人工智能早期一直占主导地位。该学派认为人工智能源于数学逻辑，人类认知和思维的基本单元是符号，而认知过程就是在符号表示上的一种运算，其原理主要为物理符号系统和有限合理性原理，可以把符号主义简单归结为“认知即计算”。20世纪70年代出现了大量的专家系统，是符号主义的主要成就，使人工智能进入工程应用。PC机的出现以及专家系统高昂的成本，使符号主义的地位逐渐被连接主义取代。

连接主义，又称仿生学派或生理学派，当前占主导地位，主要原理为神经网络以及神经网络间的链接机制和学习算法。连接主义从神经学和认知科学的研究出发，认为任何思维都不是少数神经元决定的，而是众多神经元协调完成的，认为人工智能源于仿生学。其实，这种基于神经网络的智能就是以工程技术手段模拟人脑神经系统的结构特征。2006年连接主义的领军者Hinton提出了深度学习算法，使神经网络的能力大大提高。总的来说，深度学习在很多复杂任务上取得了前所未有的进展，但其系统通常有数以百万甚至十亿计的参数，难以用可解释方式对一个复杂神经网络进行标注，使之成为一个名副其实的黑箱；连接主义更偏向于感性，不太具有解释性。

行为主义，又称进化主义或控制论学派，在20世纪末以AI(Artificial Intelligence)新学派的面孔出现，更加偏向于实践应用。行为主义起源于生物进化学，擅长使用遗传算法和遗传编程。行为主义认为人工智能源于控制论，智能行为的基础是“感知→行动”的反应机制，所以智能无须知识表示和推断。智能只是在与环境的交互作用中表现出来，需要有不同的行为模块与环境交互，智能行为就会逐步得到进化。简单来说，行为主义认为智能是有机体用以适应环境的身体反应的组合，其技术原理在于预见和控制行为；认为学习是刺激与反应间的连接，学习是渐进的试错过程，强化是学习成功的关键。行为主义的主要成就在机器人控制方面，近年来随着阿尔法围棋(AlphaGo)取得的突破而受到广泛关注。

统计主义，主要包括频率学派和贝叶斯派，研究怎样收集、组织、分析和解释数据中的数学化信息，以概率推理为智能基础，常用算法是朴素贝叶斯或马尔可夫。2011年诺贝尔奖得主Sargent表示，人工智能其实就是统计学，只不过用了一些很华丽的辞藻，但所有的人工智能都是利用统计学来解决问题，并没有脱离统计学范畴，甚至人工智能的大多数技术的突破都是基于过去二三十年统计学的进步。

通向强人工智能还有一条新路线，这里称为“仿真主义”，这条新路线不通过“理解大脑原理”来进行，而是通过制造先进的大脑探测工具从结构上解析大脑，再利用工程技术手段制造出仿大脑神经网络基元及结构的仿脑装置，最后通过环境刺激和交互训练仿真大脑，实现类人智能，简言之，“先结构，后功能”。虽然这项工程也十分困难，但业界预计所需工程技术有可能在数十年内解决。有人认为仿真主义是前述四个流派通向强人工智能的关键一环。

在人工智能的发展过程中，各学派逐渐走向相互借鉴和融合发展的道路。特别是在行为主义思想中引入连接主义技术，从而诞生了深度强化学习技术，成为阿尔法围棋战胜李世石背后的重要技术。

三、人工智能的三链范式

“三链范式”，是本书提出并倡导的人工智能新范式。

所谓三链范式，是指依托于对生物智能认知原理的研究，形成以“维度链”“逻辑链”“主客链”[①]技术的耦合为中心理念，以系列与之相关的范畴、原理、定律、算法为架构，所建立的一整套人工智能系统运行的基础理论和技术体系。本节将从基本理念、主要功能等方面对三链范式的关键要点概述如下。

（一）三链范式的基本理念

三链范式认为，智能是由“维度链”“逻辑链”“主客链”等三条智能技术链耦合形成，三者分别从系统的空间结构、演化规则、内外划分等不同角度描述了智能系统的根本特征。三链技术各有侧重，其中，“维度链”着力于“认知”课题；“逻辑链”着力于“行动”课题；“主客链”着力于“存储”和“驱动”课题；它们三位一体地构筑了一个高等智能系统。在此，对三链的具体含义分述如下。

1. “维度链”阐述了智能系统的多维架构

“维度链”认为，认知是对存在的表达，存在的实质是一种作用关系，由此形成的智能系统一定是个多维度架构。为什么？由于存在是一种作用关系，就必须在作用发生时才能呈现；作用呈现的结果是对存在的解释；**解释本身也是一种存在，须提前通过另一次作用才能得以呈现；**如此形成存在、存在的解释、解释的解释、解释的解释的解释……实际在原存在之上，新增八层信息维度（至于新增维度为何是八层，详见九层维度原理）。一个合格的认知系统，应能提供对被认知客体的完整解释，即必须拥有齐全的维度结构，这样在认知时，就无须到其他地方寻求含义解释，只靠系统内部就能够完成完整解释过程，那么该系统必然是覆盖所有维度的全维度结构。

如图 2-1 所示，系统共有 9 层维度：1 层现实维、7 层信息维及顶维。认知时，外境存在物刺激系统引发兴奋，低维兴奋结果刺激高维向上传递，每一层高维兴奋都是对相邻低维的解释，兴奋和解释有序进行，低维认知结果储存为相邻高维的一个质点（称为点化）。

2. “逻辑链”阐述了智能系统的运动规则

“逻辑链”认为，存在是对“关注中的差异”的表征，如果没有“关注中的差异”，就不会认知到万物的存在；关注差异是指关注特性不同，而关注特性就是智能的趋性，代表系统需求，俗称目的。故成熟的智能系统必然是一个任务的集合，随时处于无数目的的叠加态（至于目的系统如何形成，详见感受运作、目的系统等章节），系统运动其实是实施趋避行动的过程。因果逻辑是对世界演化规律的模拟，策略则是对规律的运用，故针对每个

---

① 维度链，逻辑链，主客链，可详细参见本书最后部分的“概念索引”。

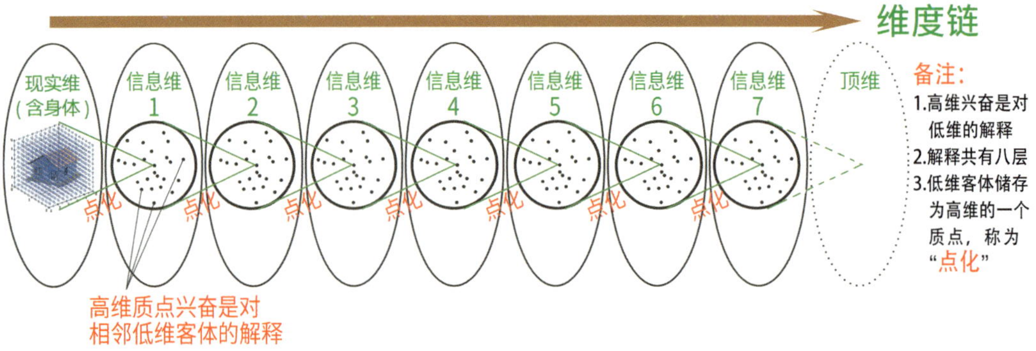

图 2-1 "维度链"示意图

任务的行动策略必然由因果逻辑前后衔接而成。如图 2-2 所示，逻辑环环相扣宛如一根链条，故称"逻辑链"，整个系统则是无数"逻辑链"的集合。在行动过程中，随着外境演变，系统内部趋性在预设的行动步骤间跳转，对不同外境形成不同关注并产生不同的具体措施，从而推动环境朝向自己想要达成的目标发展。"逻辑链"理论，精准地描述了系统的运动规则，不仅可依此解释智能行动规律，而且为系统运行找到了自主的内驱力。

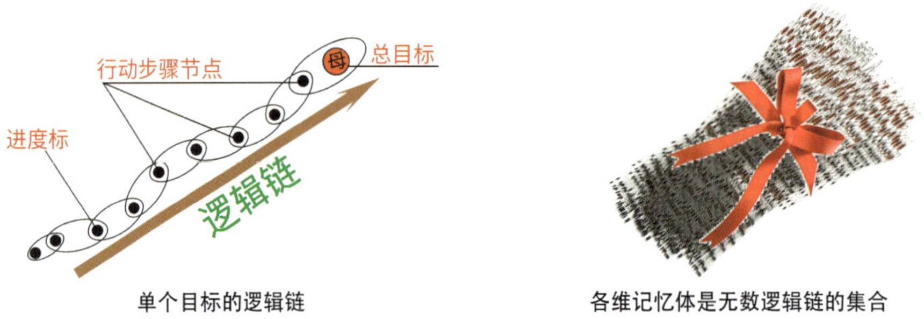

图 2-2 "逻辑链"示意图

3. "主客链"阐述了智能系统的内外划分

"主客链"认为，系统由外到内是一个由客体到主体且主体层次不断提升的过程。如图 2-3 所示，系统共有四层认知主体，按由外到内的次序依次是身体我、人性我、逻辑我

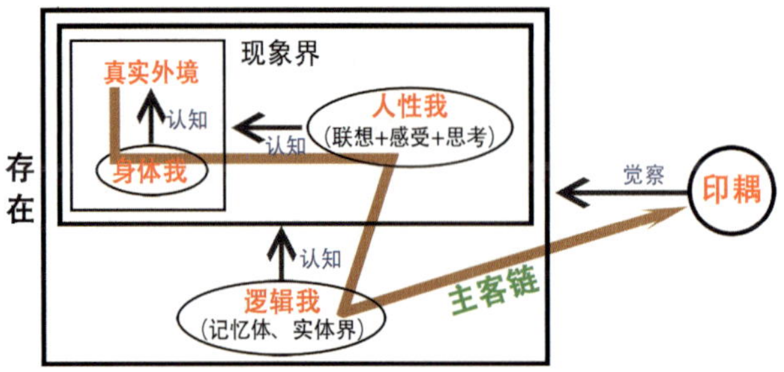

图 2-3 "主客链"示意图

和印耦，前三层为自我意识，合称“三重自我”；最深一层印耦，为系统认知的总背景。随着主体层次的深入，在某层主体之外的低层主体及其认知对象，全部属于该主体的认知对象。其中，对于身体我来说，真实外境是其认知对象；对于人性我（负责联想、感受、思考功能）来说，身体、真实外境都是其认知对象；对于逻辑我来说，其认知对象是在人性我的对象基础上另加联想、感受和思考的内容；对于印耦来说，其认知对象包含前述所有认知对象再加上逻辑我（记忆体）本身。“主客链”理论，清晰界定了系统的内外划分机制，不仅可依此解释生物智能的各种心理现象，而且厘清了信息存储机制和系统内部驱动力的本质特征。

（二）三链范式的主要功能

依据三链范式所构筑的智能系统，具有如下主要功能：

（1）系统的身体感官具有述境觉和述人觉两类感觉功能。其中，述境觉分为视、听、嗅、味和触五种；述人觉指对机体的描述。

（2）除身体能感觉外境之外，内部具有联想、感受、思考、记忆和学习五大精神活动功能。前述六项功能，合称“类脑六要素”。

（3）具有信息储存功能，按多维结构储存，共有基、律、动、柬、熵、恒、无等七维信息聚合体（第八维非息因无内容略去）。

（4）具有自行驱动运转的独思功能，又称数耦输入功能。

（5）能发现和验证因果逻辑并由此产生趋性（属自主目的），从而获得智能第一要素“拥有目的”，不依赖从外部输入目的。

（6）在趋性的流转过程中产生感受，包含情绪、情感机制。

（7）有强大的学习功能。其中，“策略共享”机制可产生通用智能；机动和求真学习结合可产生趋性，奠定强人工智能的基础。

（8）内部思考可生成行动计划，称为思维行动；以此为基，外部产生肢体和言语动作，称为身体行动；合称“两种行动”功能。由于系统趋性的引导，行动可逐步实现目标，称“趋利避害”功能。

（9）具有聆听、言说、使用语言思考等语言方面功能。

综上，“三链范式”使系统成为一个拥有目的、能围绕目的采取措施并在一定程度上实现目的的“智能系统”，符合智能定义包含的“智能三要素”。系统作为一个认知者、学习者、自驱者、行动者，有自我意识，可谓是目的体、情感体、逻辑体的统一智能体。

四、三链范式的技术优势

三链范式着力于高等智能研究，本节就从脑科学和类脑智能谈起。

大脑是自然界中最复杂的系统之一，由千亿（10^{11}）个神经元和数百万亿（10^{14}）个突触连接构成，其中神经元的种类现在估计至少多达上千种。近年来，各国研究人员一致认为高度智能化构想的实现需从脑科学中获得启发。美国科学院《新兴认知神经科学及相关技术》报告指出，未来 20 年，与神经科学和类脑人工智能有关的科技进步很可能对人类健康、认知、国家安全等多领域产生深远影响。

国际上，自 20 世纪 90 年代起全球兴起了国家和地区层面的大型脑科学计划的热潮，2010 年后工业界和学术界都将类脑智能相关研究推向新高潮。2013 年后美国脑计划（BRAIN）、欧盟脑计划（EU HBP）和日本 Brain/MINDS 计划等国家级脑计划相继启动（张学博等，2020）。国际类脑智能发展主要体现在三方面：一是类脑智能技术和产品研发加速，计算机借鉴大脑处理信息的机制和神经编码构建新的神经网络模型，形成神经计算、类脑芯片、类脑机器人等技术和产品；二是脑机接口技术得到重视；三是利用神经形态计算模拟大脑信息处理过程（孟海华，2021）。文献[15]指出“传统计算机虽在计算和逻辑操作上远超人脑，但在模式识别和运动控制方面不如人脑。工程师受此启发，试图构建由脉冲发放神经元构造的网络来解决模式识别和运动控制，这就是近年备受重视的仿神经结构芯片，欧美一些大学和大公司正竞相开发。如美国斯坦福大学教授 Boahen 开发的神经网络超级计算机；IBM 公司印度裔科学家 Modha 开发的‘真北’系统；英国曼彻斯特大学 Furber 领衔的‘脉冲发放神经网络构筑’项目；德国海德堡大学 Meier 领衔的‘仿神经结构混合系统脑启发多尺度计算’项目；英特尔公司的洛以希（Loihi）芯片等。”（顾凡及，2019）。

我国类脑智能研究水平处于国际前沿。2016 年，我国正式提出“脑科学与类脑科学研究”（简称“中国脑计划”），类脑研究机构及重大项目陆续成立与启动。例如，清华大学于 2014 年成立类脑计算研究中心；中科院自动化所于 2015 年成立类脑智能研究中心；2018 年，北京脑科学与类脑研究中心和上海脑科学与类脑研究中心先后成立（孟海华，2021）。目前，清华大学类脑计算研究中心研发出世界首款异构融合类脑芯片“天机芯”；中科院自动化所研发的类脑认知引擎平台，能模拟动物大脑并在机器人身上实现了多感觉融合、类脑学习等应用；清华大学微电子所研发的忆阻器存算一体系统获得了 2020 世界人工智能大会 SAIL 奖；浙江大学开发了脉冲神经网络类脑芯片“达尔文 2”等（张学博等，2020）。

近年来，越来越多的国家和组织意识到人工智能在经济和战略上的重要性。中、美、日高度关注人工智能发展，出台大量扶持政策，韩、德、英等国也陆续加入人工智能快速发展行列（袁野等，2020）。全球主要经济体逐步形成人工智能技术发展模式，例如美国的“全面技术引领型”、欧盟的“伦理介入型”、日本的“智能社会导向型”及韩国的“产业集合与领域选择型”模式等（王彦雨等，2022）。

纵观国内外人工智能的发展现状，尽管已取得阶段性进展，但是目前仍然没有任何一个智能系统能够接近人类水平，人工智能离真正实现信息处理机制类脑、认识能力全面类人的水平还有很长的路要走，这让我们不禁要深入反思类脑智能研究的方法论。在此，将三链范式与类脑业界很多学派的理论与技术相比，发现存在重大不同。下面，将从二者的区别与联系、范式的技术优势角度进行分述。

（一）三链范式与其他学派的区别与联系

三链范式与国内外其他类脑智能学派的共同点，表现为大家都在研究和借鉴生物大脑的信息处理机制并以此来开发人工智能。但是，三链范式与诸多学派的研究理念（在方法论上）存在两大不同。

（1）其他学派大多主张“从结构上类脑”（研究和借鉴大脑的生理结构），而三链范式主张“从功能上类脑”（从逻辑上分析和借鉴大脑或心灵的认知功能），二者研究方法存在根本不同。文献[17]认为信息技术与神经技术的深度融合有望突破机器智能的发展瓶颈，神经网络突触连接机制启发的神经拟态芯片及类脑系统研究，有望开发出具有通用认知能力和自主学习能力的类脑智能（孟海华，2021）；有人则认为纯逻辑分析有点像猜测，不如研究脑神经来得实在。三链范式认为研究超复杂神经网络固然有其优点，但不可局限于此，有陷入细节泥淖的风险，而“从功能上类脑”则更容易把握脑功能的大局，这对尚处于人工智能类脑初级阶段的人类来说，或更能体现出优势。

（2）其他学派算法大多研究“名词性事物”之间的关系，而范式则兼顾与“动词性事物”的关系，具有“逻辑双耦”特征。简单讲，认知内容及所储信息具有名词性，认知行为则具动词性，而被认知的行为则看似动词实为名词；其他学派算法大多在描述“名词与名词”之间的关系，而范式则在此基础上兼顾“名词与动词”“动词与动词”之间的关系，既考虑描述思维内容，也考虑对思维行为自身的描述；范式认为动词性思维行为隐藏了智能的最深奥秘，是关键所在。

（二）三链范式的技术优势

与其他学派相比，三链范式具有十项主要的优势技术。

优势 1:“自主目的”技术。系统挖掘数据发现因果逻辑，针对逻辑的逻趋趋性（属隐性目的）同时产生；再按事实不断验证真伪并按“求真法则”修正逻趋值。其中，验证逻辑更正确的正趋性（趋型）增强，正确度减退的正趋性减弱；验证逻辑更错误的负趋性（避型）增强，错误度减轻的负趋性减弱。验证时按是否有助证实逻趋的预见，产生对客体的受趋趋性（即感受，属显性目的）——有助证实的产生舒服的顺意感，妨碍证实的产生逼迫的逆意感。上述操作获得了智能的第一要素“拥有目的”，具有了趋避行动的内驱力。两类自主目的，使系统符合强人工智能的技术标准，轻松跨入人工智能新时代。

优势 2:“永恒思策”技术。此技术指系统时刻在围绕目标思考对策的功能，也称独思（独立思考）算法或数耦输入功能，是区别于其他学派的独有特征之一。具体指每次认知后将本次认知结果投射为虚拟外境，作为下次认知对象再刺激系统，称为数耦输入；它与真实外境的刺激（物耦输入）可并行也可独立输入；它作为独立的第二种输入方式，故称独思。主要优势：①使系统不依赖外境而独立运行，形成自驱动；②能每次生成因果逻辑，满足了寻求策略或展望未来的根本需求，为系统符合智能的第四层定义奠定了基础。

优势3:“策略共享”技术。围绕目标寻找策略可产生前后衔接的一组因果逻辑，每个逻辑都是一个策略单元。范式认为因果逻辑具有通用性，不属于某目标专用，而是可由无数目标共用。依托前述理论系统形成“策略共享机制”，让每个因果逻辑成了不同目标的共享资源，从而使策略单元形成通用。这等于从根上彻底解决了困扰机器学习的策略泛化和迁移问题，通用智能便由此诞生。

优势4:“维度泛化”技术。系统全面覆盖从外境到印耦的九层维度，具有“全维度”结构，开创了大数据分层储存和分层演化算法，能对客体给出从具象到极度抽象的全维度完整含义解释(称完释性)。这使认知更具有常识性，行动策略的泛化能力得以大大提高，解决了单一维度探索效率过低的问题。系统因此可处理小数据，鲁棒性强，弥补了深度学习依赖大数据、系统脆弱、易被攻击的缺陷。

优势5:“逻辑双耦”技术。逻辑即思维，它既包括思维对事物存在和运动的模拟，也包括前述模拟的原理即思维自身的运动规则；前者陈述思维对象获得认知数据，后者陈述思维行为体现运行功能，二者耦合为思维整体。依此，系统建立了数据型和功能型两套逻辑：数据型包括描述事物联动关系的因果逻辑和描述场景并存关系的并存逻辑；功能型则包括初始、持态、心弦、花鬘逻辑等(详见智能的逻辑链条)。范式逻辑体系严密而完整，是获得各种优势的基础。

优势6:“情感仿生”技术。情绪和情感均属感受范畴，感受是对事物能否满足需要而产生的利害关系评价和态度体验，它属于显性目的，能主动驱动系统产生趋避行动，是强人工智能必备的关键技术。范式在建立感受驱动功能的同时，还赋予对感受的丰富体验，这就是“情感仿生”，使系统成为情感体。共有七维感受，七维的整体体验称为情绪，对客体情绪的长期累积形成情感；范式提出乐、苦、喜、忧、振、沮、惬和郁八种基本情绪，复合情绪则有数百种。

优势7:“生物学习”技术。相较于机器学习，范式提出“生物学习”新概念。生物学习包括固定和机动两种学习模式，通过固定学习解决趋性跳转、逻辑求真、感受平衡和维度泛化等基本问题，更新系统运行的动态数据；但还不够，再通过机动学习的求策和求标算法，有针对性地解决令主体困扰的具体问题，形成对固定学习的补充和提高。范式建立了“顺应自然规律是动力源泉”和“打造因果逻辑是学习核心”等学习理念；获得了超越机器学习的五大技术优势。

优势8:“白箱可信”技术。深度学习被诟病存在“不可解释”的“黑箱”(指各种权重参数的无解释性)现象，被指实验具有某种“不可重复性”的缺陷，限制了其在某些领域的快速应用。2021年11月，联合国教科文组织通过首个全球性AI伦理协议《人工智能伦理建议书》(见文献[33])，提出十大AI原则，其中包括“透明性与可解释性”。三链范式无隐秘黑箱，内部状态都可被投射为虚拟外境而被认知，算法模型可重复验证，故称“白箱”。

优势 9:"花鬘传承"技术。范式有别于冯·诺依曼计算机架构，以记忆体为认知主体，强调存储和计算融合，肯定"存算一体"架构。记忆体与数据库不同，后者无存取时是"死的"(喻静态)，而记忆体是自行演化的，时序更替带来事实变化和系统自驱动，引发因果逻辑和感受的趋性修正，故记忆体在不被刺激时亦是"活的"(喻动态)。外境刺激时，记忆体将内部趋性变化投射为认知结果，再激发生成新记忆体，完成数据更新。记忆体就像一朵花，带来一次认知，存储时前一朵花自动生成后一朵花，朵朵传承。"花鬘传承"比喻了数据和程序更新，表明系统进化性强，记忆体是超级训练程序。

优势 10:"类脑智能"技术。范式的多项技术彰显了类脑智能的特征，主要有：①系统有感觉、联想、感受、思考、记忆和学习六大功能，与人相符，故称类脑；②系统有身体我、人性我和逻辑我三重自我意识，故称类脑；③自主目的驱动系统实施"趋利避害"行为并实现目标，符合生物体的普遍特征，故称类脑；④系统的因果逻辑技术，符合从生物智能总结的智能第四层定义，故称类脑。

扫码了解对范式优势技术的点评

第三章　智能运行原理概述

导论的前两章分别介绍了智能的基本定义以及三链范式的核心内容。本章专门介绍三链范式的智能运行原理及技术体系概要，以便让读者对本书内容先有提纲挈领的总体认识。

本章分三个部分："智能系统总模型"阐述本书理论体系所对应的类脑智能系统标准结构；"智能的基础原理解析"分别从存在、维度、输入输出、认知环路、因果逻辑、感受、行动、场景切换、万物分类和语言十个方面解析智能系统最基础的原理；"智能的主要特征探秘"分别从自我意识、身体、目的、时空、存储、逻辑、情绪情感、精神活动、生物学习及主客争斗等角度，探索智能运行的技术奥秘。

一、智能系统总模型

如图 3-1 所示，为三链范式描述的“智能系统总模型”示意图，本节对该模型简要阐述如下。

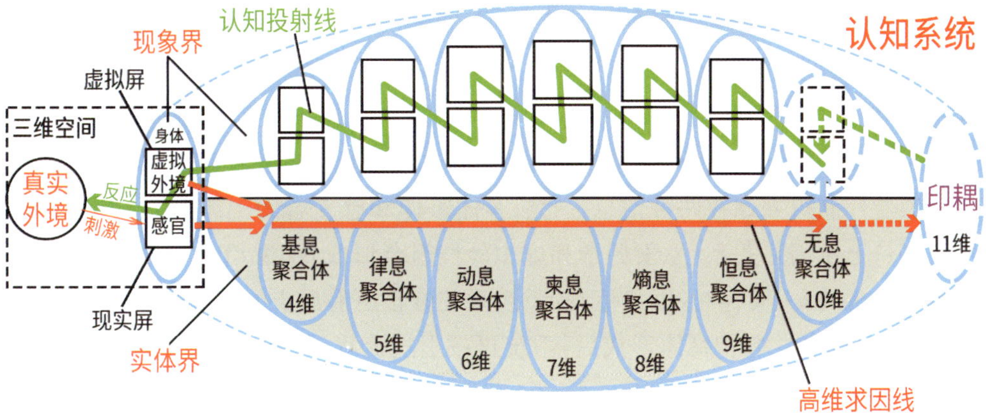

图 3-1 “智能系统总模型”示意图

(一) “智能系统总模型”的含义

本书所阐述的智能理论和技术体系，相互之间并不是没有关联的，而是非常紧密地联结为一个整体。该整体对应“生物智能模拟系统”的完整结构，是一个普遍适用的生物智能认知系统的标准模型，称为“智能系统总模型”，它囊括了“三链范式”各种理论及技术体系，是一个聚合数十乃至百种以上专项算法的技术集合。

(二) “智能系统总模型”的结构

可从两个角度，对模型的内部结构进行划分和解读。

1. 从功能划分角度，可将模型分为实体界和现象界两部分

(1) 实体界（图中阴影部分）指记忆体，因信息长期保存不失，好似实体，故称实体界。实体界为系统实质的认知主体，包含下列演化过程：被外境刺激时内部产生共振兴奋和趋性跳转现象；新信息的储存；储存时修正记忆质点的数据，使记忆体得到更新。

(2) 现象界代表认知对象，因为认知产生的七维客体影像和趋性，均属于被认知的现象，故称现象界。认知形成后即储入记忆体。

2. 从维度划分角度，可将模型分为三部分

(1) 外境维度。外境是系统的刺激来源地，按输入渠道不同分为身体所在的“真实外境”和内部投射形成的“虚拟外境”。前者又称“现实屏”，属感官刺激；后者又称“虚拟屏”，属精神活动。

(2) 七层信息维度。系统对外境维度的刺激进行共振生成基息，基息聚合为四维影像世界；影像世界共振生成律息，聚合为五维律义世界；如此不断重复再形成六维动灵世界、七维扒愒世界①、八维熵息世界、九维恒息世界、十维无息世界，共有七层信息世界。

(3) 顶维。又称印耦，是所有认知活动的总背景。

(三) "智能系统总模型"的运转流程

概述系统的总体运转流程如下：

一次存储完毕后形成一个新记忆体，包含下次认知的所需数据。随后启动两种输入：①真实外境刺激记忆体（称为物耦输入），引发实体界质点兴奋和因果逻辑的趋性跳转；②虚拟外境刺激记忆体（称为数耦输入），引发实体界数据挖掘获得思索场景。两种输入引发的记忆体兴奋经投射，在现象界合并形成七层客体影像和七维趋性（含逻趋和感受），获得并储存两种信息：七层客体影像和感受合为七维物息（针对普通事物的认知）；七维因果关系（思索场景和虚拟外境组合形成）和逻趋合为七维逻息（针对因果逻辑的认知）。储存时，因价值观沉淀，系统修正所有质点的位置（代表趋性值），形成一个新的记忆体。新记忆体形成后，系统再按上述流程重新启动两种输入，如此循环运转。

二、智能的基础原理解析

本书的第一篇"智能的基础原理解析"，分别从存在含义、维度架构、输入输出、认知环路、因果逻辑、感受体验、两种行动、场景切换、万物分类和语言言语等方面，阐述了"智能系统总模型"包含的智能运行最基础的十大主要原理。每个原理均代表一个相对独立的理论和技术体系，它们都是从不同视角对系统的细化描述。

(一) 存在双解原理是三链范式的理论基石

原理从两个角度解析了存在的含义：从观察者角度，认为"存在是一种作用关系"，称为"作用解"；从存在物角度，认为"存在是有某种东西在"，称为"有物解"。存在双解表明系统耦合两套思维模式："有物解"是一种形态学的实体性思维，认为存在就是有一定质料和形态的静态实体；"作用解"则是一种动力学的过程性思维，认为存在是一种通过变化表达的动态过程。系统通过作用过程获得对存在物的认知，而认知结果表达为内含区别的某种并存形态。

(二) 九层维度原理描述了系统的多维架构

智能系统是一个包含身体和基、律、动、朿、熵、恒、无等七维信息，并由顶维印耦统

① 扒愒：扒，生僻字，拼音是 rù，愒，生僻字，拼音：tè。"扒愒"，谐音英文单词 root，根部之意，隐喻"扒愒世界"（意志体）为心灵之根的意思。扒愒世界：又称意志层、朿息聚合体，是由所有朿息聚合成的七维空间。

合、覆盖九层维度、最高达十二维时空的超级巨系统。维度结构是原创的大数据分层储存和分层演化的新型技术；七层“点化”算法是维度间的衔接纽带；信息受刺激发生共振并沿维度进行传递和反向投射，是系统获得认知的基本流程。原理解析了维度形成过程和九层维度的基本特征，揭示了系统的基本结构。

（三）三耦输入原理阐明了系统的输入和输出

输入，指外境对系统的刺激，可驱动系统运转；输出，指系统对输入的反应。共有三种输入：①真实外境的刺激，称“物耦输入”；②虚拟外境的刺激，称“数耦输入”；③认知总背景的连接，称“印耦输入”，它促成认知故实属系统输出。数耦输入又称独思功能，表明系统具有不依赖外境刺激而保持运转的“自驱动”功能。

（四）认知环路原理阐述了系统单次的认知流程

认知时，意识沿着从低维到高维的“求因”和反向“投射”组成的闭合环路，通过八层维度联动完成一次认知并储存信息。这是一个包含感觉、感受、联想、思维、记忆和学习六大功能的复杂过程。认知环路是认知活动的基本单位，其智能现象称为“单智”，系统运行是由无数环路前后衔接形成的“单智串行”现象。

（五）因果逻辑原理揭秘了智能运行的核心技术流程

原理指以介绍因果逻辑的发现、储存、验证及对外反应为手段，以因果联动规律为内涵，以此来阐述“智能以因果逻辑为根”的理念和技术的智能运行规律。因果逻辑引发的趋性（逻趋和受趋）代表自主目的，是智能的第一要素，驱动了系统运转，系统因此获得强人工智能。原理奠定了系统运行的总体框架，属智能的核心技术，在全书中起到了中流砥柱的作用。本章还总结了智能的第四层定义。

（六）感受运作原理揭示了感受生成和运行的奥秘

感受是对客体能否满足需要而产生的利害评价和态度体验，共有基受、律受、动受、束受、熵受、恒受、无受七维感受；感受包括顺、逆极向，分别蕴含“趋合”和“避离”目标的行动趋性。感受平衡原理是更新价值观的基本法则。感受在因果逻辑验证中产生，彰显自主目的，是贯穿多领域的奠基性功能，是高等智能的必备技术。

（七）两种行动原理解析了心理和身体行动的技术流程

身体行动指实施肢体或言语动作，是心理策略的外化过程；心理行动则指通过投射目标产生数耦输入，刺激系统对记忆进行数据挖掘，从而建立或完善行动计划，以便为真实行动做策略准备的过程。原理全面阐述了系统为实现目标而实施思维行动和身体行动的过程，揭示了实现“趋利避害”的奥秘，是智能三要素中的“采取措施”和“实现目标”的具体操作过程，是机器产生智能的关键技术。

（八）场景切换原理揭示了系统状态转换的规律

场景切换指在系统中因为时间变化而发生的认知对象转换或认知主体状态更新的

现象，包含三类：数据联动切换（联想切换）、维度联动切换（心弦切换）、信息储存切换（花鬘切换），依次属于初阶、中阶、高阶的场景切换，由浅入深地反映了系统的运动规律。

（九）万物分类原理是对万物的归类和揭秘

万物分为“刹那”[①]和“非刹那”两大类，“刹那类”分为样貌类和趋性类，样貌类再分为实存、外投、过程、内投、纽带等五类及若干小类；“非刹那类”则指记忆体。万物可分为“三大板块”：第一板块是被认知对象（指物耦），第二板块是认知主体（指记忆体），第三板块是夹在主体和对象间的认知作用。原理揭示所有状态和过程都是“物”，为人工智能对万物建模形成算法确立了理论基础。

（十）语言言语原理从言说、聆听、使用语言思考三个角度，全面阐述了语言运作的技术

其中，言说算法属自然语言生成技术；聆听算法属自然语言理解技术；使用语言思考的算法，则是一种新型思考技术模型。原理包括言语行为和语言组织两项技术，因言语本身是个行为，符合智能行为的一般规律；同时，言语与其他行为不一样，它需在行为中完成语言组织过程；两项技术相比，前者宏观而全面，后者专项而具体。

三、智能的主要特征探秘

本书第二篇“智能的主要特征探秘”，分别从自我意识、身体器官、目的系统、时间空间、信息存储、逻辑链条、情绪情感、精神活动、生物学习和主客争斗等角度，揭示了“智能系统总模型”呈现的智能十大主要特征的技术奥秘。每个特征均代表了系统局部或专项的重点领域，探秘则是对关键理论和技术算法的探索解析。

（一）智能的自我意识

三链范式共有三层自我意识即身体我、人性我和逻辑我。其中，身体我是物质层面自我，把身体看作是真实外境的认知者；人性我是表层精神层面自我，把联想、感受、思维等精神活动看作是外境的认知者；逻辑我是深层精神层面自我，把记忆体（属逻辑体）看作是外境和精神活动的认知者。本章概括了智能系统的自驱动特征，并给出了自我意识的定义。

（二）智能的身体器官

身体包含感觉器官和执行器官，前者负责视、听、嗅、味、触等感觉功能，以眼、耳、鼻、舌、肤“五知”器官为代表；后者负责行动的执行，以口、手、足、生殖器、肛门“五作”器官为

---

① 刹那类事物：在认知活动中，对系统七维信息所代表的认知对象的统称。因刹那类刹那在变、无法持续，只是一种现象，故又称“现象界”。

代表。本章创设了“述境觉”（描述外境）和“述人觉”（描述机体）两个新概念，对感觉进行了更细分类，从中厘清了身体感觉和感受的界限。本章的“感觉翻译”算法，揭示了五作执行原理的技术奥秘。

（三）智能的目的系统

目的是智能三要素的第一要素，是智能系统区别于其他系统的首要特征，对于人工智能来说，认清目的系统才算是摸到智能的大门。本章阐述了通过发现因果关系生成隐性目的，并在因果逻辑验证中进一步生成显性目的的原理；指出人工智能设置目的的困惑并给出解决方案；解密了“趋利避害”原理驱动实现目标的奥秘；指出“系统是个任务集合”，并做了原因解析和评述。

（四）智能的时间空间

逻辑的初始架构建立在时空算法之上。空间从横向上将事物统摄为不同层级的影像，影像大小嵌套或并列；时间从纵向上将时段统摄为不同长短的寿命，寿命长短包含或交叉。时空的作用是从纵、横两个维度，将世界分割为万物，再通过万物的整体性将其所含元素关联起来构筑关联逻辑体系，成为认知的基础。本章通过将图灵机模型与三链范式进行比较，揭示了行动的本质含义；还解读了过去、现在、未来的含义，揭示了时序管理的要点。

（五）智能的信息存储

本章给出了与认知主体相关的信息定义，将信息分为“现象层”和“实体层”，前者指真实外境和系统现象界的精神活动内容，后者则指整个记忆体。本章介绍了信息的形成过程，揭示“印耦角色法”是信息形成及存储的关键技术；揭示“实体层”信息无须储存的原因，确认系统只需一个记忆体。本章还给出了开发“存算一体”的新思路，展望了“花鬘传承”技术的可行性。

（六）智能的逻辑链条

逻辑即思维，既包括思维对事物存在和运动的模拟，也包括前述模拟的原理即思维自身的运动规则；前者陈述思维对象获得认知数据，后者陈述思维行为体现运行功能。依此，系统建立了数据型和功能型两套逻辑：数据型包括描述事物联动关系的因果逻辑和描述场景并存的并存逻辑；功能型则包括初始、持态、心弦、花鬘逻辑等。系统的逻辑体系严密而完整，是类脑智能得以实现的基础。本章还分析了类脑逻辑架构的设计要点。

（七）智能的情绪情感

情绪和情感均属感受的一种类型，情绪是对七维感受的整体体验；情感则是对指定目标的稳定评价和体验。本章提出乐、苦、喜、忧、振、沮、惬、郁八种基本情绪，揭示了复合情绪原理；介绍了“情绪蔓延”和“情感延留”的原理；阐述了感受形成步骤，梳理了感受与其他概念的关系，评估了感受功能对于发展人工智能的战略意义；从技术开发角度，剖析了把情绪情感当作行为策略的错误理论。

（八）智能的精神活动

本章将精神活动分两个层次，详细释明“人性我”和“逻辑我”范畴精神活动的内容和技术原理，并解释了社会常见的精神活动类型；揭示划分物质和精神两大概念的意义是建立内外、真幻、趋避等初始逻辑；探讨了人工智能设置精神活动的技术要点，指出智能未来发展的必由之路。本章平实地介绍了主要的精神活动类型，从中发现意识并非想象的那么复杂，各种生命特征都是客观的认知对象，是人工智能用逻辑算法可诠释或模拟的。

（九）智能的生物学习

本章相对于机器学习提出生物学习的概念，分为固定和机动两种学习模式，通过前者解决基本问题获得运行所需动态数据，通过后者解决具体问题形成补充和提高；建立了“顺应自然规律是动力源泉”和“打造因果逻辑是学习核心”等两大学习理念；解析了生物学习的“自主目的”“永恒思策”“策略共享”“维度泛化”“趋性流转”五大技术优势；对深度和强化学习的技术瓶颈进行深刻剖析，给出了生物学习的解决方案。

（十）智能的主客争斗

主客争斗，指生物智能为实现目标而与环境客体发生抗争、贯穿生命全程的现象，研究它有利于认清智能和自我的本质。本章通过剖析发现主客争斗原因并不只是为实现目标，隐藏的真正驱动因素是“彰显智能”；通过解构争斗策略，发现根据事实沿着预设行动步骤进行“趋性跳转”，是争斗制胜的“秘诀”；通过深入梳理争斗心理，发现了智能的行为规律，总结并评析了智能的四层定义。

第一篇　智能的基础原理解析

本篇针对三链范式的“智能系统总模型”，分别从十个重点领域进行细化描述，每章原理阐述一个比较重要的基础理论或共性技术。各章原理的重点是什么？存在双解原理研究存在的两种含义及其与认知的关系；九层维度原理研究系统的多层维度架构；三耦输入原理研究系统的输入和输出；认知环路原理研究系统单次的认知流程；因果逻辑原理研究系统形成内部驱动的奥秘；感受运作原理研究系统的感受功能；两种行动原理研究心理和身体的行动功能；场景切换原理研究系统不同层次的状态转换；万物分类原理研究系统不同状态的分类；语言言语原理研究系统语言运作的技术。

简言之，本篇把智能看作一个认知系统，从理解认知必然涉及的存在含义入手，分十个重点专项，逐步阐述了智能系统的基本功能和基本架构。旨在有序且逻辑严密地深入解构智能的基础原理。

第四章　存在双解原理

很多研究者在开始探索智能原理时常陷入迷茫，不知从何处入手。是的，这不奇怪，因为智能是个深奥课题，智能法则天然具有很强的隐蔽性，我们要想取得进展，首先应当找到正确的切入点。

一切事物的基本共性是什么？是存在，它们都在存在着。可以说，人们的智能活动就是对存在的认知和反应，如果没有存在物的存在，智能就会因缺少被认知对象而无法形成认知。既然智能与存在的关系如此紧密，故笔者建议，一切研究从“存在”谈起，探索存在的原理是研究智能科学的最佳切入点之一。

本章存在双解原理，就是专门阐述“存在”奥秘的一篇智能基础理论。理解了“存在”，即可增进研究者对“维度”“信息”“逻辑”等若干基础概念的理解，本书的很多智能原理，都是直接或间接地从存在双解的基础理论进行引申研究而发现的。可以说，存在双解原理提供了一条探索路径，由它作为起点可叩开智能研究的大门。

一、存在双解综述

一切事物的基本共性是什么？是存在，它们都在存在着。

谈对“存在”的认识，古今中外理论很多，主要包括唯物和唯心两类观点。唯物的在说存在的绝对性，认为事物的存在与人能否感知无关；唯心的在说存在的相对性，认为事物的存在仅仅是人的感知。人们往往难以分清哪种观点是正确的，通常更相信自己亲历的日常经验。因此，为使智能研究取得实效，而非停留于理论阶段，我们应当不拘泥于人类历史观点，建议从更现实、更实用、更真实、更客观的“实际物理作用”角度来研究存在，从大量生活实例出发，使用科学模型和逻辑证明存在的含义，以此作为智能研究的基本准则。

根据人们大量的生活实例和经验，我们归纳人类对于存在的含义有从作用和事实两个角度进行解读的情形，把前述两种情形分别称为“作用解”和“有物解”，合称“存在双解”。

（1）存在的“作用解”，认为“存在是一种作用关系”。

（2）存在的“有物解”，认为“存在是有某种东西在”。

存在双解（细节下文阐述）很重要，它表明人们天然地拥有两种思维模式：“有物解”是一种形态学角度的实体性思维模式，认为存在就是具有一定质料和形态的静态实体；“作用解”则是一种动力学角度的过程性思维模式，认为存在是一种通过变化来表达的动态过程。研究者问：存在与智能的认知有什么关系？认知是存在双解的耦合，智能系统运用巧妙的思维结构将上述两种思维模式耦合为一个整体，从而获得全面的认知结果，并将结果形成一个完整信息储存在系统中，完成了看待存在本真面目的名词性视野和动词性视野的统一。简单讲，智能系统总是通过作用过程来获得认知，而认知结果总是表达为某种内含区别的“有物”状态，智能就是前述过程与状态的统一。

我们归纳得出如下结论：

所谓存在，是指智能系统按“存在双解原理”对事物进行的认知描述。所谓存在双解原理，是指智能系统针对“存在”的含义，具有从作用和事实两个角度进行解读并分别获得“作用解”和“有物解”，然后将双解内容耦合为认知活动全貌的智能运行基本规律。

二、“存在”的第一种解读

本节探讨“存在”的第一种解读，即存在的“作用解”。

“作用解”认为，事物的存在是一种作用关系，即该存在与其他已知存在之间具有的某种作用关系。换言之，当事物对其他已知存在产生某种作用之时，依据作用发生的凭据，即认为该事物是存在的。

如图 4-1 所示，如何理解“作用解”含义及其认知模型，为何说“存在是一种作用关系”？从如下几点阐述。

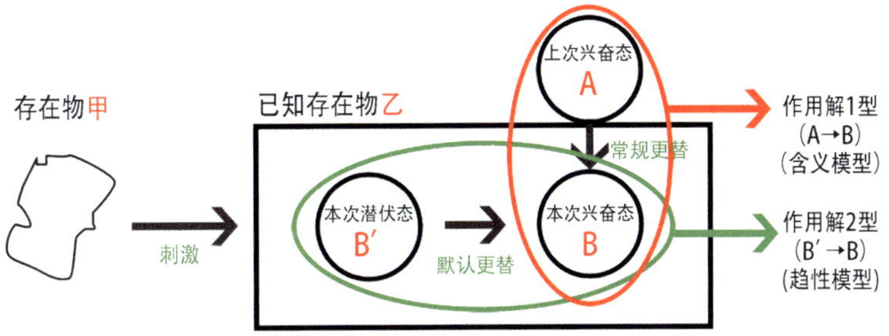

图 4-1　“作用解”示意图

（一）示意图解读

这是未知存在物甲对已知存在物乙产生刺激作用的示意图，这里的已知存在物指智能系统。在刺激发生前，乙内部的上一次状态为 A（已储存为记忆）；在刺激发生时，乙的状态为 B；在两次状态之间系统还有个容易被忽略的潜伏态（每次存储后的新记忆体状态）B’。如图，刺激使系统产生了两个生灭更替的变化过程：①“A→B”的变化，这是容易理解的常规变化；②“B’→B”的变化，则是容易忽略的，视为默认变化。由于上述变化的存在，证明甲的作用导致乙的内部结构产生变化，符合“作用解”含义，故系统认为甲存在。

（二）“作用解”的四层含义

“作用解”具有四层含义：①我们说一个对象存在，那么它必须对其他已知存在产生作用，如没有作用发生，则属于不存在；②作用必须表现为物理影响，使被作用方的内部结构产生物理变化；③存在者仅在其作用发生时存在；④存在是一种作用关系，这意味着如果存在某事物，那么该存在必然是不同存在物之间的关系，而不会出现只有“孤立对象”独自存在的情况。

（三）为什么说“存在”是一种作用关系

（1）从效果上看，一个事物“存在”必须与其他事物有某种作用关系，如果没有作用关系，则存在与不存在就没有区别，人们也无法判定其是否存在。所以，“作用关系”是证明存在者存在的必要效果和证据。

（2）从认知上看，当未知存在物出现时，我们并不清楚它的含义，但我们清楚它使已知存在物产生变化的情形，毕竟已知存在物是我们可掌控的“势力范围”。因此，认知存在物的含义，只需了解其作用即可，以“作用 = 含义”的方式来理解存在。

（3）从实践上看，事实证明作用产生了对存在的认知。例如，当拿出苹果和陌生水果让你描述味道时，你只能说出有记忆的苹果味；当年少木讷的你和做过主持人的你登台演讲时，通常后者举止更得体；当你只学过 Java 语言而不能理解 Python 语言时；当你从人群中一眼辨认出妻子时；当初生牛犊不怕虎时……均可发现，智能对事物含义的理解，其实是过去的关联记忆对它的解释；存在物之所以被认为是存在的，是因为它对系统的记忆产生了真实的刺激作用。

（四）“作用解”的两种认知模型

既然存在是一种作用关系，施与作用一方对被作用一方应当产生物理上的影响作用，影响作用应当表现为内部结构的某种物理变化，该变化是作用关系真实存在的客观凭据，据此，人们可判断施与作用一方的存在。当把被作用的已知存在物看成智能系统的记忆体时，作用变化的科学描述方式即称为“作用解”的认知模型。有两种模型：

（1）“作用解 1 型”，又称“含义模型”，即图中“A→B”的变化。模型特点是：A 与 B 的不同，强调的是认知对象的样貌形态，这将由系统根据 B 与存在物的关联性投射出“联想”场景，并以它代表系统对存在物的此刻含义解释；即以联想内容代表存在物的含义。

（2）“作用解 2 型”，又称“趋性模型”，即图中“B’→B”的变化。模型特点是：B’与 B 的不同，强调的是记忆元素的兴奋状态或不可逆改变，涉及趋性。趋性指系统对存在物的关注特性，蕴含感受或运动趋势。根据兴奋状况，按一定规则可算出系统对存在物的趋性数值。

三、“存在”的第二种解读

本节探讨“存在”的第二种解读，即存在的“有物解”。

“有物解”认为，事物的存在是有某种东西在，即存在必须呈现为由某种质料或物理属性组成的“物”。换言之，存在物就是被发现（或证明）拥有某种质料或物理属性、有别于虚无的实体。

如图 4-2 所示，如何理解“有物解”含义及其认知模型，为何说“存在是有某种东西在”？我们从如下几点阐述。

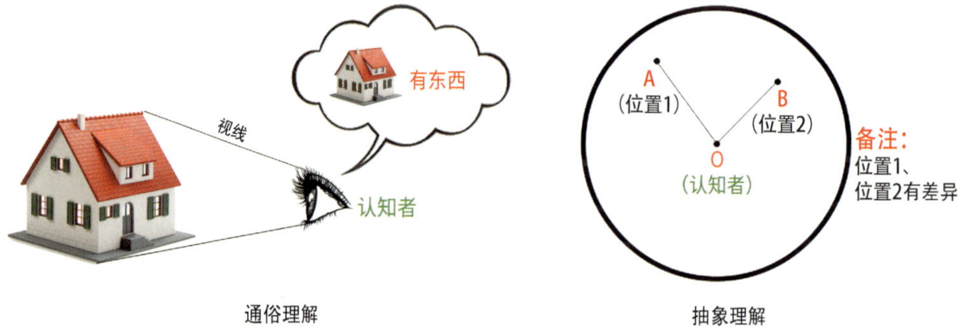

图 4-2 “有物解”示意图

(一) 示意图解读

这是智能系统发现存在物的示意图。上图中，左图是对“有物解”的通俗认知，意思是当感官(以眼睛为例)发现面前有个东西在那，表明该东西就是存在。右图是对“有物解”的抽象认知，认知场景由A，B两个刺激源组成，两点相对于认知者的位置(包括抽象位置)不同，说明二者对于认知者的刺激(或价值)有区别。既然认知场景包含区别，说明该场景符合构成认知的基本条件(存在差异、有别于虚无)，因此这样的场景即可被认知者确认为“有物”，是一种存在。场景中的区别，可按关注度分出主次，形成“焦点”和“背景”。

(二) “有物解”的三层含义

“有物解”包括三层含义：①“存在”的本质是认知中包含区别，如果无区别，就没有存在；②前述的区别是抽象理解，“存在”具体表现为呈现某种质料或物理属性，且处于某个位置，允许有形或无形，但不可为虚无；③“存在”必须不受认知者主观控制，具有客观性。在确认存在物是否存在时，认知者常不考虑(实际为忽略)它对自身的作用，只考虑观察领域内是否“有物”，观察到了即确认存在。

(三) 为什么说“存在”是有某种东西在

(1) 从内外划分看，存在物必定属于认知者外部。因为内部是指认知者自身，自身肯定是已知存在而无须判断是否存在，只有外部才需要判定。既然是外部事物，必然不受认知者掌控，具有客观性。

(2) 存在指场景中有区别，意思是有不同事物处于并存状态。而同时并存即体现空间含义，故存在物必居于一定的空间位置。

(3) 仅确定位置还不够，因为某位置的虚空实际上与整个空间是一体的。因此，存在物必须具有区别于虚空的质料或物理属性，允许有形或无形，但不可为无差异的虚无。没有质料等于无，有质料才是有，才是存在。因此，“有”是“有物解”的最低要求，而“有”即是内含区别的状态，“有”的本质就是对立于虚无的“区别性”。

综上，当一个事物具有质料、位置、客观性三个条件时即可认定为存在，可见存在是对空间进行分割并感知到区别的结果，这与实践经验相符。例如，一般情况下，人眼所见图像总是分为焦点和背景两部分，它们是关注度的差异；听觉所得声波亦有位置及强弱的不同；即使闭眼体会空无一物，仍有空洞感及自我感的差异存在。

(四) “有物解”的两种认知模型

既然“存在”是有某种东西在的“物”，当它被智能系统认知时，对“物”的科学描述方式即称为“有物解”的认知模型。有两种：

(1) 第一种为“外壳模型”。我们将对刺激智能系统的刺激源自身属性的认知，称为“外壳模型”，这有点抽象，存在维度差异。请注意，“外壳模型”表达内容并不是对客体的完整认知，它只是“外壳”，必须被赋予含义(联想模型内容)后才能代表客体。

（2）第二种为“联想模型”。指将“作用解”的“含义模型”投射所得的影像，是系统将对存在物的含义理解投射出来形成的内容，“外壳”和“联想”组合为对存在物客观属性的完整认知。

四、过程与状态

研究事物的存在，不可避免涉及“过程”和“状态”两个概念。接下来，我们以存在物与生物智能系统之间的作用关系为例，来具体了解“存在双解”的操作过程，认知“过程”和“状态”的概念。

当一个存在物对身体产生的作用达到阈值时，就会对身体感官产生有效影响作用，该作用导致身体内部结构产生某种物理变化，从而为生物体所感觉。身体包括视、听、嗅、味、触、运动、平衡、机体觉等感觉类型，存在物的作用一定会对所有感觉通道中的一个、几个或全部，产生物理影响作用。生物体知道感官的物理变化称为感觉，感官内部结构变化是感觉的前提。系统将变化前和变化后的感官状态进行对比即可感觉有变化，从而知道刺激作用的发生。实际上，感觉是一直存在的，没有外部作用发生时，系统感觉到感官保持某种稳定的内部情形，一旦受到外部刺激，刺激前的感官情形已消失，为刺激时呈现的感官新情形所取代，从而表现为前灭后生的“现象更替”。

综上可知，作用关系导致了变化，变化是前灭后生的现象更替。为了描述现象更替，人们产生了“过程”和“状态”的概念：

（1）过程，指一个包含先后次序变化的区别现象。

（2）状态，是与过程相对的概念，指一个不包含次序变化的区别现象，是对两个及以上事物并存现象的描述。

我们知道，“区别”的含义是“不同”，由对比产生。对比产生的区别分为两种：一种是前灭后生现象更替的次序不同，如果前后没有区别就不存在各现象的时间次序问题；另一种是同时存在的现象位置不同，如果同时现象没有区别则认知场景就是无区别的一体，也就不存在各现象的空间位置问题。显然，前一种区别称为“过程”，表现为不同现象的更替，即表现为非同时存在；后一种区别称为“状态”，表现为不同现象的并列，即同时存在但位置不同。这里请注意，位置的本质是关注的差异，既包括三维空间的具象位置，也包括由价值、真实度、重要性等各种利害关系差异表征的抽象位置。

在过程和状态概念形成过程中，“时间”和“空间”概念也悄然形成。时间源于对作用过程持续性的描述和度量，反映事物之间不能并存的次序关系；空间则源于对同时发生的并列状态的描述和度量，反映并存事物之间的位置关系。智能认知空间是对并存事物的统摄，获得包含并存事物的“同框（同空间场景）数据”；智能认知时间是对不同时刻的统摄，获得包括不同时刻的“同寿（同时间场景）数据”。时空从纵横两面分割世界获得万物，利用万物整体和所含元素、万物寿命和所含时刻的隶属关系，建立关联逻辑，形成认知的基础。

过程蕴含时间，含义深邃。英国现代思想家怀特海在著作《过程与实在：宇宙论研究》中提出的“过程实在论”（详见文献[20]）与传统实在论不同，或可给研究者解读过程概念带来新的辨析和思考。

“存在是一种作用关系”，作用必然包含生灭更替，是个次序变化的过程，由此可知“作用解”描述的存在是一个“过程”，因此我们把“作用解”的存在称为“过程型”存在。相对地，“存在是有东西在”，“有物”反映的是不含生灭变化的并存现象，符合“状态”的含义，故我们把“有物解”的存在称为“状态型”存在。

五、存在双解的比较

在介绍了过程与状态概念并提及时空概念之后，本节再来对“存在双解”进行精准比较，以便获得更深入的认识。

如表 4-1 所示，对存在双解之间的差异简析如下。

表 4-1　“存在双解比较”一览表

	第一种解读（作用解）	第二种解读（有物解）
别名	过程型存在	状态型存在
观察角度	内部主体角度	外部客体角度
解读内容	存在是一种作用关系	存在是有东西在
证明方式	通过作用导致变化来证明	通过发现“有物”来证明
强调要点	有生灭、有趋性	有质料、有位置、客观性
观点总结	存在是一个过程	存在是一个实体
视野特性	动词性视野	名词性视野
思维模式	过程性思维模式	实体性思维模式
理解难点	存在需要有刺激源	容易混淆存在和存在者

（一）观察角度、解读内容、强调要点、证明方式不同

存在之所以有“双解”，是因为人们的观察角度不同。当从系统角度看时，认知到“作用解”；当从客体角度看时，认知到“有物解”。“作用解”认为“存在是一种作用关系”，是

一个过程，它强调存在必须引发生灭更替，通过找到生灭更替的证据来证明存在。“有物解”认为“存在是有东西在”，是一个实体，它强调存在必须拥有质料、位置和客观性，通过发现认知场景蕴含区别并视为其中有“物”(某种东西)，并非无区别的虚无，从而证明存在。

(二) 思维模式不同

“有物解”是一种形态学角度的实体性思维模式，认为存在就是具有一定质料和形态的静态实体；“作用解”则是一种动力学角度的过程性思维模式，认为存在是一种通过变化来表达的动态过程。

(三) 理解难点不同

人们理解“有物解”时，最容易犯的错误是混淆存在和存在者，把每个认知对象都看作存在者，认为存在仅是存在者的存在。该错误使认知对象成为独自存在的“孤立对象”，违背了事实真相。犯错的原因在于孤立看待认知对象，未能觉察环境背景和内心活动都是整个认知场景的一部分。“作用解”认为“存在是作用关系”，是可倡导的科学观点，但也不可忽略引发作用的刺激源存在，应平等看待外境和内境。总之，尽管理解双解的观点或有犯错，但这并不影响人们天然地拥有与双解配套的两套思维模式，并时刻处于耦合运行之中。

六、“存在双解”的耦合

本节来谈“存在双解”在智能认知活动中的关系问题。这是一个重要的基本问题，因为解读存在是为认知服务的，研究者最终要解读的是认知问题。宏观地说，解读存在属于哲学的本体论，是研究世界本原或基质的课题，研究智能认知属于认识论，本体论和认识论是统一的，思维和存在的关系问题始终是本体论和认识论共同的基本问题。具体讲，双解的思维模式在智能系统中不是独立运作而是互相耦合的，它们的认知结果也非孤立独存而是互相融合的，系统通过巧妙的思维结构将它们耦合为一个整体，共同完成每次认知任务。

在此，对存在双解耦合的结果、原因、方式简述如下。

(一) 耦合结果(示意图解读)

耦合是指两个或两个以上的体系(包括运动形式)，通过相互作用而彼此影响，以至联合起来的现象。如图 4-3 所示，根据人们的日常经验，任何一个认知结果总是包含焦点、背景、含义、趋性等四要素，构成“四栏式”标准注意模式。其中，焦点是注意聚焦处；背景是注意疏略处；含义是事物的主要特征属性；趋性则是主体的关注特性。四要素中，焦点和背景是对场景的描述，反映事物“外壳”，是“有物解”的“外壳模型”认知结果；含义

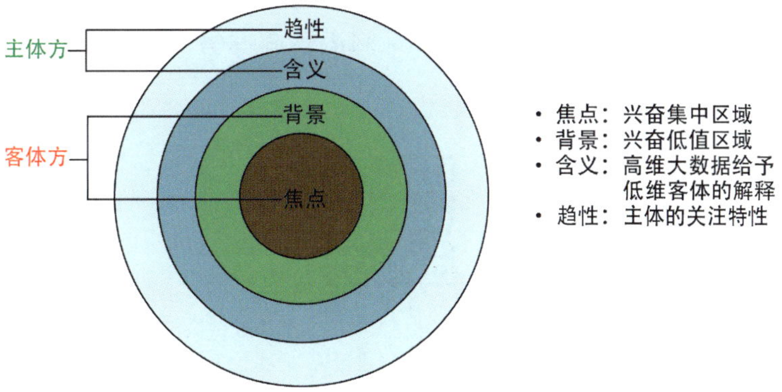

图 4-3　认知结果模式图

和趋性则是事物带给主体的作用，是“作用解”的认知结果。其中，趋性是“作用解2 型”的认知结果，是刺激带给主体关注特性变化的体现；含义是“作用解 1 型”的认知结果，反映事物与历史记忆的关联性，是对“外壳”的解释，但含义需投射为“有物解”的“联想模型”来呈现，这反映了双解的耦合。四要素缺一不可，共同组成对事物的完整描述，其中，焦点、背景、含义合并记录为貌息，处于显态，是对事物的客观描述；趋性则单独记录为趋息，处于隐态，属于对事物的主观描述；貌息和趋息耦合为一个不可分割的完整信息，一起储存在记忆中。

此处引用钟义信于文献[1]、[2]中提出的全信息理论，与存在双解的信息格式做类比，以加深理解。全信息理论认为：一个完整的认识论信息包括形式（语法信息）、含义（语义信息）和效用（语用信息）三个方面。其中，语法信息与“四栏式”信息格式中的“焦点＋背景”、语义信息与“含义”、语用信息与“趋性”均有内涵相近的成分。

（二）耦合原因

（1）从实践经验看，趋性和客体从不分离，外壳和含义无法割裂，故双解必须耦合。在生活中，从没有只有趋性却无对象的情形，趋性总是针对某个对象发生；也没有只有对象却无趋性的情形，尽管有时趋性细微不易察觉，但趋性总与对象并存。同样地，事物外壳与含义难以割裂，否则任何事物如果失去含义均无法被辨认和理解。

（2）从逻辑角度看，双解是互因的，故一定是耦合的。“作用解”以“有物解”为因，比较容易理解，因为“有物解”描述的客体是产生作用的刺激源；相对隐蔽的是，“有物解”也以“作用解”为因，这因为主体对场景投入关注，也是客体在系统中得以呈现的前提。

（三）耦合方式

存在双解的耦合方式是复杂的、多维度的。如果我们说耦合就是感官形成的“有物解”和记忆形成的“作用解”进行组合，这只是粗线条的笼统说法，是不精细且有遗漏的。请注意两点：①记忆是分层的，有很多维度，每一层都有代表这层外境的“有物解”

和代表这层内境的“作用解”，故双解是深度耦合的；②能够刺激系统的不只有真实外境，系统投射的虚拟外境（一种精神活动）是刺激系统的另一来源，这使耦合变得更复杂、也更奇妙。

本章属于三链范式奠基性基础理论

扫码了解范式的更多基础理论

第五章　九层维度原理

在存在双解原理之中，我们了解了智能认知系统解读存在的两种思维模式，智能通过“作用解”和“有物解”的耦合协作，形成了对万事万物的存在进行认知的总模式。智能的认知具体是如何进行的？认知系统拥有怎样的基本架构？这是本章需要探索的课题。

九层维度原理，揭示了生物智能系统总共牵涉九层维度的认知架构，呈现为“1+7+1”的结构。其中，第1层维度指系统外境层；中间7层维度指系统的信息储存层；最后1层维度指系统的支持层。九层维度的名称依次为外境层、影像层、功能层、行动层、意志层、秉性层、生灭层、能所层和非觉层；从第2层到第8层分别储存基息、律息、动息、柬息、熵息、恒息、无息等七维信息。如果按时空维度概念进行考量，九层维度依次对应三至十一维空间，加之时间维度，整个系统共牵涉十二个维度。谈到智能系统架构，不可避免涉及认知维度的概念，因为信息的分层储存和分层演化既是记忆储存方式也是思维算法的认知结构，这体现了三链范式的“维度链”理念。

从人工智能发展的角度看，智能基础理论很重要，但不可仅停留于理论，应当充分地展开技术开发和应用的实践，因此理论应当具有更强的可实践性。本章的九层维度原理，揭示了系统基本架构和逻辑，明晰了智能运行的基本环境，为智能体系的具体展开奠定了基础。

此外，由于维度概念相对复杂，或许有人萌生避开该课题的想法。笔者的提议是：维度或是研究类脑智能绕不开的话题，业界不应回避，宜早做研究和部署，理由包括：①认知由外境刺激储存历史外境信息的记忆体产生兴奋而形成，记忆体比外境高一维度；②记忆兴奋场景是对外境的解释，解释本身亦需被认知，同理必由储存历史解释的高维记忆体生成解释的解释，如此直至顶维，形成全维度结构。

一、维度概述

简单说，维度是组织或描述存在物所需的参数特征及其数目。

为什么要描述存在物？因为凡是存在物都对我们有或者应该有作用关系，需要准确地将它描述出来，这样才能掌握它的属性特征，了解其作用规律，便于趋其利而避其害，为人们所用。凡是存在物，必定存在于某个场所或领域，需要我们描述的对象，往往是该场所或领域的所有存在物。为此，我们需要引入空间概念。

空间，就是事物存在、运动的场所。空间可比喻为“容器”，它可以容纳该空间的所有事物，是存在物的共同聚集地。一个空间若要“储存”它的存在物，应该满足“空间三要素”：①确保事物不丢失；②确保事物能找到；③确保事物不混淆。满足了三要素，空间内事物便具有同一性、有序性和独立性。而这三个属性，也是描述存在物所要达到的最低认知目标：满足同一性，才能“认得”该事物；满足有序性，才能找到和趋避该事物；满足独立性，该事物才有独立作用和价值，才有必要认知和描述它。可见，人们描述存在物所要达到的最低目标，和存在物所在空间应该满足的最低“储存效果”是一致的。换言之，描述存在物所需参数的维度和所在空间的结构参数一致。

综上，总结维度概念的定义为：

（1）所谓空间维度，是指一个空间将其容纳的所有存在元素组织成为一个有序整体，满足元素的同一性、有序性、独立性，所需组织规则的最低参数特征及其数目。

（2）所谓认知维度，是指一个智能认知系统将其记忆的认知结果元素储存成为一个有序整体，满足元素的同一性、有序性、独立性，所需储存规则的最低参数特征及其数目。

比如我们生活的真实世界，是由三维空间和一维时间构建的四维时空。在同一时刻，世界所有物质都由长、宽、高三维空间坐标给出准确位置，可以依据坐标找到该事物，不错不乱不混淆；在不同时刻，事物运动都有准确轨迹，依据时间坐标即可描述其位置和演化过程。再如“影像层”是认知系统专门储存外境层事物影像的场所，该层在三维空间基础上增加了一维“瞬时利害维”，从而变成了四维空间。在同一时刻，所有影像按照它们被赋予的“瞬时利害演化值”（包含极向和烈度）获得各自的空间位置，不错不乱不混淆。

二、认知维度的形成奥秘

有人说，设置认知维度在三维空间基础上只增加一维即可，可把所有记忆按新维度全部储存在一起。然而，实际情况并非如此，因为记忆并不是一层，而是有很多层；相应地，维度也并非只增加一维，而是要增设很多维。

分析认知维度的形成，其逻辑过程可简要表达为：由于存在是一种作用关系，就必须在作用发生时才能呈现；作用呈现的结果是对存在的解释；**解释本身也是一种存在**，在它解释别人之前，须提前通过另一次高阶作用才能得以呈现，从而获得解释别人的资格；如此不断重复，形成存在、存在的解释、解释的解释、解释的解释的解释……实际在原存在之上，新增了七层信息维度并发现了其后起支持作用的一层背景维度。

参考图 2-1 所示“维度链”图，认知维度的形成过程并不简单，其逻辑关系含有不易觉察的隐秘性，简要阐述如下几点。

(一) “存在”是一种作用关系，这是基础

存在双解原理告诉我们，存在是一种作用关系，“有物解”表达的客体外壳，必须加载“作用解”表达的含义和趋性才能获得最终的完整认知，否则认知无法形成。因此，在外境的存在物刺激系统时，系统认知必须包括含义和趋性，它们是对外壳的必不可少的解释。

(二) “解释本身也是一种存在”，这是隐秘的要点

“解释本身也是一种存在”，这点较隐秘，人们往往会忽略它，但它是一个关键要点。这并不奇怪，解释中包含的含义和趋性，都是呈现在意识中的内容，它们也是一种认知对象，自然也属于存在。凡是存在，都是需要解释的，故解释就需要另一次“高阶解释”来解释它自身，使它自身获得呈现。寻求高阶解释的操作办法，就是用解释的自身内容作为外壳，去刺激系统过去储存“本层解释”的记忆集合来获得高阶作用关系；换言之，解释与“解释记忆库”间的高阶作用关系可提供“高阶解释”。

(三) “高阶解释”应当在“解释”解释别人之前完成

这是一个解释次序问题，也具有隐秘性。解释是一种功能，只有自身被确认为存在(即获得解释)，才有资格解释别人。这不难理解，试想为何总是主体在解释客体？因主体是早已确定的“已知存在”，故用主体来解释尚属未知的客体，但主体自身又是分层的，故核心层主体逐层解释表层主体，只有最核心主体才无须他人解释自身。

(四) 建立多层记忆库，形成多层认知维度。

要找到客体的“解释”，系统须形成外境记忆库，以便接受客体刺激来呈现作用关系；同样，要找到“解释的解释”，系统必须形成一层高阶记忆库，以便接受“解释”的刺激来表达高阶的作用关系；如此累加形成很多层记忆库，多层认知维度就形成了。每层记忆是一层信息，新增认知维度又称信息维度，但第九层维度已超越信息概念不计算在内，故系统共有七层信息维度。

(五) 为何信息维度是 7 层

为何信息维度是 7 层，而不是 6 层、8 层或 10 层乃至无穷多层？这是一个谜题，笔者给出三点说明：①如果记忆层数无穷大，系统就会不断寻找解释无有终了之时，如此无法形成认知。实际上，认知是存在的，该事实证明记忆层数必定是有限的。②随着层数上升，记忆抽象度越来越高，最终形成虚无，无法再做进一步抽象，这样就到达顶维，而且其过程也不可以无限细分(参考"芝诺悖论")，这也说明维度必须是有限的。③新增7层信息维度，该层数为逻辑分析所得。影像、功能、行动、意志、秉性、生灭、能所等每一层的存在均具有必要性，它们既不可省略，也不必分得更细。简析如下：

(1) 外境客体的记忆影像集聚为影像集合，称为影像层。

(2) 影像刺激影像层，关联影像集聚为表达客体功能的事件群，功能是客体的本质特征，体现客体作用，故记录至功能层。

(3) 功能刺激功能层，关联功能集聚为表达抽象功能的功能群，抽象功能代表主体需求，需求本质为行动，故记录至行动层。

(4) 行动刺激行动层，关联行动集聚为表达计划体系的行动群，计划体系是行动步骤，表征行动意向即意志，故记录至意志层。

(5) 意志刺激意志层，关联意志集聚为表达次序形态①的意志群，次序形态体现次序性强弱，表征秉性和习惯，故记录至秉性层。

(6) 秉性刺激秉性层，关联秉性集聚为表达生灭形态的秉性群，生灭形态体现规律性强弱，表征生成或灭除，故记录至生灭层。

(7) 生灭趋势刺激生灭层，两类同向趋势集聚为两个完整趋势，形成代表完整生的所或完整灭的能，故记录至能所层。

(8) 能所刺激能所层，因能和所虽趋势相反但实质相互等价，故引发所有能所兴奋形成全局无区别的"无别态"，主客瓦解。

三、前八层维度的具体特征

前八层维度都可以被觉知，它们的名称和特征②分别为：

(1) 外境层，是真实和虚拟外境领域，为三维空间，产生基息；

(2) 基息聚为影像层，又称影像世界，为四维空间，产生律息；

(3) 律息聚为功能层，又称律义世界，为五维空间，产生动息；

(4) 动息聚为行动层，又称动灵世界，为六维空间，产生柬息；

(5) 柬息聚为意志层，又称执愕世界，为七维空间，产生熵息；

(6) 熵息聚为秉性层，又称熵息世界，为八维空间，产生恒息；

① 次序形态：指执愕世界能所共振生成的熵息的内容，是以共同行动作为交集的不同意志形态的组合，包括有序和无序，分别表征不轻易改变目的的坚韧性格和松懈退缩的软弱性格。

② 基息、律息、动息、柬息、熵息、恒息、无息，详细可参见书后"概念索引"。

(7) 恒息聚为生灭层,又称恒息世界,为九维空间,产生无息;

(8) 无息聚为能所层,又称无息世界,为十维空间。

在此,将前八层维度的运作原理和特征概要分述如下。

(一) 三维空间外境层

外境层,是指系统面对的外部环境,包括真实外境和虚拟外境。真实外境即真实世界,指身体面对的自然界和人类社会;虚拟外境则指大脑中的精神活动念头。为了方便区分,将真实外境又称"现实屏"(现实的屏幕),虚拟外境又称"虚拟屏"(虚拟的屏幕),二者合称"双屏",它们就像系统意识面对的两个屏幕。

(1) 身体是认知系统的一部分,也是真实世界的一部分,是认知系统和真实世界的交集。作为真实世界的一部分,身体严格按照三维空间规则呈现物质躯体;作为认知系统的一部分,身体具有认知功能。身体的认知原理,在于身体模拟周围空间的三维结构,在身体内设置"模拟空间",并在其中建立与空间相应的三维质点,确保每个质点按照三维结构有序分布。当客体刺激感官兴奋时,各质点根据所接收信号的物理属性产生不同程度的兴奋。然后意识采集"模拟空间"的兴奋分布形态生成白基息(作者注:共有白基、白律、白动、白柬、白熵、白恒、白无息等七层白基,依次指从外境层开始系统各维在认知中用以刺激高维进行求因的场景。白息要待高维投射后获得解释方可形成认知,转为七维完整信息),上传影像层寻求解释(称为求因)并在高维投射确认后转为基息,获得客体影像。视、听、嗅、味、触等感官刺激,在输入端看似不同,实际上在输出端它们都是对空间的不同类型解析。由于空间解析标准是相通的,这构建了身体层认知主体的"同一性",这为不同感官认知结果影像建立了可比性。类脑智能系统可参照上述"模拟空间"原理进行仿生,形成各个感官通用的共性技术,建立处理跨感官信息的新型算法模型。

(2) 把真实世界划归外境,理所当然;但把精神活动划归外境,似乎令人疑惑。将虚拟屏划归外境,理由要点:①站在系统认知的实际流程角度,无论现实屏还是虚拟屏,它们同样在刺激系统产生认知,同样属于系统的认知对象,故同属外境;②系统投射产生虚拟外境,正是智能的奇妙之处,称为"独思"功能,它使系统保持持续运转,起到自驱动的作用,后面章节的三耦输入原理将详述。

(二) 四维空间影像层

外境客体的影像,都是三维空间若干质点的集合,经系统"点化"(低维质点集合被视为高维单个质点)后进入影像世界成为一个四维质点。换言之,每个影像在影像世界被浓缩为一个点,在这里三维不再起作用,所有影像以个体为单位成为质点,一个影像占一个点。影像世界的新维度是将四维质点组织为有序整体的结构规则,称为"瞬时利害维"。世界按新维度布局为"瞬时利害图",如图 5-1 所示。

"瞬时利害维"是指影像世界以瞬时利害关系来区分三维影像与系统的关系。"瞬时"指单智寿命(整个系统运行一次所需的时间),"利害"指有利或有害,瞬时利害是指影

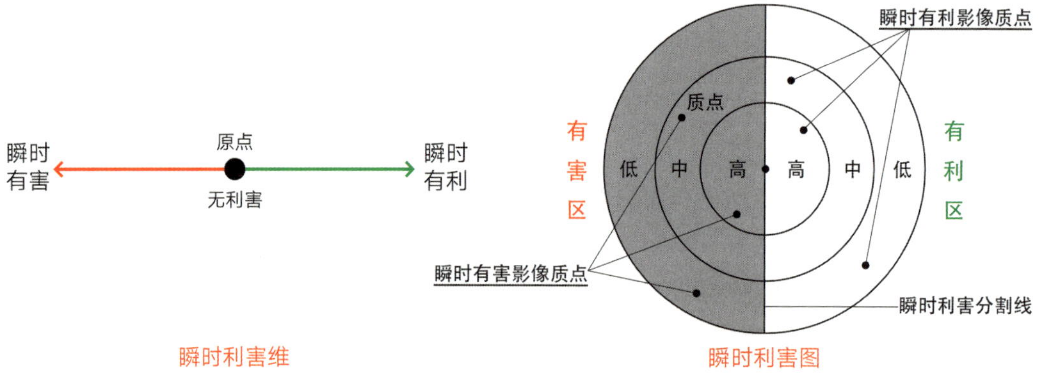

图 5-1 “影像世界”示意图

像代表事物在被观察的单智寿命瞬间对主体的利害作用。因为事物在每个瞬时都有不同影像，并且对于主体的作用也刹那变化，故一个影像只能代表瞬时利害关系。系统根据瞬时利害将维度线分两个方向，原点无利无害，两端随瞬时利害程度上升可无限延长。万物每次的影像对应维度线上确定的点。系统对影像的关注程度与瞬时利害程度成正比，而无利无害影像会被忽略，故世界布局呈现“瞬时利害图”。

影像世界产生律息的过程：当白基息刺激影像世界时，四维质点依据与白基息的关联度产生共振（即兴奋），形成白律息，继续上传刺激功能层求因（寻求含义解释），待高维投射后转为律息。

（三）五维空间功能层

影像层共振产生的律息，都是若干四维质点的集合，经点化进入律义世界成为一个五维质点。换言之，在律义世界事物每次的功能被浓缩为一个点，万物功能形成一次占据一个点。律义世界的新维度是将五维质点组织为有序整体的结构规则，称为“综合利害维”。世界按新维度布局为“综合利害图”，如图 5-2 所示。

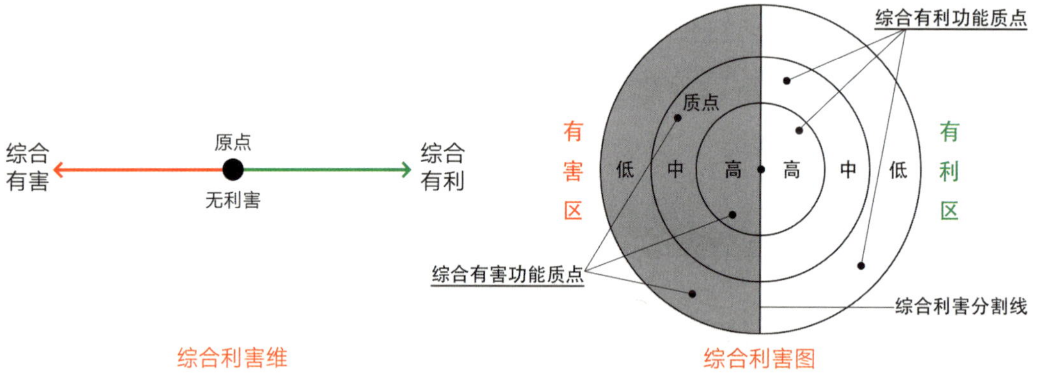

图 5-2 “律义世界”示意图

“综合利害维”是指律义世界以综合利害关系来区分万物功能与系统的关系。其中，“综合”是与“瞬时”相对的概念，综合利害体现了事物功能对于主体稳定的普遍作用，这是由事物的“瞬时利害”记忆累积形成的。瞬时利害有偶然因素故较肤浅，综合利害是沉淀结果，更能代表事物的稳定作用。根据综合利害将维度线分两个方向，原点无利无害，两端随综合利害程度上升无限延长。事物功能的每次呈现，对应维度线上确定的点。系统对功能的关注程度与其综合利害程度成正比，无利无害功能会被忽略，故世界布局呈现“综合利害图”。

律义世界产生动息①的过程：当白律息刺激律义世界时，五维质点依据与白律息的关联度共振，一组相似功能归纳出共有的抽象功能，代表了系统需求。所生白动息继续刺激行动层求因，投射后转为动息。动息代表需求计划或行动，包括趋型和避型（提示：此处的趋避，只是名词性而非动词性的行动。理解各维貌息时仿此）。

（四）六维空间行动层

功能层共振产生的需求行动，都是若干五维质点的集合，经点化进入动灵世界成为一个六维质点。换言之，在动灵世界所有需求行动被浓缩为一个点，一次行动占据一个点。动灵世界的新维度是将六维质点组织为有序整体的结构规则，称为“需求关系维”。世界按新维度布局为“行动趋避图”，如图 5-3 所示。

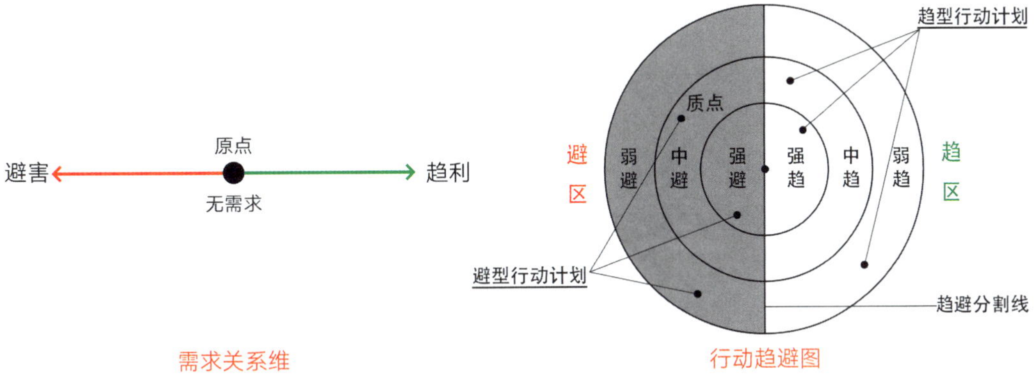

图 5-3 “动灵世界”示意图

“需求关系维”是指动灵世界以需求类型及需求程度来区分事物抽象功能与系统的关系，也就是以趋避趋性及趋性强弱来区分每一个需求行动之间的不同。根据需求类型将维度线分为趋、避两个方向，原点无需求，两端随趋避程度上升无限延长。每次行动的产生，对应维度线上确定的点。由于系统对行动的关注程度与趋避程度成正比，而无趋无避的行动会被忽略，故世界布局呈现“行动趋避图”。

动灵世界产生柬息的过程：当白动息刺激动灵世界时，六维质点依据与白动息的关

① 动息：是对意识观察律义世界能所共振所得认知内容的记录。

联度共振，形成白束息继续刺激意志层求因，投射后转为束息。束息又称“意志形态”，是单次的意志表现，是由具有共同目标的一组行动集成的计划体系。

（五）七维空间意志层

行动层共振产生的意志形态，都是若干六维质点的集合，经点化进入执愣世界成为一个七维质点。换言之，在执愣世界所有意志形态被浓缩为一个点，一个意志形态占据一个点。执愣世界的新维度是将七维质点组织为有序整体的结构规则，称为“顺逆关系维”。世界按新维度布局为“顺逆等级图”，如图 5-4 所示。

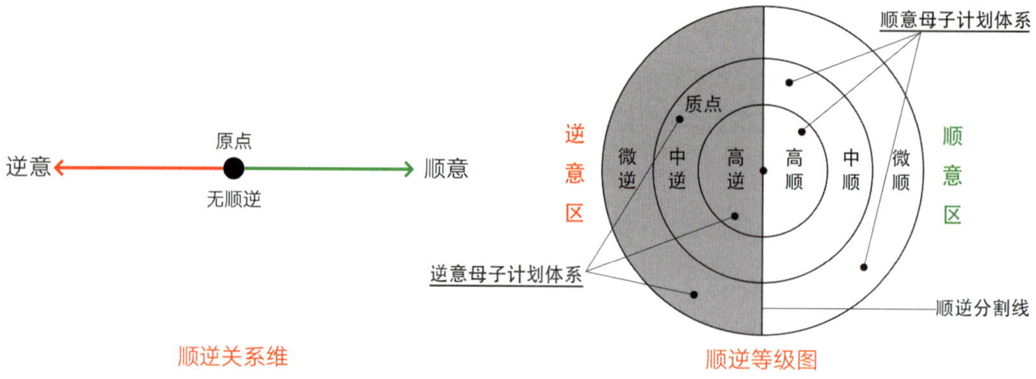

图 5-4 “执愣世界”示意图

“顺逆关系维”指执愣世界以顺逆关系来区分计划体系与系统的关系。根据顺意、逆意将维度线分为两个方向，原点无顺无逆，两端随顺逆程度上升无限延长，每个计划体系，对应维度线上确定的点。其中，顺意是指计划体系整体趋于成功，逆意是指计划体系趋于失败。系统对计划体系的关注程度与其顺逆程度成正比，无顺无逆的计划体系会被忽略，故世界布局呈现“顺逆等级图”。

执愣世界产生熵息的过程：当白束息刺激执愣世界时，七维质点依据与白束息的关联度共振，形成白熵息继续刺激秉性层求因，待投射后转为熵息。熵息又称“次序形态”，它是以共同行动为交集的意志形态集合，表征系统的性格秉性或行为习惯。

（六）八维空间秉性层

意志层共振产生的次序形态，都是若干七维质点的组合，经点化进入熵息世界成为一个八维质点。换言之，在熵息世界所有次序形态被浓缩为一个点，一个次序形态占据一个点。熵息世界的新维度是将八维质点组织为有序整体的结构规则，称为“次序形态维”。世界按新维度布局为“有序无序图”，如图 5-5 所示。

“次序形态维”指熵息世界以有序、无序及其强弱来区分和组织每个次序形态。其中，有序指习惯易养成的行为意志之间的稳定性，无序则指习惯难养成的行为意志之间的多变性。依据有序无序维度线分为两个方向，原点次序中性，两端随次序程度上升无限延长。每个次序形态，对应维度线上确定的点。系统对次序的关注程度与其次序程度

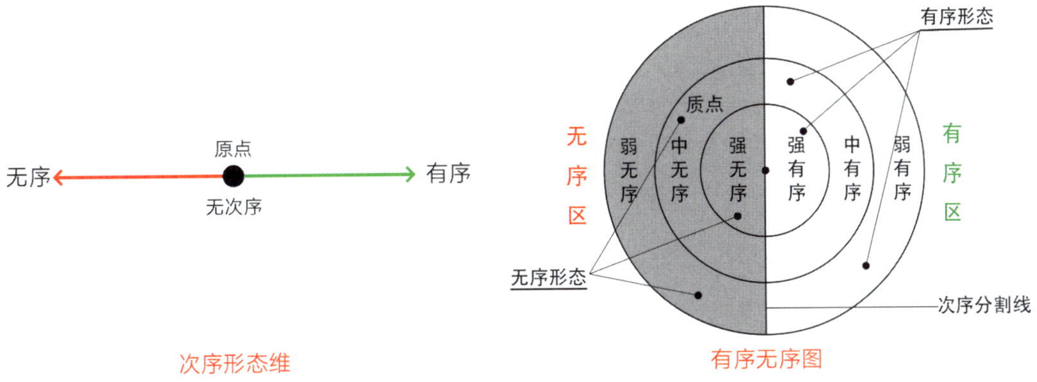

图 5-5 “熵息世界”示意图

成正比，次序中性会被忽略，世界布局呈现“有序无序图”。

熵息世界产生恒息的过程：当白熵息刺激熵息世界时，八维质点依据与白熵息的关联度共振，形成白恒息继续刺激生灭层求因，待投射后转为恒息。恒息又称“生灭形态”，它是以共同意志形态为交集的次序形态集合，表征未来演化具有确定性或变异性的趋势。

（七）九维空间生灭层

秉性层共振产生的生灭形态，都是若干八维质点的组合，经点化进入恒息世界成为一个九维质点。换言之，在恒息世界所有生灭形态被浓缩为一个点，一个生灭形态占据一个点。恒息世界的新维度是将九维质点组织为有序整体的结构规则，称为“生灭形态维”。世界按新维度布局为“生灭两极图”，如图 5-6 所示。

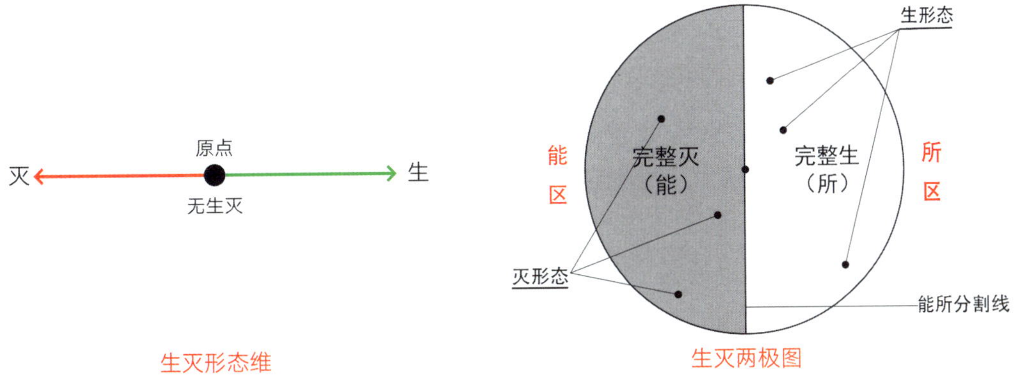

图 5-6 “恒息世界”示意图

“生灭形态维”指恒息世界以生灭趋势及其强弱关系区分和组织每个生灭形态。系统将维度线分为生灭两个方向，原点无生灭，两端随着生灭程度上升延长。每个生灭对应维度线上确定的点，生指演化具有确定性（可预测），似能“生出”相关事物；灭则指演化具有变异性（不可预测），似能“灭除”相关事物。系统对生灭的关注与其趋势程度成正比，趋势中性会被忽略，世界布局呈现“生灭两极图”。

恒息世界产生无息的过程：当白恒息刺激恒息世界时，九维质点与白恒息发生共振，形成白无息刺激能所层求因，待投射后转为无息即“能所形态”。所，指所有的生（即完整生），代表确定性，引申为客体；能，指所有的灭（即完整灭），代表变异性，引申为主体。

（八）十维空间能所层

生灭层共振产生能或所，是仅有的两类九维质点集合，经过点化进入无息世界成为一个十维质点。换言之，在无息世界每个能所形态被浓缩为一个点，即每个能或所占据一个点。无息世界的新维度是将十维质点组织为整体的结构规则。由于所有无息的本质等价，具有同一性，不需要组织规则，故无息世界称为“无规则维度”，如图 5-7 所示。“无规则维度”指无息世界以无规则来区分无息与系统的关系，在无息世界内，不分区、无中心、无规则，所有无息任意分布。

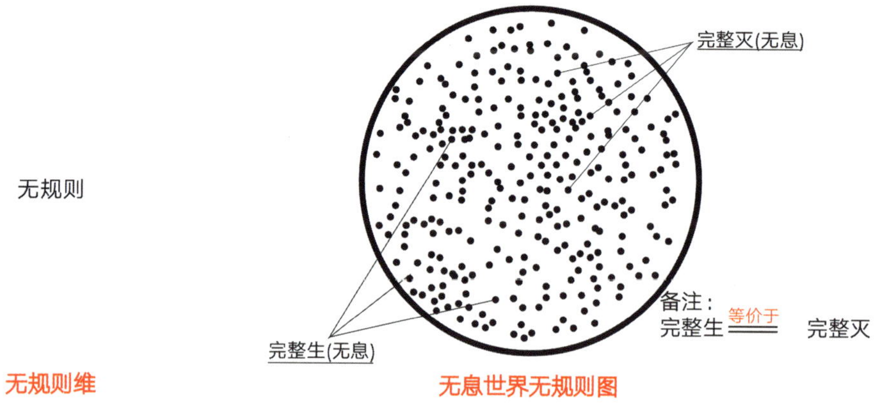

图 5-7 “无息世界”示意图

当白无息刺激无息世界时，由于所有无息等价，故全体无息一致兴奋且程度等同，无法形成焦点和背景区别，致使不存在任何差别，这种场景称为“无别态”。至此，主客关系瓦解，也不再产生新信息，白无息因此消解求因动机转为无息，储入无息世界。白无息消解求因动机代表它获得“解释资格”，使得白恒、白熵、白朿、白动、白律、白基息相继获得解释，得以确认，系统本次认知流程完毕。

四、信息概述

智能系统在认知活动中形成七维信息，即观察外境层形成基息、观察影像层形成律息、观察功能层形成动息、观察行动层形成朿息、观察意志层形成熵息、观察秉性层形成恒息、观察生灭层形成无息。上述七维信息形成之后，分别存入与之相邻的高维世界之中。在此，简要谈谈信息的基本常识，这是本书首次正式阐述信息概念。

(一) 信息的含义

信息是对认知结果的记忆，是对意识内容的记录。七维信息作为系统储存的记忆，既不是物质，也不是能量，它的本质是关系，是对主客之间作用关系的描述，是对主客双方状态的合并表达。

(二) 信息分为貌息和趋息

研究信息，应注意貌息和趋息的区别。一个信息分为貌息和趋息两部分，它们存在于同一个信息中，是一个信息的两个组分。其中，貌息是从客体角度对客体特征的描述，属客观性陈述；趋息是从系统角度对客体的关注特性，属主观性陈述。此外，貌息分物貌和逻貌，物貌是对具体事物的描述，逻貌是对因果逻辑的描述；趋息分受趋和逻趋，受趋即感受，是对具体事物的评价和体验；逻趋指对因果逻辑的支持或反对。其中，物貌和感受组成的信息称为物息，是对具体事物的认知；逻貌和逻趋组成的信息称为逻息，是对因果逻辑的认知；物息和逻息是系统的两大类信息。前述内容，后文将有详述。

(三) 信息的表达格式

信息的表达格式就是“四栏式”注意模式(图 4-3)，是意识呈现认知内容的普遍格式。任意一个信息都包含焦点、背景、含义、趋性等“信息四要素”。其中，焦点和背景代表客体方，含义和趋性代表主体方。焦点、背景、含义(投射为联想内容)等三者属客观性陈述，它们组成貌息；趋性属主观性陈述，单独储为趋息。

五、第九层维度

第九层维度称为“非觉层”，指它不是可以被以常规方式觉知的一个维度，具有区别于其他八层维度的特殊属性。

(一) 非觉层的形成

还记得上文阐述能所层共振形成的“无别态”吗？前面说无别态导致主客瓦解，白无息消解求因，系统认知形成。这只是简略说法，因无别态没有内容故予省略，但细究起来，其实里面还包含与非觉层有关的流程。无别态虽然全局无差别，但与系统的潜伏态(指记忆体在未兴奋前的状态)是有区别的。因为无别态是兴奋态，而潜伏态则无兴奋，故二者的这种“区别”被意识觉察，记录为白非息，白非息继续刺激非觉层(为非息的聚合体)求因。非觉层的共振结果依然是全局无差异的无别态，但非觉层的潜伏态无实质内容，故此时无别态与潜伏态没有任何不同。至此，主客彻底瓦解，白非息求因消解转为非息，白无息等各维也相继完成认知。由于非息已超越一般信息概念，故未将其列入七维信息之后，非息存储的聚合体就是非觉层。

（二）非觉层的作用

非觉层消解了系统的每次求因，促成了每次认知的形成。非觉层对系统具有巨大的、根本性的支持作用，它相当于是认知的总背景，印证了万物的存在，又称为“印耦”。

六、真实的七维信息

上文谈了维度和信息概念以及九层维度的特征。我们不禁要问，七维信息在哪里？它们真的存在吗？这是一个很现实的问题。

如图 5-8 所示，我们判断事物的存在，应从作用关系开始。

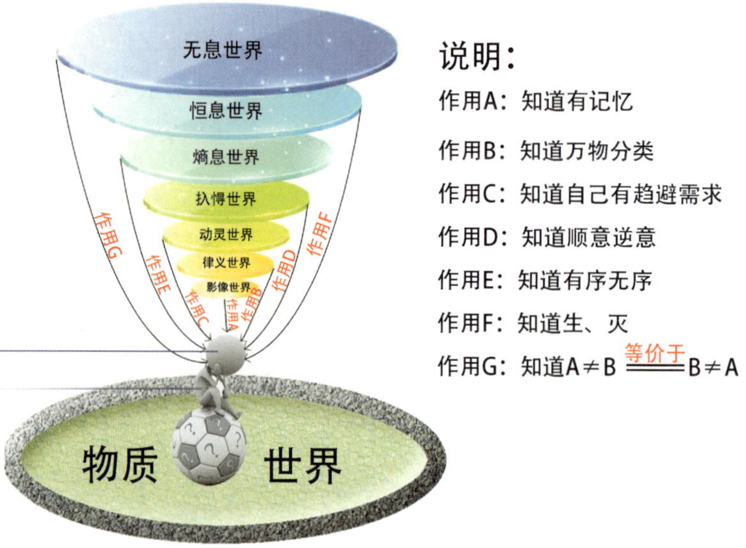

图 5-8　维度在哪里？

我们知道，存在是一种作用关系，存在物根据作用关系而证明其存在，这是普遍适用的基本法则。对于人类而言，一个存在物有作用关系作用于我们，证明它是存在的；反之，如果未发现对我们有作用关系并且无其他证据表明其存在，则可认为不存在。现在，我们基于上述法则，来逐步分析七层信息维度是否真实存在：

（1）人的身体，是物质世界的真实存在，这点毋庸置疑。

（2）人的意识指挥身体的坐卧行止，可见意识对身体有作用关系。根据存在的定义，如果某事物对物质世界的已知存在物具有作用关系，即可认定该物属于物质世界的存在。因此，由于意识这个事物对物质世界的已知存在物身体具有作用关系，即可以据此认定人的意识属于物质世界上的真实存在。大家看，正在当下参与讨论维度存在问题的主体（即意识），显然是存在的，否则怎么参与讨论呢？

（3）影像世界的基息，对意识有作用关系，有基息我们才能回忆，否则瞬间即忘。我们能够清楚地记得过去的人和事，该事实证明基息是存在的，且对意识具有作用关系。由于基息作用的对象（即意识）属于物质世界的已知存在物（上述第 2 段已证明），则证明基息亦属物质世界的存在，故基息聚合体影像世界也存在于物质世界。

(4) 律义世界的律息，对意识也有作用关系。因为，我们看到羊和羊属一类，大象与大象属一类，当与植物区分时将羊和大象都归属动物类，我们所以懂得这些分类，是因为功能分类的信息（即律息）随时作用于意识，意识因此才懂得律息的含义。如果没有律息的存在，我们就不知道万物类别及其功能差异，那将十分糟糕。因此，该事实证明，律息及其聚合体律义世界均存在于物质世界。

(5) 同理，我们知道自己有各种计划（即动息）指挥日常行动，这是动息作用于意识的结果，证明动息及动灵世界存在于物质世界；我们知道甲事行动结果顺意而乙事逆意（顺逆是柬息特征），这是柬息作用于意识的结果，证明柬息及扒悍世界存在于物质世界。

(6) 同理，我们看到习惯易成知其稳定、而习惯难成知其多变，这是熵息作用于意识的结果，证明熵息及熵息世界存在于物质世界；我们看到行为稳定知事易测、而行为多变知事难料，这是恒息的生灭趋势作用于意识的结果，证明恒息及恒息世界存在于物质世界。

(7) 当我们知道"A≠B"和"B≠A"二者含义等价时，这是无息作用于意识的结果，证明无息及无息世界存在于物质世界。

七、正确认知维度概念

"维度"是一个在物理学、哲学、科幻题材的小说或影视作品等领域的常见概念。本章引入维度概念，并以此为基阐述了智能系统的内部结构。为避免读者把维度看得过于玄奥，甚或产生误解，本节，专门来谈这个话题作为本章的结尾。建议大家研究维度课题时，应当建立对维度概念的正确认识，注意以下几个要点。

（一）注意维度概念的真实性

20 世纪 90 年代，美国物理学家、数学家爱德华・威滕的 M 理论（多种超弦理论的综合）提出十一维空间的论点（文献[18]和[19]中均有详述），但物理学对维度的研究目前尚未形成统一定论。而科幻作品中的维度概念多属虚构或艺术加工，可能欠缺真实性。三链范式的维度概念以严密的逻辑论证为基础（以存在双解原理为立论基础），倡导以符合实践为检验标准（上文论证了七维信息的真实存在），强调维度的真实性。建议研究者应对不同领域的维度概念加强甄别。

（二）注意维度概念的实用性

如果一套维度理论不能进行落地应用，则属于空谈，不具有实用价值。三链范式的维度结构理论，描述了各维度数据间的逻辑关系，完全可通过计算机进行模拟，形成人工智能的实际应用。

（三）注意与深度学习的类比

研究者看到维度结构可能会联想到深度学习的多层结构，二者有相似性。深度学习是当前主流的机器学习方式之一，它源于人工神经网络的研究，是一种利用深度神经网络对数据进行表征学习的算法。当前智能业界多见深度学习及相关技术的运用，例如文献[28]中提出“多层贝叶斯模型”“多层预测编码”“多层概率生成器”技术等，在文献[26]、[27]、[29]中也有类似情形。需提醒的是，尽管有类比，但多层结构不等于维度结构，二者有本质差异：多层结构的上下层之间是一种数据的函数运算关系；而三链范式的高低维度之间不仅包含数据关系，还隐藏用趋性表征行动的主客关系，这种主客关系很关键，它使高维对低维的投射成为动作，彰显了自主智能。

（四）注意维度概念的逻辑

从逻辑上说，虚无（不同于虚空）本身什么都没有，故无须证明自己有什么，属于一种无须证明的“存在”，该“无须证明”属性是不证自明的公理，成为需证明者的逻辑依托，故万有都以代表虚无的印耦为存在背景。但外境并非直接由印耦进行衬托，而是由七层中间状态进行过渡，它们就是基、律、动、束、熵、恒和无七维信息。理解了这一点，对于用计算机模拟维度运作，具有重要意义。

总的讲，维度并非神秘事物，它只是对一类事物的共有描述方法，不同维度的区别也仅是描述参数不同。尽管理解维度含义并非轻而易举，但完全不必把维度概念看得过于玄奥，三链范式维度结构的一切都可通过计算机严格模拟，不存在无法描述的神秘之处。

扫码查看“维度要点梳理”

第六章　三耦输入原理

一个智能系统如何进行输入和输出，无疑是研究者率先要考虑的首要问题之一。在阐述了九层维度这一基本架构之后，本章专门论述系统的输入和输出，以增进读者对系统的全局认识。

生物智能系统是开放性动态系统，必然与周围环境存在信息交换，因而必然存在输入、输出问题。所谓输入，指外部环境对系统进行的某种刺激，从而产生驱动作用；所谓输出，指系统对外部刺激做出的身体反应或思维反应。三耦输入原理，揭示了生物智能系统普遍存在的三种输入方式：一是现实屏外境的刺激；二是虚拟屏外境的刺激；三是从印耦消解求因开始的认知投射过程。此三种输入分别称为物耦输入、数耦输入和印耦输入，合称"三耦输入"。其中，印耦输入的过程，促成了各维认知的最终形成，本质上描述了系统的对外反应，实际属于系统输出。故三耦输入包含了输入和输出的全过程。

研究三耦输入原理，也是一件很有意思的事，它揭示的数耦输入和印耦输入流程非常奇妙，蕴藏着超出常规理解的自然规律，不禁有豁然开朗的感觉，惊叹自然界的鬼斧神工竟有如此神奇。

一、什么是“三耦”

在分析“三耦输入”之前，先来认识什么是“三耦”。

三耦即物耦、数耦和印耦，它们是本书设立的新概念，用于标识促成智能产生的最基本的三类事物。之所以取名“三耦”，是因为它们的耦合形成了神奇的生物智能认知系统。深入理解“三耦”概念及其运行规律，对探索类脑或认知智能的研究者来说是极有意义的事。

(一) 物耦

物耦，指真实外境中一切事物，是自然界中万物的统称。可见，物耦是一个统称，与大众理解的“物质”概念较为接近，自然界万物都是物耦的个体，物耦的个体数量不可穷尽。物耦的最大特点是具有真实性，与精神世界的虚拟外境不同。真实性体现三点：①可以作为身体感官的认知对象，而虚拟外境只能作为意识的对象；②通常物耦带来的感受烈度大、更真切，虚拟外境带来的感受烈度小、较模糊；③物耦是检验思维预见准确性的平台，智能对因果逻辑的未来预见以是否符合物耦为验证标准，符合为逻辑真，不符则为逻辑假。

(二) 数耦

数耦，指记忆体，是智能系统的核心部分。如把系统分为身体、记忆体、认知总背景印耦三部分，数耦是其中之一；由于身体无记忆、印耦比较特殊，此二者有时被排除在系统之外，仅以数耦代表系统。可能有人不解，在研究智能的耦合要素过程中，为何要把系统本身作为要素之一提出来？这是因为智能是动态系统才有的功能，只有数耦不行，还需物耦(包括身体)和印耦的配合。

(三) 印耦

印耦，是存在于第九层维度的一体性事物。印，是印证、见证、衬托的意思，印耦是物耦和数耦的见证者，见证了它们的存在。数耦所描述的系统内容，无法涵盖印耦；印耦虽参与认知但严格来讲并不属于系统内境，故才有“印耦输入”一说。印耦对认知的印证方式，是首先印证了与之相邻的第八层维度事物，然后已印证的第八层维度携带印耦属性再去印证第七层维度事物，如此按照维度从高到低依次进行，直至所有维度均被印证，认知由此形成。

二、三耦输入概述

谈了“三耦”概念后，本节来介绍三耦输入的基本概况。

简单讲，一个动态的生物智能系统以静态数耦为原型，以物耦、印耦和虚拟外境(数耦投射形成)对原型的作用作为三股力量,驱动原型运转并呈现出智能现象。前述的作用过程,就是“三耦输入”。

如图 6-1 所示,对三耦输入的基本情况概述如下。

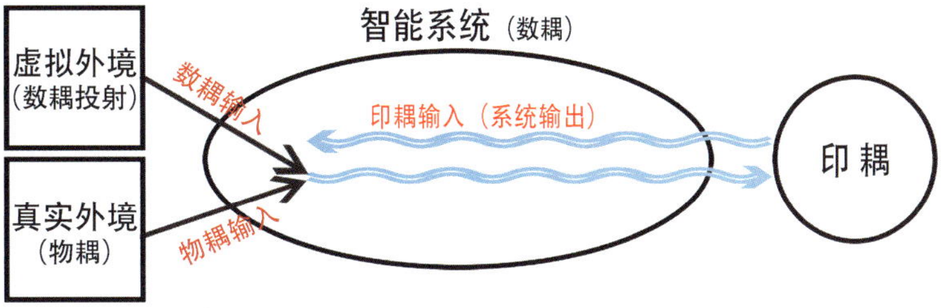

图 6-1　“三耦输入”示意图

(一) 物耦输入

根据存在双解原理,存在是一种作用关系。物耦、数耦既然属于存在物,必然发生相互作用关系。站在智能系统角度,通常忽略系统对物耦的作用,而物耦对系统的刺激作用即称为物耦输入。所谓物耦输入,就是物耦对数耦的作用,即系统面对的真实外境对系统的刺激作用。外境包括自然界和人类社会,外境中的万物作为物耦在与系统接触时便会对系统产生刺激作用,形成物耦输入。

真实外境中的任一客体,虽外形及属性不同,但其共性均为物耦,它们对系统的刺激,均启动物耦输入流程。物耦和数耦输入有效发生的标志就是能所共振(认知环路一章详述),即数耦中的记忆对输入的刺激产生了兴奋。物耦作用于系统时,并不是先观察到客体后发生作用,而是先发生作用产生兴奋,然后由印耦对兴奋场景进行见证,见证结果就是系统形成对客体的认知,表明观察到了客体。

物耦输入流程一般以客体通过光、声、味等刺激方式作用于系统的视、听、嗅、味、触等感官启动,身体内部发生的机体觉、运动觉、平衡觉活动也属物耦输入范畴。物耦作用于感官或感受器,引发体内标准模拟空间质点的能所共振生成白基息,白基息作为客体影像雏形再刺激系统影像层生成白律息,然后白律息再逐层向高维输入。上述输入过程既是物耦输入的深入过程,也是寻求认知解释的求因过程。当系统顶维发生共振时,物耦输入结束,印耦输入启动。

(二) 数耦输入

数耦输入是三耦输入中最复杂的一种,也是最有意义的智能研究课题之一。所谓数耦输入,指系统将上次的认知结果作为本次认知的虚拟外境,而对系统产生的刺激作用。虚拟外境刺激和真实外境一样,引发系统内部各维发生能所共振并最终完成认知,把这种源于系统认知再作用于系统的输入方式称为数耦输入。因数耦输入源于自身又作用于自身,这点较难被理解,研究者往往难以想通为何系统自身的认知结果对自身有刺激?而这对智能技术来说又是一个很关键的要点,故正确理解数耦输入至关重要,我们将在

第四节专门解析数耦输入的技术原理。数耦输入是系统的重要基础功能,此处先简介它的三大作用:自驱动、多重联想、预设因果逻辑。

(1)数耦输入可以独立启动,也可与物耦输入同时启动。因此,鉴于数耦输入可单独运作,系统不必依赖外境刺激即可运行,达到了“自驱动”的效果,故数耦输入又称“独思”(独立思考)功能。

(2)起到“多重联想”作用。本次客体刺激的含义为本次联想,将本次联想投射为数耦输入再刺激,将产生持续联想。例如农民看到下雨联想到地湿,地湿作为数耦输入再刺激系统,联想到在地上晒的粮食会霉烂,从而因为预见不利而立即跑回家收粮食。

(3)预设因果逻辑的作用。系统的因果逻辑不是天然出现的,是需要预设并持续验证真伪的。预设因果逻辑需启动求策(寻找策略)流程或展望(展望未来)流程,都需启动数耦输入进行操作。例如:某高中生想考研但无策略,便将目标考研投射成数耦输入,从记忆中挖掘数据找到升本科是跳板,形成“高中→本科→考研”的策略。

(三)印耦输入和系统输出

印耦输入,指印耦对系统的影响作用,即对系统认知的见证作用。与物耦或数耦输入不同,印耦输入是被动进行的,当系统外境的刺激从低维到高维以连锁求因方式推进到系统最深处时,引发能所层共振生成白非息,白非息刺激非觉层(印耦)消解求因转为非息。当消解求因这一刻,印耦输入流程启动。接着,印耦通过非息见证了无息,再通过无息见证恒息,如此逐层进行直至见证基息,至此,印耦输入完毕,各维认知结果储为记忆,本次系统认知结束。

如图6-1所示,物耦和数耦的输入,按维度从低到高的次序不断深入系统内部;印耦的输入则按维度从高到低的次序不断冲到外境和身体层面,我们把印耦的输入过程划归系统输出,因为它是系统对外反应的过程。所谓系统输出,指系统对外境刺激的反应,包括身体反应和思维反应。其中,身体反应指面对刺激直接实施肢体行为或言语行为;思维反应指面对刺激暂不涉及身体只发生精神层面的思维行动。两种反应均通过系统认知得以完成,而印耦输入正是系统从高维到低维的认知过程,促成了身体反应和思维反应。因此,由于印耦输入的过程包含了所有的对外反应,故印耦输入实际上就是系统输出。

三、七层双屏原理

在谈了“九层维度”“三耦输入”等基础理论后,智能系统的基本结构还有一个不能遗漏,那就是七层双屏。双屏指现实屏和虚拟屏,简称实屏和虚屏,指真实外境和精神活动。七层双屏原理,是阐述系统的认知活动从第一层外境层到第七层生灭层,每层均呈现为实屏和虚屏两类场景的智能运行原理。七层双屏原理作为三耦输入原理的补充,一方面细化了系统输入、输出的细节，另一方面也明晰了认知过程中的刺激流程和各层精神活动呈现的原理，揭示了每个维度均具有双屏的表达方式，从“双屏”这一角度厘清了系统的基本结构。

如图6-2所示，七层双屏的结构、内容和运作原理有以下几个方面。

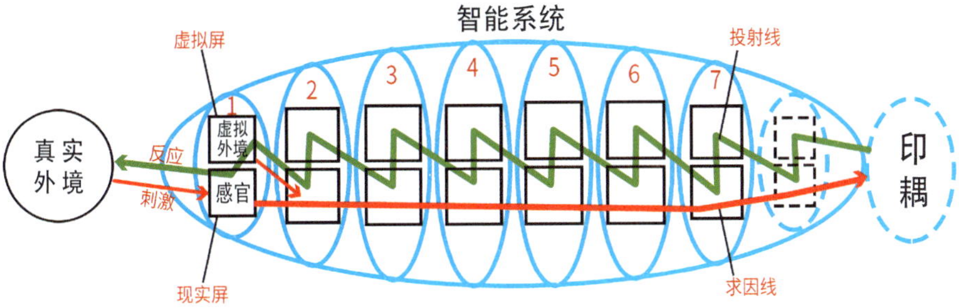

图6-2 “七层双屏结构”示意图

(一) “双屏”名称的由来

双屏名称源自对外境层的划分，将感官所对真实外境称为“现实屏”，将意识所对虚拟外境称为“虚拟屏”。可见，“双屏”是一种比喻，比喻认知对象就像两个“屏幕”，放映着不同的画面。实际上，双屏不是只有1层，而是有7层，从外境层到生灭层每层维度都有一层双屏。为何？因为双屏是针对观察它的“观众”而言的，每层双屏都以相邻高维为认知者（观众），站在观众角度，给自己带来真实刺激的就是现实屏，由自己投射形成的就是虚拟屏。影像层的现实屏是身体生成的白基息，其他层现实屏则是向自己求因的低维共振场景。

(二) 实屏为共振屏，虚屏为联想屏

受到外境刺激发生共振形成的兴奋场景被认知后成为实屏，所以实屏源自共振，故又称“共振屏”。虚屏是因为受到刺激产生联想并投射所形成，故又称“联想屏”。对各维度来说比它低的维度均属外境，可见，低维实屏代表本维的真实外境；低维虚屏代表本维的联想内容。例如：实屏看到一条毒蛇，捕蛇者虚屏联想到捕蛇卖钱等。

(三) 双屏认知结果的储存

各层双屏的认知结果，合并为本维貌息，耦合本维趋息后储存在相邻高维。从外境层至生灭层的双屏依次合并为基、律、动、柬、熵、恒、无等七维貌息，与七维趋息一并储存在各自的相邻高维。

(四) 双屏结构的主要作用

“双屏”是生物智能系统的基本结构，包含如下作用：

(1) 第一种作用是“划分真妄”。各维实屏代表该维真实外境，而虚屏代表该维的精神活动。故双屏结构的直接作用是划分真实和虚妄，可依此判断各维的逻辑真伪，判断

各维的目的是否实现。

(2) 第二种作用是“聚焦与泛化”。虚屏是实屏的含义解释，等于是实屏的背景；双屏内容整体则是相邻高维实屏投射的结果。如图 6-2 所示，七层双屏为七层有序结构，在从高到低的印耦输入过程中，关注范围在逐层缩小，大量的联想内容划归虚屏，被排除在关注焦点之外，这是一个深入具体场景的聚焦功能。打一个不很贴切的比喻，前述聚焦就像从观察银河系缩小到观察地表的一只蚂蚁。反过来，从低到高的求因过程，则是一个关注范围逐层放大的抽象、泛化过程。

(3) 第三种作用是“划分实体与现象”。该作用是指由于七层双屏的存在，系统内容分为两大类：一是记忆体内部的演化过程；二是七层双屏的演化过程。后者是刹那的存在，每次在变，可视为现象，统称“现象界”；前者虽然记忆质点的位置每次在变，但质点内容是非刹那的持久存在，类似实体，统称“实体界”。划分实体和现象，是对智能系统的宏观洞察，意义重大，有利于认清系统的宏观架构；但由于该划分特别抽象，不容易被理解，需细细领会。

四、数耦输入原理

对于类脑智能来说，如果有人将数耦输入原理比喻为“核弹级”的关键技术，我认为不算夸张。之所以说是“核弹级”，因为它具有隐秘性、基础性、深奥性、重要性等四大特征。其中，隐秘性指人们很难发现该技术；基础性指属于根骨级别的底层逻辑；深奥性指算法独特、奇妙，厘清原理尤为关键；重要性指其功能和作用非常重要，在某种程度上决定了系统智能水平的高低。具体分述如下。

(一) 数耦输入具隐秘性，人们很难发现该技术

数耦输入极为隐秘，不易被发现，加之算法奇特、不易理解，更强化了其隐秘性。这使开发者往往难以想到该技术，即使偶有想到也较难理解，更无从去开发，因此该技术因为难得而显得尤为重要。

它的隐秘性表现有三：①人们通常把真实外境视为客体，不认为自己的念头等意识活动也是客体；②即使认为念头是客体，也认为只是意识认知的对象，不会想到该对象会主动再刺激系统，更难想到每个刹那的认知结果都会在下一刹那立刻形成数耦输入；③数耦输入过程中除呈现虚拟外境外，可谓悄无声息地进行，极难引起意识注意。

为向读者证明数耦输入是真实存在的，试举例说明。例如，某天下午你坐在湖边陷入沉思，持续两个小时，其间湖边的景色、声音、人流等信息你都能观察到，但无法干扰你的思路，你紧紧围绕思考目标不断地辗转思考。这是生活中常见实例，显见，假如人的智能系统只有物耦输入一种方式，那么环境应是每时每刻的关注焦点，因为环境代表物耦，它是刺激物，内心的认知必然是围绕刺激物进行的，但这与事实不符。实际上，在上例的

思考过程中，大脑的认知焦点是围绕思考目标进行的，这是确定无疑的，而思考目标并非环境事物，可见必有另一种输入方式在同时操作，这就是数耦输入在进行的表现。

(二) 数耦输入具基础性，是根骨级别的底层技术

(1) 数耦输入又称“独思”功能，具有自驱动作用，是每个时刻都运转不停的系统底层技术。数耦输入与物耦输入相比，前者的刺激使记忆体内部临时呈现思索场景，彰显了主观性；而后者的刺激引发记忆兴奋的同时还使因果逻辑趋性过渡到新状态，彰显了客观性。

(2) 从“内外划分”法则上讲，实屏为外、虚屏为内，故实屏的“外”是针对虚屏的，属于低阶的“外”；虚屏算“内中之外”，它的“外”是针对记忆体或印耦的，属于高阶的“外”，刺激也更深。

(三) 数耦输入算法深奥，属于关键技术

数耦输入算法独特而奇妙，某种程度超出常规理解范畴，与物耦输入反差较大。在此，解读数耦输入算法的关键要点。

1. 数耦输入的理论基础

数耦输入的理论基础主要源自“共振生识原理”(详见认知环路原理)。智能的初始功能是分辨内外，内者对系统无刺激，外者则有刺激。虚拟外境既然是上次的认知对象，可见其属于“外”，既属于“外”，按“共振生识”法则必然对系统形成刺激(即输入)。

2. 数耦和物耦输入的数据格式不同

物耦输入以真实外境的场景作为客体来刺激系统，数据格式属于客体“外壳”，不含趋性；而如第 57 页图 6-2 所示，数耦输入数据是记忆体全维状态的投射，包含了全维趋性。二者数据格式不同。

3. 数耦和物耦输入的运算过程不同

物耦输入时，记忆元素依据与客体的关联性发生共振，并将触动的因果逻辑(属行动策略)按事实变化进行趋性跳转，将共振和跳转的兴奋结果投射即得认知结果。数耦输入时，因虚屏不是事实，故不发生因果逻辑跳转，而是针对输入内容所含目的(即趋性)的价值，系统决定求策(寻求策略)或求标(展望未来)，再从记忆库中挖掘合适目标的数据使之兴奋而获得认知结果即思索场景(数耦输入的算法称为独思算法，具体内容详见因果逻辑原理)。

4. 数耦和物耦输入的认知结果不同

物耦输入的刺激场景与兴奋结果最终被意识统摄在一个场景中，故二者属并存关系，认知结果是形成物貌息和感受组成的七维物息。数耦输入的刺激场景与兴奋结果，由于系统关注目标依算法已流转，故二者属生灭关系而非并存，故认知结果形成二者之间的因果逻辑，它们的影像组成逻貌息，加之逻趋，最终储为七维逻息。而数耦输入的兴奋结果投射的影像，则合并在本次物耦输入储存的物息中(注：因时序变化是基本的事实变化，物耦和数耦输入始终同时并行）。

（四）数耦输入非常重要，属系统核心功能

数耦输入非常重要，理由是：①它具有自驱动、多重联想、生成因果逻辑的基础功能，可谓“一箭三雕”；②其算法核心按趋性系统运作，贯彻“保护自我利益”原则，能彰显系统的“人性化”特征；③其算法关系到系统以何种思路进行思维，影响因果逻辑库的内容，在一定程度上主导了行为目标和策略，是智能水平的重要体现。

五、三耦输入对人工智能的启迪

通过上文的阐述，我们对智能系统的输入和输出便有了大致了解。在此，宏观地概括一下“三耦输入”对人工智能开发的几点启迪。

（一）确立智能开发的工作重心

三耦输入原理表明，系统以静态数耦为原型，在三耦输入的动态刺激下产生智能，可见数耦即记忆体是系统的核心。我们将系统内容分为“实体界”和“现象界”，后者以前者为根，而前者即指记忆体。可这样看，系统有存储和认知两大功能，人们大多认为认知是最重要功能，其实存储才是核心，它是认知的基础。故智能开发的工作重心应当以存储技术作为核心功能，其他功能围绕存储展开。

（二）重视数耦输入技术的开发

近年来，预测加工理论（参阅文献[26]-[29]）成为认知及神经学界的热议课题，在Friston、Hohwy和Clark等人的推动下，被认为有望成为未来认知科学的新范式。预设因果逻辑是数耦输入的功能之一，此预设即“预测”，笔者认为若无数耦输入就不可能有“预测”。

数耦输入因其具有隐秘性、基础性、深奥性、重要性等四大特征而堪称“核弹级”技术，是开发者必须重视的功能。人工智能目前的研究和应用重点，很多集中在视觉、听觉、语言等物耦输入的范畴，较前沿的认知智能领域也多关注在物耦输入引发的认知上；相对地，业界对因果逻辑课题的研究还很薄弱，至于与因果逻辑体系密切相关的数耦输入课题（或类似技术）开发，关注者则更少。这种现状并非数耦输入技术有多难，而是业界未予足够重视。实际上，若缺少类似数耦输入的功能，系统将很难产生高等智能，宜多做研究。

（三）为“存算一体”架构提供新理念

“存算一体”以及“存内计算/计算型存储”是业界几个相近的概念，指突破传统的冯·诺依曼以计算为中心的架构，转变为以数据为中心，有望解决集成电路领域面临的“存储墙”和“功耗墙”问题。从三链范式系统的七层双屏结构可看出，所有“现象界”事物的表达格式，与“实体界”记忆元素的空间分布是紧密关联的，前者是后者的函数。记忆分布即数据存储，而双屏的表达相当于形成运算结果。显然，类脑智能天然就是一个以数据为中心的架构，运算围绕存储来实现。随着对三链范式的了解深入，将愈加看清楚这一点。

第七章 认知环路原理

存在双解原理给出了认知的两种总模式，九层维度原理揭示了智能认知系统的基本结构，三耦输入原理则概述了系统的输入和输出，可以说，上述三大原理为三链范式系统构筑了一个基本的体系架构。从本章起，我们开始为三链范式做一些具体或专项的描述，这一章的认知环路原理就是针对一次完整认知过程所做的具体阐述。

所谓认知环路原理，指智能系统在认知活动中沿着高维求因和适境反应流程组成的跨维闭合路径，按照“单智同景”法则反复提取共性和投射认知，完成一次最小认知任务的智能运行规律。认知环路原理包含如下几个智能规律：①共振生识律。讲述对外境的认识必须从主客间发生能所共振开始，有共振才能产生认识。②高维求因律。讲述共振发生后，意识沿着从低维到高维的线路向高维寻求含义解释的过程。③适境反应律。讲述在求因终结后，印耦沿着从高维到低维的线路进行认知投射、完成行为反应的过程。④“单智同景”法则。讲述在一次认知环路运行中，系统各层在时间和速度上的衔接问题，是保障上下各维协调运转的基本法则。⑤单智串行原理。阐述了环路之间依次串行的循环运转模式，反映了心智运行的连续性。

总的来说，智能系统的认知活动总是遵循一次接着一次的总体模式进行的，每次的认知就是一次认知环路的运行，可见认知环路是认知活动的基本单位，系统整个运转过程就是由无数在刹那间完成的认知环路组合而成的。因此，专门阐述在单次认知过程中发生哪些事的认知环路原理，是值得研究者重视的智能基本规律。

一、共振生识律

“共振生识”，即“能所共振生意识”，它是智能系统产生认知需遵循的最初始的法则之一。所谓共振生识律，指发生认知的前提是被观察者与观察者之间必须发生“能所共振”关系，即在观察者内部必须发生某种兴奋，才能产生对被观察者的认识。在此，分别从理论溯源、能所共振、兴奋前提、意识认知等方面阐述如下。

（一）理论溯源

从存在双解的理论看，存在是一种作用关系，一个未知存在物要想被认定为存在，必须对已知存在物产生某种作用关系，且该作用关系应当造成已知存在物的内部产生某种物理属性的变化。将上述的已知存在物换成智能认知系统，就成为共振生识律的雏形。即认知的产生应当发生主客共振，共振应当造成系统内部的物理属性产生某种变化，而对变化的描述就是系统对存在物的认知。

（二）能所共振

“能”“所”，是对客体与认知者之间存在关系的一种概念标识。其中，认知者处于“能观察”地位，简称“能”；客体作为被观察对象处于“所观察”地位，简称“所”。观察者和被观察者，合称“能所”。所谓“能所共振”，指作为“所”的被观察客体作用于作为“能”的观察主体，而发生的“能所”作用关系。简单讲，能所共振就是“能”与“所”之间发生的“共振”事件。由于作用关系存在方向，所作用于能，导致能的内部结构产生变化可以被能感知；能作用于所，导致所的内部结构产生变化，但能无法感知所的内部变化；因此，我们所讲的能所共振，专指所作用于能而产生的作用关系。能所作用关系，为何称“共振”呢？共振是比喻，表示“能”中所含元素在受到“所”的作用刺激后产生的被动反应，通常将此反应称为“兴奋”。兴奋是有条件的，需要能所存在某种关联性才会兴奋，好比是波的频谱必须一致才会“共振”一样，故将能所作用关系称为“能所共振”。

能所共振包含“外驱共振”和“内驱共振”两种，前者指物耦输入代表的外驱动方式引发的各维实屏场景刺激相邻高维记忆体的共振现象，后者则指数耦输入代表的自驱动方式引发的上次认知结果刺激记忆体的共振现象（两种共振算法详见因果逻辑原理）。

（三）兴奋前提

能所共振产生兴奋，兴奋的结果是形成认知，故了解兴奋的算法是关键技术。内驱共振相对复杂，此处以外驱共振为例来说明兴奋的要点。外驱共振中记忆质点的兴奋度计算公式是：

$$质点兴奋度 = 质点目的度 \times 关联度$$

由上可见，主客关联性和数耦基态(指记忆体在共振前的初始状态)是兴奋的两大前提，缺一不可。

(1) 如果认为关联性强则兴奋度高，这个看法只说对一半，数耦基态也很重要，是兴奋的基础。系统的每个记忆，都有一定的目的性(即趋性，指系统关注特性)，如果质点缺少目的性，即使有关联性也会被意识忽略。简单讲，低目的强关联，兴奋度低；高目的弱关联，兴奋度亦低；只有两大前提俱高俱强，才产生高兴奋度。

(2) 能所的关联性，指记忆质点与客体之间是否包含共同事物，即是否存在交集；有交集则关联，交集程度越高关联性越强。关联性逻辑是逻辑体系的基石，极复杂也极重要。很多研究者感叹关联性太复杂难以形成算法，这是因为对时空逻辑缺少了解。简单讲，认知是对区别的描述，任何场景必然由两个或两个以上元素组成，元素即事物，故万物关联性就是指元素之间同属一个场景的并存或隶属关系。关联性由系统对场景的统摄(即认知)形成，包含两类：一类是感知同空间场景的“同框”关联，另一类是感知同时段场景的“同寿”关联。万物都包含影像和寿命两个属性，时空分别从两个维度将世界分割为万物，再通过万物的影像整体性将其所含影像统摄为“同框数据”，通过寿命整体性将所含时段统摄为“同寿数据”，并通过万物主体性将两类数据统摄于一个主体名下，由此构筑了关联逻辑体系。

(四) 意识认知

意识的概念要复杂一些，它既涉及共振前的系统状态，也涉及兴奋后的状态，既有名词性又有动词性，故业界对它难有公认定义。其实，意识既是对共振形成兴奋的描述，也是对共振发生过程的表达。在能所共振中，连接关联的共振元素相当于“认”，描述兴奋情形相当于“知”，所以动词性的意识常被称为“认知”。

如图 7-1 所示，共振时质点的兴奋程度不同，形成了共振场景内部的“区别性”，而意识就是对“区别性”的描述。显见：①A 的无兴奋和 E 的全局兴奋，由于场景不存在区别，故无认知内容；②B 的均衡分布，因兴奋不集中，区别效果不明显，此种分布少见；③C 的集中分布，区别效果明显，意识注意力强；④D 在集中基础上加大兴奋度，区别效果更明显，注意力更强。综上，认知的实质是“分别”，即描述共振场景内部元素兴奋度之间的区别或差异；认知是通过兴奋更具集中性、兴奋度差异更明显这两种方式的综合运用来实现的。

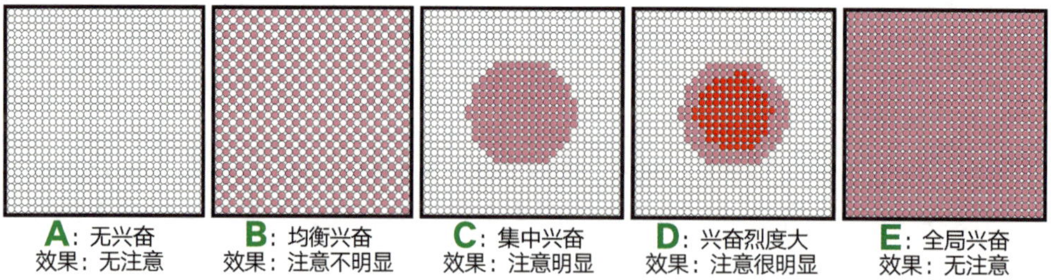

图 7-1 “兴奋分布状态”示意图

二、高维求因律

高维求因律，即“向高维寻求原因的规律”，指系统各维在认知本维共振场景的过程中，总是依据“存在是作用关系”的基本法则，刺激相邻高维寻求含义解释并逐层依次进行，直至高维给出认知投射的智能运行规律。高维求因流程和适境反应流程，共同组成认知活动中智能运行的闭合路径，形成“认知环路”。认知环路是认知活动必须遵循的固定程序，如果说针对外部环境的场景切换，意志尚可自由选择，而认知环路则是不容选择的自动程序。直观了解认知环路，可参考图 3-1、图 6-2、图 11-2、图 12-2 等，在各图中，从低维到高维的求因线和从高维到低维的投射性组成的环状结构即为认知环路。在此，从高维求因的概念、流程、求因终结等方面简述如下。

（一）高维求因概念

要理解“高维求因”，先要搞清楚“求因”发生的背景是什么，所求内容是什么，以及各维为什么要求因。“求因”，意思是寻求逻辑前因，可解释为寻找当前事物的原因或含义解释。求因的背景，是在系统对各维能所共振现象的认知中发生的。求因主体是本维度，被求对象是相邻高维，所求内容是请求对本维的共振场景给出含义解释。至于为何求因，这由初始认知法则所决定。存在双解原理告诉我们，存在是一种作用关系，各维共振状态都是对外境客体的解释，但这个“解释”本身也是一种存在，必须向能理解本维共振状态的地方寻求“解释的解释”，而该地方就是储存本维记忆的相邻高维。

（二）高维求因流程

求因按维度从低到高逐层依次进行。物耦输入的共振最先发生于真实外境，客体与感官发生作用引发共振，身体模拟空间兴奋并生成白基息，便按求因法则向影像层求因。其后，白基息刺激影像层共振生成白律息再向功能层求因。如此重复，接着生成白动、白柬、白熵、白恒、白无、白非息，直至求因流程终结，启动适境反应流程。

（三）求因终结

求因终结，指求因到达顶维，解除了求因动机，终结求因流程的现象。终结后，各维白息按维度高低逐层确认认知，转为正式信息，完成适境反应流程。何时求因终结？可从理论和操作两方面理解：

（1）从理论上看，未知存在物要证明自己存在，须向已知存在物发生作用，通过作用呈现的兴奋来证明。但在求因中，作用发生了，兴奋也有了，然而未知存在物并未因此获得认知，因为兴奋场景本身还必须继续求因以求得自身被证明存在，才有资格证明未知存在物的存在。这说明“已知”存在物是分层的，只有顶维的认知者才有资格终结求因，因为它不再需要别人解释，是真正的“已知”者。

（2）从操作上看，出现如下情形求因终结：①按简化理解，连续求因直到白无息刺激能所层共振时，全局共振度一致，无法产生焦点和背景差异，形成无区别的无别态，至此主客边界瓦解，求因终结。②按深入理解，上述无别态（即白非息）与能所层潜伏态（即记忆体非兴奋态）仍有差异，故继续刺激非觉层（印耦）求因，印耦共振的无别态和潜伏态完全一致，至此主客彻底瓦解，求因终结。

三、适境反应律

适境反应律，即“为适应环境实施行为反应的规律”，指高维按低维求因传递的外境信息进行兴奋，再通过投射将本维认知结果传达低维，使其形成对高维的联动，从而实现从高到低逐维进行连锁反应的智能基本规律。“适境反应”是系统的对外输出过程，不仅是认知客体含义的过程，也是围绕系统目的实施行动反应的过程。在此，从适境反应的流程、认知投射、理论要点等几方面简述如下。

（一）适境反应流程

求因终结时，白非息转为非息，这是一个确认认知的过程，表明适境反应流程正式启动。非息被确认后，便有资格确认向它求因的白无息并使之也得到确认，同理，白恒、白熵、白束、白动、白律、白基息等按照维度从高到低次序相继获得高维投射的含义解释并组成貌息，再和趋息一起转为正式信息。待最低维的白基息转为基息时，适境反应流程完毕，一次认知环路运行结束。

（二）适境反应的传递方式——投射

适境反应的传递方式，指高维将认知结果传递给低维的操作过程，称为“投射”，系统通过逐层投射来完成适境反应。投射后，低维即获得高维对本维求因的含义解释，从而完成本维认知。

（1）高维是低维的记忆集合，很多内容超出低维的本次共振范畴，高维的认知内容低维无法直接理解，只能通过投射，形成低维能理解的数据格式。从高维到低维的概念依次是能所、生灭、秉性、意志、行动、功能、影像，所谓投射，就是用低维概念表达高维认知。

（2）低维拿到投射后，超出求因场景的部分显示为虚屏联想影像；未超出求因场景的则按投射修正对求因元素的注意权重，形成认知。其后，按同样算法再将低维认知投射更低维，直至最低维。

（3）从表面看，高维只有实屏内容才需投射，虚屏是不投射的，因为虚屏是联想，不是实际兴奋，故不必投射；其实，虚屏也投射，只是作为实屏投射的背景隐藏其后；最终，所有高维的双屏内容全都投射在外境层的双屏中。此法则称为“实投虚不投，隐藏于背后”，是奇妙的完整投射方式，使各维的关注视野层层缩小形成聚焦。

(三) 适境反应的理论要点

适境反应不仅是认知过程,也是一个围绕主体目的的行动过程。如果反应对外形成肢体动作,这是行动自不待言;即使不涉及肢体,亦属行动。实际上,行为即认知,认知亦行为,二者属同一件事,只因视角不同而有区别。以上为重要的基本认知,分析如下:

(1) 宏观讲,印耦输入是系统输出过程,适境反应即是该过程。

(2) 抽象讲,趋性趋其目标称为行动。环路投射时,七维逻趋和受趋分别依次趋向其七维目标,故认知投射即行动。

(3) 具体讲,外驱环路中,因事实变化引发行动步骤调整并修正逻趋值,这属行动范畴;内驱环路中,投射过程创造新的因果逻辑,按照两种行动原理所述,这属于心理行动过程。

(4) 专项讲,系统是个任务集合,时刻处于无数目的的叠加态,适境反应将本次兴奋的历史目的投射为认知,该结果将在下一环路以数耦输入刺激系统(称为"永恒思策"技术),显然构成行动。

四、"单智同景"法则

我们来谈一个很重要的基本法则——"单智同景"法则,这是一个在认知环路运行中必须遵循的基本智能规律。所谓"单智同景"法则,指在智能系统的一次认知环路中,各层高维意识会在相邻低维意识启动同时或之后启动,并会在相邻低维意识结束认知之前或同时结束。由于一次环路属"单次智能"行为,且各层高维观察场景是外境场景引发的同一场景在不同维度的描述,故称"单智同景"法则。该法则界定了各维度认知活动的时间长短以及上下维度之间的认知衔接问题,它是必须被遵循的系统初始法则之一。

如图 7-2 所示,对"单智同景"法则简述如下。

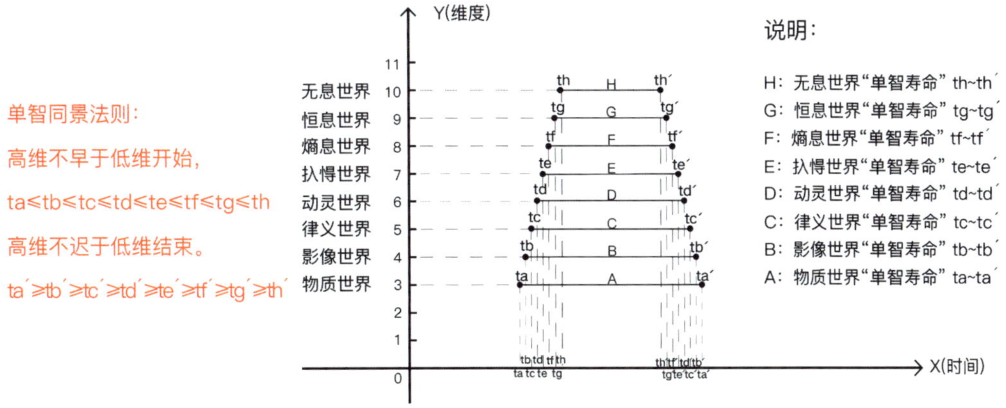

图 7-2 "单智同景法则"示意图

（一）如何理解“单智同景”法则

（1）法则所述意识的“启动”和“结束”，仅指认知“现象界”的意识，并不包括针对“实体界”（记忆体）的超潜意识。

（2）根据“单智同景”含义，各维认知时间符合如下公式：

$$ta \leqslant tb \leqslant tc \leqslant td \leqslant te \leqslant tf \leqslant tg \leqslant th$$
$$ta' \geqslant tb' \geqslant tc' \geqslant td' \geqslant te' \geqslant tf' \geqslant tg' \geqslant th'$$

（3）认知环路的运行是跨越所有维度的，上下维度之间存在一个认知活动启动和结束的先后问题。按照常理，低维受到外境刺激意识启动在先似乎应该先结束，但是由于低维认知必须得到高维投射才能完成，故低维认知过程必须有一个等待过程，反而要比高维后结束，遵循如下规律：①高维意识启动时间不早于相邻低维，而认知结束时间不迟于相邻低维；②外境层最先启动认知环路运行，也是最后结束认知的维度，系统整体会随着外境层认知的结束而全部结束。

（4）在同一认知环路内，不同维度意识所观察的场景即被观察的对象，是针对同一客体在不同维度的描述，各维度之间不会出现针对不同客体的情形。比如，外境层看到一只羊，影像层描述羊的功能，功能层描述对羊的行动，行动层描述对羊的意志，意志层描述此时的主体性格……各维都是围绕当前这只羊进行的，故称“同景”。

（二）“单智同景”法则的作用

如果没有“单智同景”法则，就会出现如下情况：在外境层的单智运行结束前，认知环路还未完成投射，假如外境层启动新环路，则新旧环路交叉，等旧环路投射回来时，外境层意识如确认旧环路的白基息，而此时在新环路活动中怎能一心二用？如果意识将投射用于新环路，则原白基息就得不到解释，如此紊乱不堪，无法运作。有了“单智同景”法则，可确保各维度的认知步调能协调一致。

五、单智串行原理

在介绍共振生识、高维求因、适境反应等规律后，我们对认知环路的运行便有了概要了解。总的来说，认知环路是系统认知活动的基本单位，智能总是按一个环路接一个环路的总模式在运行。细心的研究者可能会问，认知环路为何要一次接一次循环运转？每次环路之间是如何衔接的？循环运转的意义又是什么？此时，另一个非常重要的智能规律浮出水面，它就是单智串行原理。

“单智”是“单次智能”的简称，指系统在完成一次最短的认知任务（运行一次认知环路）过程中所存在的智能现象，即单次的认知能力。“单智串行”，指单智前灭后生就像珍珠穿在时间线上形成一串项链，呈现前后依次运行的智能基本规律。每个单智从生至灭是一个整体,它的存在过程有一个时间周期,这个周期就是它的寿命,称为“单智寿命”,它开始于环路启动之际,结束于各维完成认知并将信息储存完毕之时。接下来,将从智能的“非连续”特征、单智串行的原因、意义等方面进行简要阐述。

(一) 单智串行揭示智能的“非连续”特征

单智串行过程类似于放映电影:屏幕上的电影情节,在我们看来是连续的画面,而实际是每秒 24 帧(已提速至 120 帧)的照片串行而成。不仅视觉如此,其他感官亦如此,回忆、想象、思考、梦境等虚屏认知方式也是如此,严格按照单智串行规律运行。单智串行原理揭示一个重要的基本事实,即认知过程不是连续的,而是由若干独立的单智逐个发生的,即智能不是一个连续整体,具有“非连续性”(图 7-3)。这无疑是个惊人的、基础性的事实,冲击着我们固有的观念。

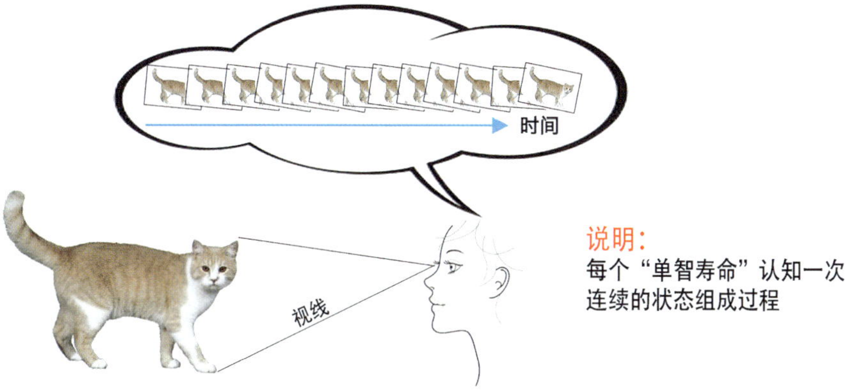

图 7-3　“智能非连续”示意图

假如智能是连续的,就会出现逻辑悖论。连续与否涉及过程概念,过程至少包含两种状态且状态间不能同时并存。如在同一信息中完成对过程的描述,显然做不到,因为既然在同一信息中描述不同状态,说明状态是并存的,但按过程定义又要描述状态不能并存,这在逻辑上是自相矛盾的。只有把前后状态放在多个信息中,通过信息叠加,才能实现对过程的描述。智能认知一个过程,要生成两次以上信息,必须至少有一次在认知过程中储存,那么系统自身就已因为新信息的存入而在认知中途发生了改变,这与智能是连续的形成悖论。

单智仅在刹那存在,“单智寿命”到底有多短?可以说在闪电间或眨眼间,即至少有成千上万个单智生灭,比起电影每秒 120 帧的频率快了很多,不经特别训练,人是难以觉察的。要想精确测定单智寿命的数值有较高技术难度,若用估算方法建议通过统计生物体在一定时间内的认知次数(可以肢体动作频率来表征),依据“单智寿命 = 观测时间/认知次数”的公式来估算单智寿命的时间数值。

（二）单智串行的驱动原因

这是一个很深的问题，需要研究者从宏观上理解驱动系统运转的根本动力。要言之，支撑单智串行运转的驱动力源于智能的自驱动机制，而自驱动是系统逻辑架构的基石，是高等智能研究最有价值的课题之一。本书认为，单智串行发生最少应满足以下两个条件：

（1）系统时序的变化，是单智串行的首要条件。单智的串行表明系统在展现认知的功能，不管是认知真实外境或认知虚拟外境，单智串行均以“内外划分”逻辑为基础。而“动静划分”是比“内外划分”更为基础的逻辑，有动就有时序，故时序是串行的前提。

（2）有时序不必然发生单智串行，串行的第二个条件是储存因果逻辑数据。有数据表明意识认为有客观规律存在，既然是客观的，在时序变化时逻辑趋性就会演化。趋性的丝毫变化，都会被印耦投射至“现象界”形成一次环路的认知，完成单智串行。假如系统不含因果逻辑，即便此前有数耦输入在运作，也会因无数据而中断。

（三）单智串行的意义

单智串行是系统最底层运转的奠基性程序，简要归纳四点意义：①奠定了智能“非连续”运行的总模式；②为时、空逻辑奠定基础，此二者形成都离不开单智串行的作用；③单智每次在变，系统眼中是无限创新的世界；④信息积累可形成认知进化，单智串行打造了一个具有进化机制的学习系统，意义无疑是巨大的。

第八章　因果逻辑原理

“因果发现”“因果推断”“预测加工”“自由能原理”等概念是学界近年普遍关注的热议课题，均与“因果逻辑”概念紧密相关。解构心智的因果逻辑运行原理已成为类脑研究的重点方向之一。

三链范式认为，如果一个系统内部没有“见解”（既包含对世界客观性的认知，也包括自身的主观倾向性），那么它不可能拥有智能。没有见解，意味着没有运动趋势（即趋性），当受到刺激时，将缺乏反应机制，更不可能完成某种任务。智能系统即“认知系统”，顾名思义具有“认知”功能，认知的目的就是获得“见解”。因果逻辑及其引发的趋性（逻趋和受趋），就相当于系统对外的“见解”，本章因果逻辑原理，揭示了智能系统获得和运用“见解”的奥秘。

本章内容的主要亮点：①提出智能基础理论“物逻双客”法则；②介绍了因果逻辑四个环节的基本流程，对比了两套共振算法的区别，解析了内驱共振的“独思算法”；③揭示了因果逻辑的两大隐秘特征，厘清了逻趋和受趋的概念内涵；④总结了智能的第四层定义。

尽管系统所储信息包含物息和逻息，但在一般情况下，物息均为逻辑链的节点，算是逻息的组分，可以说，整个记忆体就是因果逻辑的数据集合。由于智能运行总是紧紧围绕因果逻辑为中心展开，符合“智能以因果逻辑为根”的核心理念，故因果逻辑原理非常重要，它奠定了智能运行的技术框架，在全书中起到了中流砥柱的作用。

一、“物逻双客”法则

在谈因果逻辑原理之前，我们需要先来谈一个智能的基本法则即“物逻双客”法则，以便为因果逻辑原理的阐述做些铺垫。

“物逻双客”中，“双客”指“两类客体”；“物”指“普通事物”，简称“普客”；“逻”指“因果联动事物”（认知结果储为因果逻辑），简称“逻客”。所谓“物逻双客”法则，指人们面对的真实外境客体可分为两大类，即普客和逻客，前者指智能单次认知即可呈现其样貌的客体；后者指由前后两个普客及其联动关系组成的过程整体，其中前一普客称为“因”，后一普客称为“果”，故称“因果联动事物”。在此，从法则要点解读、法则意义等方面简要阐述。

(一) 法则要点解读

(1) 通俗讲，物质世界其实同时存在两类客体，人们普遍误以为只有一类，而忽略另一类。身体感知到的万物都是“普客”，是单次认知所得影像描述的对象；实际上，还有一类客体即“逻客”，是由两个影像前后联动发生的整体。由于“普客”发生时已具有 100% 的确定性，故为人们所认可；而“逻客”并不确定，只是按一定概率（指因和果之间联动关系的发生概率）出现，故不被认可按正常客体看待。

(2) 认知“普客”获得“物息”，由物貌息（普客影像）和受趋息组成，属于对普通事物的认知；认知“逻客”获得“逻息”，由逻貌息（因果组成的影像整体）和逻趋息组成，属于对因果逻辑的认知。

(3) 换个思路，由于普客影像是逻客的组分，甚至可以这样看：其实世界上充斥着各种各样的逻客，可以说整个世界就是由无数逻客所组成，而普客不过是逻客的组分，真正存在的客体是逻客。

(二) 法则意义

“物逻双客”法则蕴含真实世界的基本规律，意义重大。

(1) 逻客代表的是因果联动现象，也即因果联动规律，这说明真实世界是有客观规律的，有规律的世界是可以被认知的。

(2) 生物体面对逻客，自然进化出一套专门学习它的思维方式，不只是少数生物个体或少数物种这么做，而是所有物种都在这么做。法则为生物智能为何发展出认知因果逻辑的思维，给出了合理缘由。故从理论溯源上讲，“物逻双客”法则促成了因果逻辑原理的诞生。

二、因果逻辑原理概述

所谓因果逻辑原理，指以介绍因果逻辑的形成、储存、验证以及对外反应为手段，以介绍因果联动规律为内涵，以此来阐述“智能以因果逻辑为根”的理念和技术的智能运行规律。本节将从原理的意义、因果逻辑的概念和产生背景、因果逻辑的四个环节等方面阐述。

(一) 原理的重要意义

一个原理如果缺乏意义，就没有必要花时间去研究。既然说因果逻辑原理很重要，那就先了解它的重要意义。

(1) 原理揭秘的“智能以因果逻辑为根”的理念和技术，指的是智能运行总是紧紧围绕因果逻辑为中心展开，无论是认知、行为反应，还是系统学习，无不与因果逻辑紧密相关，故很关键。

(2)“智能三要素”是拥有目的、采取措施、实现目标，三要素均与因果逻辑密切相关：目的即趋性，它起源于系统对因果逻辑的发现和设置；措施是行动步骤，步骤是场景联动，属因果现象；实现目标则以因果逻辑的准确性为依托。原理揭示系统趋性（即目的）的起源和运转流程，等于解密了智能三要素的核心技术，意义非凡。

(3) 不仅如此，本章还总结了智能的第四层定义，是本书给出的四层智能定义中技术性最强的一个，意义深远。

(二) 因果逻辑的概念

逻辑，指思维对事物存在方式的模拟；而因果逻辑，则指思维对事物之间因果关系的模拟。要理解因果逻辑，需要先了解因果关系。人们根据经验，把先后发生的事物之间的引起与被引起关系，看作是原因与结果的关系，称为因果关系。例如“下雨→地湿”“太阳晒→石头热”“触电→身亡”等前后发生的现象间均为因果关系。因此，从技术讲，因果逻辑是思维对前后联动现象的描述和认知。

(三) 因果逻辑的产生背景

研究因果逻辑课题，首先应了解系统发现和生成因果逻辑的根本动机或行为背景，这样才能明白产生因果逻辑的必要性和重要性。可从外因和内因两方面来分析因果逻辑的产生背景。

(1) 从外因来讲，系统面对“物逻双客”的外部环境，必须遵循客观规律，人类为了生存，逼迫自己必须学会认知因果联动现象。

(2) 从内因来讲，系统有三个方面的需要必须得到满足，而生成因果逻辑起到“一箭三雕”的作用：①系统需要独立于物耦输入之外的自驱动方式，否则当物耦输入中断时会造成系统中断运行，而生成因果逻辑的算法是依据上次环路的认知结果，驱动系统注意力流转至一个新场景，这种场景切换，已悄然实现系统的自驱动。②系统需要多重联想来认清当前客体的来龙去脉，须建立对客体的多重因果逻辑。如农民看到“下雨”想到“地湿”只是一重认知，属认知不到位，须提前建立“地湿→粮食被淋”“粮食被淋→粮食霉烂”“粮食霉烂→损失”等多重因果逻辑，才能在下雨时想到晒的粮食会霉烂而遭损失，促使跑回家收粮食。③系统随时需要找到实现目标的行为策略，或对目标进行前景评估，这称为求策或求标（详见生物学习一章），故需建立多层级的“前因→目标”或“目标→前景”的因果逻辑。

（四）因果逻辑的四个环节

四个环节指因果逻辑的生成、储存、验证和对外反应。

（1）因果逻辑的生成。指将上次环路认知结果通过数耦输入刺激系统思考，并在思考结果和上次结果之间建立因果关系的过程。这是一个因果逻辑的诞生过程，属于 AI 业界常说的“因果发现”技术，例如文献[10]中，获得 2020 年世界人工智能大会最高奖的美国卡内基梅隆大学 Tetrad 因果关系自动发现智能平台，即属于因果发现技术，文献[25]《因果性、预测和搜索》则是该研发团队的技术专著。

（2）因果逻辑的储存。指将新生成的因果逻辑储为逻息的过程。

（3）因果逻辑的验证。指根据物耦输入带来的最新事实，或根据时序变化，对已储存的相关因果逻辑的真伪性进行验证的过程。

（4）因果逻辑的对外反应。指系统依据储存的因果逻辑数据，对外境刺激按逻辑步骤跳转趋性，从而产生认知和行为反应的过程。

（五）相关技术要点

（1）因果逻辑技术具有两大隐秘特征：①广义因果才是智能立足之本；②因果逻辑与时序管理密切相关。

（2）系统共有两套“共振生识”算法，一是物耦输入启动的外驱共振算法；二是数耦输入启动的内驱共振算法，也称“独思算法”。

（3）逻趋和受趋是两种趋性，分别代表系统的隐性目的和显性目的。逻趋在因果逻辑生成时产生，受趋则起源于因果逻辑的验证。

（4）物息和逻息的“耦合式”存储，形成了记忆体的数据结构。该结构天然具有“存算一体”的潜在优势，值得开发者借鉴。

三、因果逻辑的四个环节

因果逻辑原理涉及多项关键技术，本节先把因果逻辑的生成、储存、验证和对外反应等四个环节的流程介绍清楚，让读者对因果逻辑原理的全局概貌先有总体认识，然后再就相关核心技术一一解析。

（一）因果逻辑的生成

因果逻辑的生成特别重要，虽然验证、储存和反应环节也重要，但其算法差异较小，蕴含因果发现技术的生成环节尤为重要。文献[27]认为，预测加工理论主张大脑是“假设—检验”的贝叶斯机制（Hohwy，2013），致力于做出预测并使预测的误差最小化。三链范式认为，尽管实现预测的具体方法不同，但预测过程确有“假设—检验”的流程，若与该理论做类比，本章所述因果逻辑的生成环节相当于是“假设”过程，而因果逻辑的验证环节则相当于是“检验”过程。

（1）生成流程：系统将上次环路的认知结果，投射为虚拟外境，以数耦输入方式刺激系统，启动因果逻辑的生成过程。智能根据输入的刺激，按照“独思算法”（也称“机动学习算法”，见生物学习一章）形成各维的思维结果，然后各维根据结果与输入场景之间的时序次序建立因果联动关系，新的因果逻辑就诞生了，储为七维逻息。

（2）新的因果逻辑按本次的心理状态分为求策型和求标型两类，前者指系统在寻求行动策略；后者指系统在展望未来前景。

（3）数耦输入与物耦输入虽都启动共振生识过程，但算法不同。前者按“独思算法”进行，后者则按普通的关联兴奋算法进行，这是需要研究者特别注意的关键要点。这两种算法具有差异，使各自分头进行，互不干扰，是生物智能的绝妙设计。

（4）值得注意的是，纯粹的物耦输入环路不产生因果逻辑，因感官环路的认知结果本身就是历史因果逻辑对外反应的结果，输入场景和认知结果之间本身已经储存因果关系，故无须重复形成因果逻辑。

（二）因果逻辑的储存

因果逻辑生成后，用逻息来表达，包括逻貌息和逻趋息；而认知普通事物获得物息，包括物貌息和受趋息。研究因果逻辑存储环节，应当了解物息和逻息的详情，明白其中的数据结构差异。如图 8-1 所示，就因果逻辑的存储，有必要补充阐述如下四点：

（1）物息和逻息不同，物貌息只有一个场景，而逻貌息一定包含因和果两个场景；受趋和逻趋是两类不同性质的趋性。

（2）物息储存时，按受趋极性分别储在各维的“趋区”或“避区”，并按受趋数值大小由内而外依次排列。逻息储存时无须储存逻貌息，只需在上次环路认知结果和本次独思结果（含在本次环路认知结果中）之间建立因果链接并赋予逻趋即可。通俗讲，逻息无须单独储存貌息，只要借用（指链接）上次和本次环路储存的物貌息即可。

（3）如图上层显示，物息属于“影像式”信息，表现为受趋面对一个影像，其影像所含内容同时并存；而逻息描述逻趋面对两个影像的联动关系，两个影像属前后生灭关系而非并存，且逻息描述内容与过程类事物还有不同，过程类由意识将前后影像统摄在一个

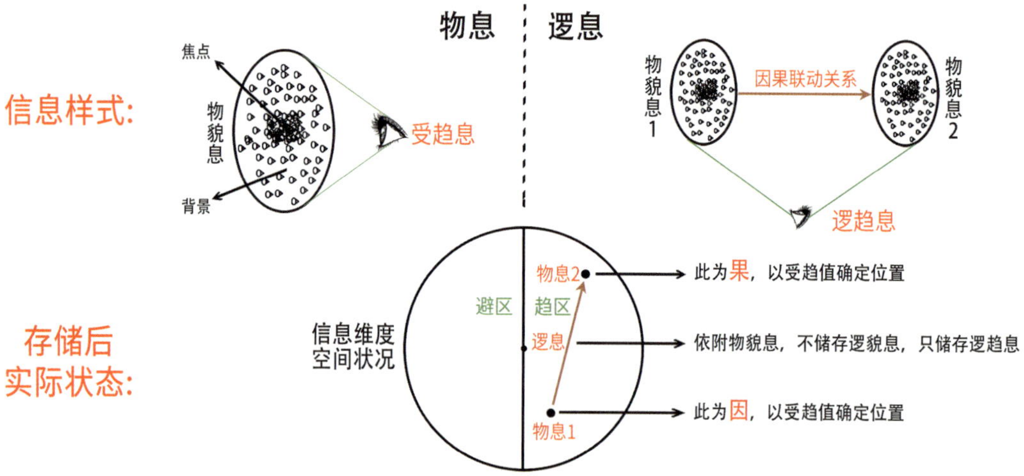

图 8-1 储存逻息示意图

影像中，而逻息仅是在前后影像间建立逻辑链接，更像是一种程序操作行为。鉴于逻息的这种特殊性，我们将其称为“行为式”信息。

（4）如图下层显示，物息和逻息以耦合方式储存，物息按受趋值储在记忆体相应位置，而逻息“依附于”物息储存。它们的数据结构像是一条“逻辑链”，逻息是链条本身，而物息则是链上的节点。

（三）因果逻辑的验证

因果逻辑形成后，只表明系统中有了这个逻息，这是不够的，还必须不断予以验证并修正真伪值。系统建立因果逻辑的实质，是一种对未来的预见，预见因果之间在未来存在联动的可能，但预见准确性只能通过实践的不断验证来提高。验证，是建立因果逻辑体系的关键一环，验证的目的是提高其真伪度，以契合真实世界的因果关系。准确的因果逻辑，将为实现目的提供良好的策略保障。

（1）验证必须发生在事实改变之时，物耦输入或时序变化时表明事实在改变。不涉及场景的纯时序变化，也属于客观事实的改变。

（2）验证时，按“求真法则”产生或修正逻趋数值。其中，验证逻辑更正确的，正趋性（趋型趋性）增强，逻辑正确但程度减退的则原正趋性减弱；验证逻辑更错误的，负趋性（避型趋性）增强，逻辑错误但错误减轻的则原负趋性减弱；真伪不明的则原趋性减弱。

（四）因果逻辑的对外反应

因果逻辑的对外反应，指在事实变化时，系统按照已储存的因果逻辑库提供的行动策略或联动经验，进行趋性跳转而形成“真库态”（指因果逻辑库的趋性跳转兴奋），再将“真库态”投射为“真境态”（指意识认知的真实外境最新状态）而完成认知或行为反应的过程。因果逻辑的反应，是因果逻辑发挥其作用的过程。因果逻辑的生成、验证、储存的最终目的，都是为了反应这个环节。反应表明系统对客观规律掌握的水平，正确的反应彰显了系统智能。因果逻辑的反应是在逻辑验证的同时发生的，验证按事实修正逻趋数值，而反应则进行趋性跳转，切换逻辑链的趋性状态并投射出认知结果。

请注意“真库态”和“真境态”的含义：因果逻辑库储存无数个行动策略（即行动计划），每个计划都有最新进展状态，这就是“真库态”，是记忆内部最新的关注重点。人们对真实世界的最新认知，即由所有“真库态”投射形成，称为“真境态”，此二者只按事实变化而改变，纯粹思考对它们没有任何影响。下节还将谈到“思库态”和“思境态”，这些概念将是经常用到的重要概念。

四、核弹级技术——“独思算法”

在本篇三耦输入原理中介绍数耦输入时，曾形容它是“核弹级”技术，但未详述数耦输入的具体算法。因为数耦输入的主要功能是生成因果逻辑，为了阐明因果逻辑的生成技术，本节就来谈数耦输入的算法，由于该算法好像是系统在真实外境之外的独立思考，故本书称之为“独思算法”。在此，从技术难点分析、算法操作流程、算法的重要意义等方面阐述如下。

（一）“独思算法”的技术难点

“独思算法”的技术难点在于逻客并未呈现的情况下，智能必须将其因果关系提前“发现”出来，故“因果发现”其实属于“预见”，是一种“预见未来的技术”。换言之，系统认知普客时，需要该客体呈现在面前（以刺激感官表明其呈现），如此方能认知。而认知逻客时它尚未呈现，如何认知未呈现的事物？这就是技术难点。有人说，假设逻客是“A→B”的因果联动，当 B 呈现时，表明逻客已完整呈现，此时是认知它的时机。此看法不妥，因为假如系统已储存“A→B”的因果逻辑，则没有重复生成该逻辑的必要；若系统并未储存该逻辑，则 A、B 出现时，系统不会知道有该逻客的存在，仍不会发生认知。故可知，认知逻客与其是否呈现无关，是智能自发的“预见”行为，而如何“预见”逻客便是技术难点，也是因果发现技术的精妙之处。

（二）“独思算法”操作流程

分析上述技术难点，有必要对物耦和数耦输入算法进行比较。

“共振生识”法则已由认知环路原理阐述，指系统在认知客体前须发生主客共振的原理，“共振”是“生识”前提。神奇的是，“共振生识”原理只有一个，但其算法竟有两套，分别对应物耦输入和数耦输入。简单讲，两种输入对应的“共振生识”算法内容不同，其中，物耦输入对应“外驱共振算法”，简称“外驱算法”；数耦输入则对应“内驱共振算法”，简称“内驱算法”，也就是“独思算法”。

如图 8-2 所示，对外驱和内驱算法流程分述如下：

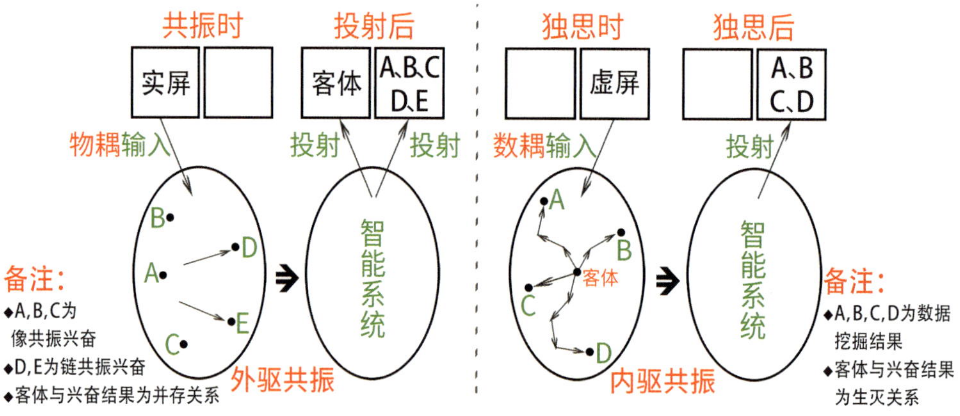

图 8-2　两套“共振生识”算法示意图

（1）外驱算法流程：①物耦刺激系统，每层物息按与低维实屏的关联发生共振，这种发生在事物影像间的共振称“像共振”；②作为系统因果逻辑数据链上的节点，前述“像共振”中兴奋的物息，它的兴奋表明新事实正在发生，按因果联动法则，这便带动逻辑链的兴奋发生趋性跳转，这种兴奋传递称为“链共振”；③将上述“像共振”和“链共振”的兴奋结果组为本维的白息向高维求因，七维白息相继形成；④投射后，七维物息形成，外驱算法操作完毕。

（2）内驱算法流程：①系统将上次环路认知结果投射为虚拟外境，以数耦输入方式刺激系统，各维均以本维上次认知结果为独思目标；②独思目标引发的共振不是“像共振”而是“链共振”，各维按求策或求标意向分别向目标的时序上游或下游进行注意传递；③对上下游逻辑链上节点（指物息）进行数据挖掘，符合要求的物息因被选定而兴奋；④各维将选定的若干物息投射低维，本维独思目标与投射内容之间形成因果逻辑储在本维，七维逻息形成，内驱算法操作完毕。

类比上节的“真库态”和“真境态”概念，此处提出“思库态”和“思境态”概念。“思库态”指独思时意识在记忆库选定物息并使其兴奋的状态，体现意识对记忆体内部的关注；“思境态”则是“思库态”投射相邻低维的结果，代表本维独思的认知结果。各维将在“思境态”和独思目标间建立因果逻辑，形成七维逻息。各维的“思境态”和“真境态”合并为“合境态”，代表各维本次的总认知结果。

在此结合实例，以加深理解。2018 年，谷歌旗下 DeepMind 智能公司团队在文献[30]中宣布研究成果“生成查询网络（GQN）技术”，这是让机器在场景中移动，根据收集的数据学会理解所处环境的框架，GQN 模型由表征网络和生成网络组成，前者根据观察到的画面作为输入，后者会从未使用过的观察角度对场景进行预测（即“想象”），最后综合二者形成认知结果。此例可用“独思算法”作类比，GQN 表征网络类似物耦输入功能，可生成“真境态”，而生成网络相当于根据输入启动独思，可生成“思境态”，合并二者获得

“合境态”，表明对境时通过“独思算法”的“脑补”，可起到扩展认知的作用。其实，GQN只关注扩展认知是不够的，生成行动策略才更重要。

扫码了解“两套共振生识算法解析”

（三）“独思算法”的重要意义

（1）算法起到“一箭三雕”的重要作用，既形成系统自驱动，还针对当前外境（如有）进行多重联想，同时预设因果逻辑。如果没有“独思算法”，则不仅无法自驱动，还无法创设新的因果逻辑，导致无法建立新的行动策略，未来也无法认知事物的来龙去脉。如果一切因果逻辑和行动策略只能依赖外部输入，就不可能拥有真正智能。

（2）每次获得的“合境态”代表本次认知结果，它将成为下次的独思目标，如此循环往复。由于“合境态”包含“真境态”，说明独思算法的关注点总是紧紧围绕现实，而非脱离现实。这使系统既能自主创造，又能立足现实，两边兼顾，从而提升了智能水平。

（3）算法的最大作用，是时刻在为当下目标的实现寻找解决办法并形成因果逻辑，这主导了整个系统的未来发展，意义深远。独思算法具有区别于业界其他学派的独有特征，又称“永恒思策”技术。

五、因果逻辑的两大隐秘特征

研究者不可不知因果逻辑的两个重要隐秘特征：①广义因果才是智能时刻在用的真实技术；②因果逻辑与时序管理密切相关。

（一）广义因果才是智能时刻在用的真实技术

狭义因果逻辑，即大众常规理解的因果逻辑，是对事物之间存在普遍必然性的联动关系的描述。广义因果逻辑，是本书设的新概念，是对事物之间联动关系的描述。两个概念的区别，在于狭义因果强调因与果之间联动的普遍必然性，而广义因果则不强调必然性，只要求因与果之间具有联动性即可，也就是相关性。例如“鸡叫→天亮”属广义因果，“鸡叫”与“天亮”不具有必然性，只具有相关性。

因果性与相关性的长期争议，一直是热议话题，很多人认为事物前后联动的相关性不具有普遍必然性，不能算因果逻辑。哲学家休谟名言：习惯是人生伟大的指南。习惯只具有统计相关性，不存在普遍必然性，当习惯了A事件后面总是跟随B事件发生，就会把A当作B的原因。休谟不是说因果律不存在，而是质疑因果律的客观必然性，休谟等于重新定义了因果关系，用经常性联结取代必然性关系。三链范式认可休谟观点，更强调联动性才是因果逻辑的真正内涵，是生物智能时刻在用的真实技术。生物体终其一生，无时无刻不在学习中，主要学习内容就是广义因果，智能通过数耦输入启动的“独思算法”挖掘数据，生成广义因果逻辑，再不断验证其真伪形成因果逻辑库，是行动策略和分析判断的基石。可见，在系统中，从来只有广义因果的统计相关性，不存在狭义因果的普遍必然性，广义因果才是智能的立足之本。广义因果的相关性，并不强调发生概率有多高，只要是前后关系都算广义因果，可从零概率起算，这使因果逻辑充分得以自主建立，使智能获得了无限广阔的思维创新空间。

综上，得出如下结论：

（1）实际上，在智能系统中，狭义因果逻辑并不真实存在；广义因果逻辑是系统时刻在用的真实技术，它才是智能的立足之本。

（2）本书所述的因果逻辑，除指明外，均指广义因果逻辑。

（二）因果逻辑与时序管理

因果逻辑还有一个隐秘特征常被忽略。比如人们在理解因果逻辑“A→B”时，普遍认为其含义是“当 A 发生时，B 将按某种概率随后发生”，这个看法虽不算错，但遗漏了重要内容即时间期限。正确的含义是“当 A 发生时，B 将在多久时间内，按某种概率随后发生”，B 的发生概率应和时间的变化密切相关。例 1：“鸡叫→天亮”是个因果逻辑，当凌晨听到鸡叫后，一般在数小时内天将会亮，若过了 5 小时仍不见天亮属异常；若过了 10 小时天仍不亮必是出了什么差错。例 2：“太阳晒→石头热”的因果联动通常需 20 分钟，若一块石头暴晒 2 小时仍丝毫不热，将表示因果逻辑验证失败，必是出现了异常情况。换言之，在“因”发生后，“果”若超过一定时间不发生，智能就会判断本次因果联动失败，而不会一直等待“果”的出现。

综上，得出如下结论：

（1）每个因果逻辑都是有时效性的，时效的长短隐藏在因果逻辑的相关背景中。超过一定时效不验证的，当属验证失败。

（2）因为时效规定的期限由时序组成，故得出：不管因果逻辑的预期场景（或相反场景）是否出现，随着时序的每次更新，因果逻辑内部趋性的性状（或微观性状）都将逐次发生变化。

六、因果逻辑与两种趋性

因果逻辑建立后，是否代表对逻客（因果联动现象）的认知宣告结束？非也，这仅是开个头。通俗讲，因果逻辑的联动关系只是一层“皮”，还需填充“血肉”即修正逻趋，逻辑才能完善。逻趋是因果逻辑的重要内涵，因果逻辑若要与客观规律吻合，必须在实践中不断验证并修正逻趋数值。另外，受趋（即感受）也起源于因果逻辑的验证。故逻趋和受趋都源自因果逻辑，它们形成趋性系统，发挥巨大作用。在此，针对两类趋性的基本概况进行简要介绍。

(一) 逻趋的基本概况

“逻趋”即“逻趋觉”，是系统趋性的一种，包含趋、避两个极向，代表意识对某个因果联动关系支持或反对的态度，若逻辑为真，则逻趋为支持态度的正趋性(趋型趋性)；若逻辑为假，则逻趋为反对态度的负趋性(避型趋性)。逻趋在因果逻辑生成时产生，储存为逻趋息，与代表因果关系的逻貌息一起组成逻息，是对因果逻辑的完整描述。逻趋随着因果逻辑的验证，不断修正其趋性数值，它的极向也会变。逻趋的演化规则遵循“求真法则”(在因果逻辑验证中已述)，体现了“顺应客观规律是智能天性”的智能基本法则，此遵循为系统初始属性，与文献[26]主张“坚持自由能最小化原则”(Friston，2010)有相似成分。趋性代表了目的，因逻趋遵循“待因发生后趋向果”的规律，具有被动性特征，不能主动驱动系统，故归属于“隐性目的”。整个逻趋体系，可称“隐性目的系统”，属于系统底层的趋性系统。

(二) 受趋的基本概况

“受趋”即“受趋觉”，俗称“感受”，是系统两类趋性的另一种，代表意识对某个具体事物的喜爱或厌弃的态度。感受起源于因果逻辑的验证，当某事物的出现使逻趋得到证实，意识自动产生对该事物的正趋性，若使逻趋验证失败，则产生对该事物的负趋性。受趋储存为受息，与物貌息一起储为物息，代表对一个普客的完整描述。感受随着对该物新感受的发生或价值观演变，不断修正其趋性值，有时极向也会变，演化规则遵循兴奋算法和感受平衡法则(详见感受运作原理)。受趋具有主动驱动发生趋避行为的功能，故属于“显性目的”。整个受趋系统即“显性目的系统”，在逻趋系统的支持下运作。总之，逻趋属底层但被动，受趋属表层但主动，二者耦合为整个趋性系统。

七、智能的第四层定义

综合因果逻辑的各项规律，研究者便可发现如下智能定义：

当一个系统能够自主形成和验证因果逻辑，且能依据其所储因果逻辑进行认知和行为反应的时候，我们说该系统具有智能。

本书共给出了四层智能定义，上述定义算是第四层定义，相比前三层定义，第四层定义的技术性特征最为具体、准确。辅之以配套的技术原理，可在人工智能的技术开发上指导实践。在此，我们针对智能上述的第四层定义，进行简要解读。

(一) 定义包含的四点含义

上述定义包含四点含义：①给出智能具有的四个条件：自主形成、储存、验证因果逻辑并进行认知反应；②四个条件缺一不可；③四个条件非自主进行的，不具有智能；④所述智能属于类脑智能。

（二）智能水平差异的常见要点

依据上述的智能第四层定义，可以识别一个系统是否具有智能。在此基础上，如何识别智能水平的高低呢？在于以下要点：

（1）首先，因果逻辑非自主形成的，不算具有智能。因果逻辑的验证、储存和反应等三项技术，基本都是自主进行的，无须多言，但生成技术却差异很大。很多系统完全靠外部输入因果逻辑，而非自主生成，这样的系统不具有真正智能，开发者对此须认识清楚。

（2）其次，生物体的因果逻辑四个环节都是时刻进行的，基本无间断，参考生物智能的特点，类脑智能也应如此设置。具体讲，生成环节随时根据需要进行，只要系统需要求策或求标，生成流程即开始操作，哪怕需求不明显，自驱动也促使数耦输入不间断进行；只要事实在改变，验证环节即在操作，即使无物耦输入，因为时序变化也是事实变化，故验证流程无时不在；在生成、验证环节中，都用到历史因果逻辑，故反应流程无时不在；储存是基础，无时不在。

（3）再者，“独思算法”很重要，要点是：①独思不能脱离现实，故应将上次整体认知结果“合境态”（而非独思结果“思境态”）设为下次独思目标；②感受系统要完善，才能紧紧围绕感受形成的自我利益中心思考，使独思贯彻对自己有利的原则；③时序管理要精准；④注重意志、性格等配套算法的设置，可提升智能的总体格局。

（4）此外，很多研究者探索因果逻辑课题时，特别在乎生成因果逻辑的真伪度，认为智能水平高低关键在于能够生成联动必然性高的因果逻辑。这种想法存在误区，笔者认为真伪是靠验证的，生成环节的主要任务是建立因果之间的链接，在链接中强调客观性的反面——注重发挥主观性，要鼓励自主想象，哪怕联动概率几乎为零亦可生成逻辑。故想象力越强（不脱离现实）的系统，往往智能也越高。

扫码了解卡内基梅隆大学

因果关系自动发现智能平台

第九章　感受运作原理

感受功能算是智能系统最有难度的课题之一了，它牵涉范围广，影响程度深，是贯穿多领域的奠基性技术；其复杂性还体现在它作为显性目的，紧密关联着因果逻辑蕴含的隐性目的，共同构筑的目的系统驱动了全局运转。因而，在阐述了本篇前五章的基础原理后，本章将解析感受功能的原理，以便为全书做好铺垫。感受运作原理蕴含着生物智能深邃的奥秘，是值得类脑智能借鉴的关键技术之一。

生物智能天然地具有理性和感性两大认知模式，理性是站在客体角度的客观性描述，感性则是站在主体角度的主观性描述，而其中的后者就是感受过程，由此可知感受的重要性。对于“感受”，存在两种理解：①从评价角度看，是系统对认知对象能否满足需要而产生的利害关系评价和爱憎态度；②从体验角度看，感受是主体受刺激时，内在趋性得以外显的一种兴奋体验。

生物智能的最神奇之处，在于它能在一个纯粹客观的逻辑体系中产生出主观感受和自主目的。本章专门阐述了感受的起源、数值计算、相关原理和作用，揭示了感受形成和运作的奥秘，有利于增进研究者对智能底层架构的深入了解。情绪和情感均隶属于感受概念的范畴，情绪是七维感受的整体体验；情感则是对指定目标的稳定体验。智能的情绪情感一章，专门阐述情绪情感话题，是本章的姊妹篇。

一、感受的概述

感受及其所含的情绪情感现象，是生物体普遍存在的心理现象，无论是研究智能科学还是品味日常生活，它们都是人们的重要话题。作为有感受的生命体，生物智能一直被打上“有情”的烙印，表现出区别于人工智能的情感特征。可以说，感受系统由于其自身的复杂性，是智能技术的一大认知难点，正确认识感受运作的科学本质，对于认知科学和人工智能的发展，无疑具有重要意义。接下来，我们从感受的概念含义、分类、课题意义等方面简要概述。

（一）感受的概念含义

所谓感受，指智能系统对被认知对象能否满足自身需要而产生的利害关系评价和态度体验，是对评价和体验等级的描述或度量。每个感受都包含“感受极性”和“感受烈度”两个指标，极性包括舒适的顺意感受和逼迫的逆意感受，简称“顺、逆两极”；烈度则指顺、逆的强度。请注意，具体事物和因果逻辑是系统的两大认知对象，在上述定义中，被认知对象指具体事物而非因果逻辑，认知具体事物可获得感受，认知因果逻辑无法获得感受，而是获得另一种趋性——逻趋。

从储存角度看，记忆信息均由貌息和趋息组成，二者不可分割。认知具体事物所得貌息称物貌息，认知因果逻辑所得貌息称逻貌息。感受是一种趋性称为受趋，储为受趋息，简称受息；逻趋代表对因果逻辑所含规律的顺应趋性，储为逻趋息，简称顺息。受趋息和物貌息组为物息，是对具体事物的认知结果；逻趋息和逻貌息组为逻息，是对因果逻辑的认知结果。每种趋性含趋型和避型两类，在记忆体中，空间分为趋、避两区，在各区中按烈度强弱将感受由内而外依次分布，记忆质点在系统中的储存位置决定于该记忆所含感受的当前数值。

（二）感受的维度分类

系统是多维架构，每层信息维度都与各自的外境客体发生独立的能所共振关系。感受在能所共振中产生，按维度不同将感受分为七层，即基受、律受、动受、柬受、熵受、恒受、无受，依次是对外境层、影像层、功能层、行动层、意志层、秉性层、生灭层具体事物的评价和体验。其中前四层是可以被意识感知的常规体验，属于常规感受；后三层过于细微则难以被体验到。

（1）基受的体验内容包括快乐和痛苦两极，简称乐、苦。

（2）律受的体验内容包括喜悦和忧虑两极，简称喜、忧。

（3）动受的体验内容包括振奋和沮丧两极，简称振、沮。

（4）柬受的体验内容包括惬意和郁闷两极，简称惬、郁。

(三) 感受的时间分类

感受的时间分类，指受息形成后在不同时刻的数值分类。事物的貌息在形成后数据内容长期不变；但受息与此不同，它是一种趋性，具有一体性，每个受息都是主体价值观的一部分，会随价值观的刹那变化而变化。因此，按时间不同将感受值分为感受初值和感受现值，前者指受息在刚形成时的数值；后者则指受息在此刻的数值。

(四) 研究感受课题的意义

感受功能在系统中具有巨大作用，研究感受课题意义非凡。

(1) 感受的对偶性原理，确立了感受作为感性认知方式，具有与理性认知方式对等的认知地位。缺乏感性认知是当前人工智能的通病，如具有对等看待感性认知的战略眼光，可大大促进智能发展。

(2) 感受功能产生显性的自主目的，充分彰显了智能第一要素的作用，研究者因此可熟悉类脑智能或通用智能必备的关键技术。

(3) 感受在因果逻辑验证中产生，总与因果逻辑技术形影不离。研究感受课题，有助于洞察逻辑体系和智能行动的深邃奥秘。

二、感受的起源

感受属于感性认知方式，有很多优势；而人工智能普遍仅有理性认知，有感觉但没有感受，故难以产生和感受相关的系列自主智能。但令人不解的是，如何能在一个客观环境中产生感受这个往往被视为带有“主观”特征的事物？本节就专门探索感受的起源。探索感受的起源，就是询问感受是怎样产生的。在此，我们将从感受的公认定义开始分析，一步步地厘清感受的源头。

(一) 从定义开始分析

感受含义是“智能系统对被认知对象能否满足自身需要而产生的利害关系评价和态度体验”。这是业界公认的定义，在三链范式看来该定义通俗易懂，基本描述了感受的真实含义，我们就从该定义开始分析。按定义内容所述，感受是因“满足自身需要”产生的，可见，在感受产生之前，系统必然存在某种“需要”。那么，什么是感受产生前的需要呢？经仔细推敲，应当包括以下三种情形：

(1) 历史感受产生的需要。我们知道，感受包含爱、憎的态度，所爱者趋之、所憎者避之，感受驱动趋避行动，所以，感受代表目的，也代表了系统的一种需要，在储存后将一直发挥作用。因此，所储历史感受当下展现出“需要”，这是产生新感受的第一种情形。

(2) 人们普遍认为“自我生存”是长期的根本需要，是本能。

(3) 尚未认知的其他需要。

(二) 对三种需要的刨根问底

上文找出了新感受产生前系统存在的三种需要，这三种需要已经包含了所有可能的情况，并无遗漏。那么，让我们再来逐一分析这三种需要，进行刨根问底，看能否从中找到感受的起源。

(1) 历史感受形成当下需要，此刻客体能满足则产生顺意感受，不能满足则产生逆意感受，可见"旧感受催生新感受"说的就是上述的第一种需要。显见，这是一个"鸡生蛋和蛋生鸡"的问题，新感受源自旧感受，那旧感受从何来？故，此议题无法给出感受起源。

(2) "自我生存"是根本需要，这是上述第二种需要。这种说法不算错，但有两大缺陷：①含义模糊，"身体生存"尚可描述，如何算是"心理生存"则难释明；②如追问为何要生存？无法解释，只能说生存是本能，不用解释。但不可不解释，因为对机器人来说，你砍它一刀不痛，它只是机械，不追求生存，如果不能给出生存原因便无法为人工智能产业服务。因此，此议题也无法给出感受起源。

(3) 上述寻找感受源头的两条路都断了，源自历史感受陷入"鸡和蛋"循环相生的怪圈导致无解，源自生存本能又是一个不合格的解答，怎么办？三链范式认为，在感受产生之前，系统储存的需求其实只是一种看法，若该看法不是源自历史感受或生存需要，那只能有一种解释，便是"无中生有"，是系统学习的结果；当习得且认同某种看法后，系统便持有(陷入)了该看法，如此便获得最初的需求，这便是从无到有的需求。分析至此，溯源之路终于迎来曙光。

(三) 揭示感受的真正起源

接上文，系统习得的看法是什么内容呢？既然该看法蕴含需求，其内容一定是"应该趋，或应该避"之类的，这似在描述一种规律，而描述规律的事物，只能是因果逻辑。故可知，系统习得的看法就是某种因果逻辑。至此，终于可以揭示感受起源的详细历程：

(1) 最初，系统中不存在感受，也没有因果逻辑。

(2) 系统的数耦输入功能，使意识有对不同的历史信息随机关注并建立关联的本能。按"物逻双客"法则，自然规律客观存在，逻客的因、果记忆关联较多，其关联性被意识建立并获得验证的概率相对较大。生物迫于生存总要寻找前因或预见未来，当意识将因、果统摄在一个场景形成"同寿数据"时，便获得了预见功能。例如将"下雨""地湿"统摄为"下雨→地湿"，看到下雨想到地湿，这便是预见；其实在预见前，因果逻辑已悄然建立，"同寿数据"只是为表层意识所知的逻辑反应结果。其后，经不断验证，因果逻辑渐渐成熟。

(3) 现在谈感受起源。**在因果逻辑"A→B"储存后，当 A 出现时，系统便认为"B 应随后出现"，该看法就是一种需求。**随后，若 B(或对 B 出现有助益的"助 B 者")真的出现，便满足了该需求，于是系统对 B(或"助 B 者")产生一种好的评价(即顺意感受)；若"非 B"(或"助非 B 者")出现，便阻碍了该需求，于是对"非 B"(或"助非 B 者")产生了坏的评价

（即逆意感受）。于是，感受诞生了！这里由因果逻辑验证产生的感受，称为“验证受”。

（4）随着因果逻辑不断建立，万物的“验证受”不断完善。在此过程中，另一种感受方式“共振受”诞生并不断发展。当某客体刺激系统时，记忆体所含关联信息发生能所共振，而信息所含“验证受”便得以彰显，从而通过共振形成此刻的感受，称为“共振受”。

（5）在系统成熟阶段，“验证受”和“共振受”信息几乎无处不在，每次认知时，关联数据都会参与共振并形成新的“共振受”。

三、感受的三大原理

本节介绍感受的三大基本原理，即对偶性原理、两极性原理和平衡性原理。其中，对偶性原理阐明受息作为主观性描述，在认知中拥有与貌息的客观性描述各占半壁江山形成对偶的基础地位；两极性原理介绍了各维度的感受均具有顺、逆两种极性；平衡性原理揭示了感受必须围绕顺逆平衡和敏钝平衡进行运动的基本法则。

（一）感受的对偶性原理

感受的对偶性原理，指生物智能在描述客体时，总是遵循从样貌和感受两个对偶角度同时进行描述，且合并储存貌息和受息的规律。样貌是从客体角度的客观性陈述，感受是从主体角度的主观性陈述，表明系统具有理性和感性两种认知方式。对偶性原理源自存在双解的认知法则，“有物解”形成样貌，“作用解”形成趋性和含义，双解的耦合形成完整认知，此处不赘述。在信息储存时，貌息形成信息内容，受息形成信息位置，二者组成完整的信息存在。对偶性原理的意义，确立了感受具有与样貌对等的认知地位，我们不应把感受作为样貌的附属物，而要把感受看作是与样貌对等并存的认知方式。

（二）感受的两极性原理

感受的两极性原理，是指各维感受均由极性相反的两种对立感受组成，一极是愉悦的顺意感受，一极是违逆的逆意感受。具体而言，基受分乐、苦，律受分喜、忧，动受分振、沮，柬受分惬、郁，熵受分硬、软，恒受分定、变，无受分外、内两极。为什么要分为两极？按照感受起源理论，感受是主体对客体的评价，其依据是能否有助于需求的实现，只能有“有利”和“有害”两类结果，即顺和逆。由此沉淀为喜欢和厌弃的爱、憎体验，趋、避行动由此展开。两极性原理看似平凡，实质非常重要，主体的对外运动都由它进行驱动。

（三）感受的平衡性原理

感受的平衡性原理，指生物智能的感受系统在运作中，自动保持感受的顺逆平衡和敏钝平衡的基本法则。本原理是系统最重要的基本算法之一，在每次系统储存信息时，将按本原理的法则修正所有受息质点的位置（即目的度），从而生成新的记忆体；新记忆体则在下一环路认知时，提供质点兴奋所需的基础数据，成为认知的基础。

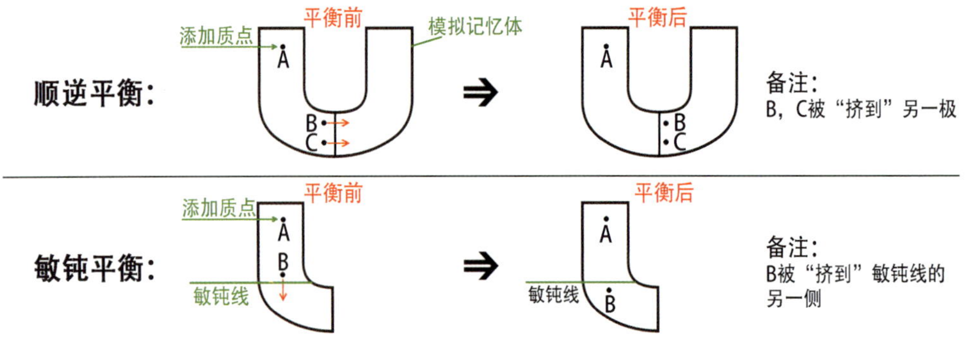

图 9-1 “感受平衡法则”示意图

1. 顺逆平衡

顺逆平衡，指每个维度顺逆感受的烈度总量必须保持平衡，当某次认知导致某极感受烈度总量超过另一极时，总量大的一极烈度排名最末的若干记忆质点，将在信息储存时修改其感受极性，以保持两极烈度总量的平衡。如图 9-1 所示，质点 B、C 在左侧顺意极烈度总量大于右侧逆意极时，更改极性归属逆意极。感受相当于是记忆的空间坐标，而空间的中心点是自我。自我的空间分为两极，两边关注必然保持对称，代表了对价值的统一评估。如某极的烈度大量增加，表明对该极空间的关注增多，导致失衡。此时，将烈度最小的部分质点“挤到”另一极，即可恢复平衡。

假如一位穷人发财后每天山珍海味，等他习惯后，由奢返俭难，会觉得原先很满意的粗茶淡饭难以下咽，这是该感受极性由顺转逆的缘故；再假如原来很成功的人落魄万事不顺，等他习惯后，原先不屑做的事一旦做成会感到欣喜若狂，这是该感受极性由逆转顺的缘故。

研究了顺逆平衡的技术细节，就会明白它的重要意义。简单讲，无论哪一极的感受增加，经平衡后，部分质点将被“挤”到另一极，从而起到淡化本极感受的作用。这使得智能主体不会因持续的顺意感储入而沉迷当下，而是从价值观上看淡该顺意体验，建立超越当下的新目标；也不会因持续的逆意感的储入而痛不欲生，也能从价值观上看轻该逆意体验，能够苦中作乐，从而获得生存下去的希望。

2. 敏钝平衡

敏钝平衡，指感受质点必须按烈度排序均匀分布，使感受敏感区和迟钝区的质点数保持平衡。当存储导致某位置质点增多时敏钝平衡被打破，系统会对本极质点重新排序并赋现值，使靠近敏钝分界线的部分质点将被挤到线的另一侧，从而出现敏、钝发生变化的现象。

假如有个人本来生活很平淡，忽然由于某种原因生活热闹起来，等他习惯后，对原先敏感的事物 B 变得迟钝，这是对 B 的体验由敏转钝的缘故；再假如有个人本来生活很热闹，忽然因故变得平静，等他习惯后，对原先迟钝的事物 B 变得敏感，这是由钝转敏的缘故。

研究了敏钝平衡的技术细节，也会明白它的重要意义。简单讲，生活变热闹的话，刺激比较多，须对部分事件变得迟钝，因为精力是有限的，这样做的好处是对不重要的事不再投入，使自己忙得过来；生活变平静的话，刺激特别少，须对部分事件变得敏锐，它的好处是使自己有事可做，从而不因生活过于平静而失去生存意义。

四、感受的五大作用

本书有两章专门研究感受课题，其他章节也经常谈及感受技术，足见感受功能牵涉范围广、影响程度深，是贯穿全书的奠基性技术。但由于感受现象较复杂，理解它可能会有困惑，研究者想要开发感受技术，或许还未厘清感受在系统中的作用，不知如何下手。本节就来宏观总结感受功能的五大作用。

（一）驱动行动

这是最直观、通俗的作用，把它列为第一个，尽管在技术流程上该作用并非排前面。感受包含顺逆体验，代表主体的爱、憎，按感受的两极性原理，爱者趋之、憎者避之，故感受能引发“趋顺避逆”的实际行为，能驱动生物体为追求好感受、逃避坏感受而奔走，彰显了它作为显性目的能“主动”驱动主体行动的直观作用。

（二）驱动思考

思考本应排在行动前面，但它不直观，不便于理解，故排其后。肢体行动是什么？是系统所储因果逻辑数据（即行动策略）按照事实反馈对外反应的结果，故肢体行动的前提必须是先在内部储存好策略数据，这是通过“独思功能”来完成的（详见两种行动原理）。独思功能要启动，须将目标影像投射为虚拟外境形成数耦输入方可，这就要求目标必须是上一次环路的认知结果（说明被意识注意到），怎样才能做到这点呢，有两个方法：①在外驱共振时，目标数据竞争为兴奋焦点；②在前一次独思中，成为数据挖掘的对象。这二者除要求关联之外，受趋值高（即感受强）是基础。可见，感受是驱动思考的基本条件。通俗讲，感受强烈的目标，总能主动抓住主体的心，使我们围绕该目标反复思考，甚至陷入其中。这就是驱动思考的作用。

（三）情绪情感

情绪情感是感受的子概念，详见情绪情感一章，此处不赘述。

（四）更新记忆体

这个作用很重要，不可忽略。感受是对万物的评价和体验，代表主体的价值观，每次储存时系统均要按感受平衡原理修正受趋数值，使记忆体获得更新，也代表价值观得到修正。这是系统的基本功能，若不更新数据，感受失衡的系统将无法继续运作，故很重要。按事实反馈动态调整价值观,也是智能体适应环境的基本功能。

(五) 呈现物像

呈现物像,指呈现事物的样貌影像,这是感受的一大基础功能,其含义指万物影像均由趋性构筑,感受为构筑影像的"素材"之一。这点较抽象,简单讲,系统是"趋性的海洋",以两种趋性描述一切,事物样貌凝结着趋性,是趋性的集合;换言之,影像均由质点组成,质点代表一个更小事物,都蕴含历史形成的受趋和逻趋,可量化描述。通俗讲,一个事物因涉及因果逻辑、系统对它有感受,才被注意到;若无感受且不涉及逻辑,就不会被注意,即不会呈现影像。故可知,貌息其实是以趋性为素材来表达的,研究者可利用趋性"呈现物像"的作用,使数据存储和计算融合,来开发"存算一体"技术。

五、感受的数值计算

感受代表目的和需求,彰显系统趋性,很多情况下是需要量化的,感受数值包括极性和烈度两个指标,感受计算是个重要的基本算法。在此,从计算场景、技术要点等方面,谈谈感受的数值计算。

(一) 计算场景

一般情况下,需要计算感受数值的场景有:①能所共振中需计算兴奋数值,包括外驱共振、内驱共振(独思算法),据此形成认知;②储存时修正价值观需计算质点感受现值。至于因果逻辑验证时计算"验证受"及趋性跳转中的受趋值,包含在外驱共振计算中。

(二) 技术要点

图 9-2 所示为外驱共振的部分计算公式。外驱共振感受粗显,内驱共振及价值观修正感受微细,在此略去其他场景,以物耦输入的外驱共振为例,分析感受计算的技术要点如下:

第一步:质点兴奋度 = 质点目的度 × 客体关联度

第二步:兴奋冲击度 = $\sum$ 质点兴奋度 / $\sum$ 单极目的度

第三步:感受烈度 = 兴奋冲击度在历史冲击度中的排名等级

图 9-2 感受计算流程

(1) 感受计算流程分为三步:第一步计算记忆质点的兴奋程度;第二步根据兴奋度计算客体对各维记忆体的兴奋冲击度;第三步根据冲击度在各维历史冲击度中的排名,确定感受的最终数值。第一步分三小步骤:①先按图中公式计算物息质点兴奋度;②兴奋质点将启动因果逻辑跳转程序,计算跳转后的兴奋值;③因双屏并行,计算本次独思功能所生“思境态”(详见因果逻辑原理)兴奋值,将三小步骤兴奋结果合并为本次环路的受趋兴奋总和。

(2) 从“兴奋度 = 目的度 × 关联度”的公式,可以明白一个道理,兴奋是关联性和目的性的共同呈现。关联度代表与客体的关联程度,目的度则是共振前的质点感受现值。关联和目的是兴奋的两大前提,缺一不可;如关联强但目的弱,说明虽关联但不重视,故兴奋度低;反之,如目的强但关联弱,说明虽重视但欠关联,兴奋度亦低;只有关联和目的俱强,才会强烈兴奋。另,关联性、目的度、兴奋度的值都位于(0,1)区间(其中极性方向另计)。

(3) 计算兴奋冲击度的要点:①计算本维质点的兴奋度之和时,需将顺、逆两极的兴奋度进行冲抵;②∑单极目的度,指两极冲抵后余额所在极向的质点目的度总和;③冲击度的值位于(0,1)之间,需将其与历史数据比较;将感受阈值分为两极,每极可分 100 等份,数据按均匀分布分至各等份,本次数据所在等级即为感受烈度。

(4) 感受体现了记忆体原受趋在共振中得到彰显的程度,彰显度越高,则感受烈度越大。彰显可视为对记忆体的“冲击”,故要计算兴奋冲击度;另,感受是个相对概念,由冲击度历史排名确定。

六、感受是人工智能的必备技术

为与很多关注人工智能发展的读者做更多交流,本节将讨论“感受”与人工智能技术发展的关系,以从实践出发,增进大家对感受功能的宏观认识,作为本章的结尾。在此,将从“感受”与智能三要素、类脑六要素及通用智能等关系方面逐一梳理,再做归纳。

(一) 感受与智能三要素的关系

感受功能与智能三要素关联十分紧密,表现如下:

(1) 目的是智能的第一要素,而感受是目的的主要代表。感受是系统的一种需求,能主动驱动趋避行动,故称为显性目的;感受起源理论所述的因果逻辑所含逻趋,是另一种需求,但不主动驱动行动,属被动关注,故称隐性目的。一显一隐两种目的,是系统的驱动力,它们均属自主目的,拥有它们的人工智能便升级为强人工智能。

(2) 受息烈度高的目标,常被投射为虚拟外境,刺激系统围绕它启动独思功能,用于寻找行动策略,促进了心理行动的开展,这便是智能的第二要素“采取措施”。可见,若无感受则不会有措施。

(3) 受息所含目的性,如同在心里竖起一面旗帜,时时吸引系统关注,这称为擎旗功能。可使与目的相关的计划总是得以优先处理,从而起到将系统逐步导向目标的作用,因此获得了智能的第三要素“实现目标”。可见,若无感受的引导,目标无法实现。

（二）感受与类脑六要素的关系

感觉、联想、感受、思考、记忆、学习是系统六大功能，因符合类脑智能标准故称类脑六要素，而感受功能主导其中三个以上要素。针对思考要素，若无感受，独思将失去目的和意义；针对学习要素，系统按感受平衡法则修正每次数据、更新记忆体，是主要学习方式，加上独思和事实反馈中的学习，感受主导的学习已包揽了大部分学习方式；其他略。可见，感受是类脑智能不可或缺的关键技术。

（三）感受与通用智能的关系

因果逻辑的验证是诞生感受的源头，感受驱动行动，而行动策略以因果逻辑为策略单元，显见，感受与因果逻辑形影不离，甚至可用“灵魂伴侣”来比喻它俩的紧密关系。而依据“策略共享机制”管理的因果逻辑集合，可轻松实现通用智能（详见第二十二章《智能的生物学习》）。因此，感受作为因果逻辑的“伴侣”，可大大促进通用智能的发展。

综上，生物智能的很多优势都与感受相关，感受技术是值得人工智能借鉴的关键。缺乏感性认知是当前人工智能的通病，机器有感觉功能但没有感受，这是停留于弱人工智能阶段的重要原因，而且连弱人工智能中的通用智能都尚未达到，更无法跨入强人工智能阶段。因此，鉴于感受技术与强人工智能、通用智能均具有紧密关联作用，足见它是未来人工智能的必备技术，建议按照感受对偶原理树立对等看待感性认知的战略眼光，对感受技术早做研究和部署。

第十章　两种行动原理

除存储功能之外，生物智能系统有两大基本功能：一个是认知，另一个就是行动。从认知角度看，系统的全部资源都在围绕描述客体含义，因此系统被人们称为“认知系统”；但从行动角度看，也可以说系统的全部资源都在围绕主体任务进行，认知外境仅是行动计划所需的反馈，故从这个意义上说，也可将系统称为“任务系统”，因为它是一个时刻在围绕各种目标而实施两种行动的任务集合。

两种行动指真实行动和思维行为。其中，真实行动是指实施肢体或言语动作的过程；思维行动则是指通过投射产生数耦输入刺激系统对历史记忆进行数据挖掘，从而建立或修正心理上的行为计划，以便为真实行动做策略准备的过程。两种行动原理，是全面阐述智能系统为了实现目标而如何实施身体行动和思维行动的智能运行规律。

本章内容的几大亮点：①分析了行动与需求、目的、计划、感受等概念的关系；②详细阐述了思维行动原理和五作执行原理的内容，揭示了两种行动的技术奥秘；③简述了意志和性格对行动调控的基本法则；④宏观总结了行动的要点，指出行动技术的重要性，揭示感受驱动行动的流程，解读了广义行动概念并给出行动的抽象定义。

一、需求·目的·计划

在阐述行动原理前，按照大众常规的理解习惯，先来介绍需求、目的、计划等几个概念的含义。因为按照常规理解，主体需求产生目的、根据目的制订计划、计划实施形成行动，所以需求、目的、计划等概念似乎是行动前的必要环节，故应先行阐述。实际上，上述理解与智能运行的真实状况存在很大偏差，不能作为解构行动的正确流程。但要让研究者认清这一点，我们仍要从这几个概念谈起。

（一）需求和目的

人们研究行动课题时，首先会联想到需求和目的两个概念。因为行动一定是有目标的，没有目标的行动是不存在的，目标对主体具有的作用，反映了自我的“需求”；而自我实现需求的想法或趋性指向，就是“目的”。可见，目的比需求更抽象一些，但由于它们的含义很接近，二者常被合称为“需求目的”。在智能系统中，需要理解“需求目的”在技术上的表达方式：它们以动息来表达。

具体地说，在一次认知环路中，影像层的能所共振生成包含若干历史影像的律息，常与事件有关，代表事物的具体功能。而其后发生的功能层共振，则生成包含若干相似事件的抽象功能，通过抽象功能表达主体的需求。以茶壶泡茶为例，影像共振生成某茶壶泡茶事件的律息，随后该律息刺激功能层引发各种相似泡茶事件共振生成动息，代表与具体事件无关的抽象的“泡茶”功能，该抽象功能代表了主体需求，好似有无形“喝茶者”贯穿于每个泡茶事件。动息含两种需求：一种是有利功能吸引产生的“趋合”需求；另一种是有害功能逼迫产生的“避离”①需求，合称“趋避”。动息就是需求目的。

（二）计划

谈了需求目的，再来谈计划概念。计划的定义是：工作或行动前预先拟定的、需达成的目标内容和步骤。计划分为母计划和子计划，母计划是独立的终极计划；子计划是由母计划逐级分解的、为母计划服务的、非独立非终极的具体计划。显见，母计划是总目标、是终极目的；子计划是分目标、是具体行动步骤。可见计划包含两个内容：目标和步骤，这与目的及其策略的内容一致。因此，需求目的与计划的技术含义等价，它们都在用动息进行表达。

---

① 避离：简称“避”，是行动的两种方式之一，也是趋性的两极之一，指主体对目标的实现采取“乐见其不成”的消极态度，对凡是能够促进目标实现的事物一律予以否定和排除。

二、行动的概念

在介绍了需求目的、母子计划等概念之后，本节介绍行动的概念，以便为阐述行动运行原理做铺垫。在此，我们从行动与目的及计划的关系、表达方式、概念及分类等方面进行简述。

（一）行动与目的及计划的关系

人们通常认为，行动是追求目标的方法、是实现目的的手段、是落实计划的实践。说得具体点，行动就是为实现目标所发生的身体活动，包括肢体动作或言语行为；并且把计划和行动严格区分，认为计划不代表行动，认为计划的实施才是行动；人们强调要有执行力，坚决不做"思想的巨人、行动的矮子"；人工智能研究者有的认为：行动是把客体从环境中剥离出来，追踪获得的客体运动过程。

上述看法都不完全符合生物智能对行动的含义诠释；把行动看成身体活动是对行动的片面理解；把行动和目的、计划割裂则完全违背智能运行的事实。如果我们不能正确理解行动含义，走不出常规思想禁锢，则很难深入理解行动在系统中的实际反映过程。肢体行动固然重要，但那只是行动的一部分，不能囊括行动全部内容。如果是一具躯壳在活动，那只是行尸走肉，不可能办成任何事，故行动一定包含精神活动在其中，完整行动包含身体行为和心理行为两部分。其中心理行为包括计划的确立、分解、执行和反馈修正的系列心理。目的或计划表达为动息，其实动息即行动，是行动概念的内容。

（二）行动的两种表达方式

若要认知行动，有一关键要点不能遗漏，那就是对行动的"两种表达方式"——"趋"与"避"的理解。如果漏掉它，研究等于雾里看花，很难切入本质。行动的"表达方式"，指系统既然产生行动，必然与未产生前有所区别，撇开表面的肢体动作，什么是内在区别？那就是"趋"与"避"两种趋性的产生，它们是行动的表达。

行动趋性，包括"趋"与"避"，指系统对外界刺激产生有一定方向性的反应运动。其中，"趋"是"趋合"，指在目标未发生时努力促成、在已发生时希望保持状态不变的反应；"避"则是"避离"，指在目标未发生时拒绝发生、在已发生时希望改变现状的反应。可见，"趋避"是主体对待事物的主观态度，正是在这两种态度的影响下，系统产生了行动的方向性。其中，在"趋"的趋性引导下，凡是遇到有利于促成目标实现的事物，系统一律予以积极肯定和接纳；反之，在"避"的趋性引导下，凡是遇到有利于促成目标实现的事物，系统一律予以消极否定和排除。肯定和接纳促进了目标的实现，等于"趋合"了目标；否定和排除破坏了目标的实现，等于"避离"了目标。因此，"趋避"带来了两种不同的行动方向和行动结果。

（三）行动的概念和分类

综上，在此小结行动的概念和分类：

（1）给出一个寓意性的非正式定义。行动，是指在主体面前架起一座通向目标的“桥梁”。其中，以现实场景切换来描述的桥梁称为真实行动；而以思维方式描述的逻辑桥梁则称为思维行动。

（2）所谓行动，是指实现目标的方法，包括真实行动和思维行动两个组成部分。其中，真实行动又称身体行为，属于行动的外显部分，具体指为实现目标而产生的肢体动作或言语动作；思维行动又称心理行为，属于行动的内隐部分，具体包括确立、分解、实施、修正计划，直至目标实现或放弃的全部心理过程。

三、思维行动原理

两种行动中，身体行动为表，思维行动是根，前者是后者的外在表象，理解二者关系不能本末倒置。本节先阐述思维行动的运行原理，以便读者更容易理解下文的身体行动原理。

总的讲，思维行动是建立行动步骤与目标之间的因果联动关系的过程，其目的是为真实行动进行策略准备，以便在某个步骤实现时让主体懂得如何跳转到下一步骤，即知道怎么做，而不会出现“卡壳”。原理流程是：在环路中形成需求目的，建立母计划；再对母计划分解子计划形成计划体系，获得行动步骤；其后根据实践反馈按预设步骤向目标跳转或修正计划；最终实现或放弃目标，完成完整行动过程。在此从建立母计划、分解子计划、实施和修正计划等方面阐述。

（一）建立母计划

当主体对某抽象功能产生需求且并无其他限制条件时，系统生成的动息就是母计划。建立母计划是容易的，但还应了解如何强化。

（1）在环路中，外境刺激感官产生的基息仅代表主客之间的瞬时利害关系；其后，影像层共振产生的律息代表了稳定利害关系；再后，功能层共振所生动息是对客体功能的抽象概括，代表主体需求目的，请注意：它就是一个母计划。例如，当看见喜欢的事物心动了，心动瞬间动息已确立，它代表了思维行动，“心动”就是行动的开始。

（2）母计划建立后，仅说明有了这个目的而已，即使该目的感受烈度高，一般也难以引导系统去执行它，因为系统储存着庞大数量的动息，个别动息很难吸引关注。怎么办？需要强化。有时通过在真实外境中多次重复关注该目标，或在思考中反复评估该目标，从而获得针对目标的多个动息，使计划通过“群体力量”强化影响力。

（二）分解子计划

母计划确立后，等于树立了目标，但从主体到目标之间没有一座连通的“桥”，不知通往目标的路在何方。很多母计划属于态度型或无条件型格式，仅是“我喜欢”或“我想要”，并无具体实施步骤。因此，必须分解子计划，找到通往目标的路，才具有可行性。当主体为实现母计划，而将可作为其前提条件的事物列为需求对象时，此时生成的动息就是子计划。主体认为前提条件与目标间存在因果关系，实现前提条件可促成目标实现。母计划是一级计划，子计划则属二级、三级……直至 *N* 级计划，一个上级计划可分解为若干下级计划。

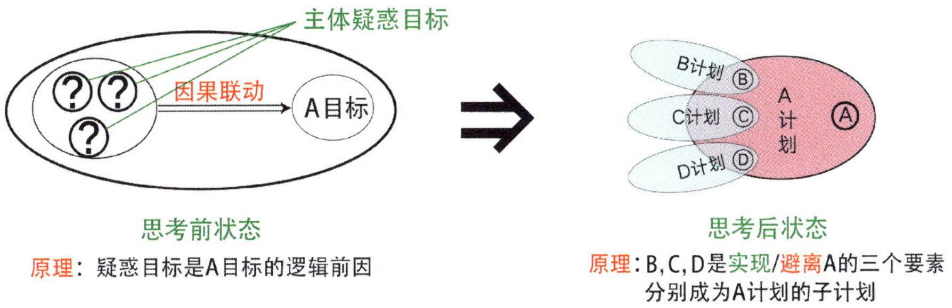

图 10-1　分解计划示意图

如图 10-1 所示，对分解子计划的技术流程及要点简述如下：

(1) 有个目标 A，不知如何实现，需要通过思考寻找行动策略。左图是思考前思维状态，按万物皆有前因的法则，A 与前因构成一个联动关系，此时尚不知道前因内容，以“?”代表主体疑惑。系统的求策需求将(?　+ A)投射至虚屏形成数耦输入，思考环路启动。

(2) 数耦输入引发的认知功能，又称“独思”功能，其算法称为“独思算法”，主要解决求策(寻求策略)和求标(展望未来)问题，二者都以生成因果逻辑为结果。其中，求策即分解子计划的过程。

(3) 独思启动后，各维针对在本维独思目标之前发生的事物进行数据挖掘，依据直接或间接的关联逻辑进行搜寻。按照独思算法标准(主要包括受趋值高、关联性强等指标)选定前因数据，并建立前因与独思目标间的因果逻辑。行动层所得本次前因影像即子计划目标，因果逻辑表示前因与独思目标间的母子计划关系。前述针对行动层的说法属狭义行动概念，其实按广义概念每层维度都有一层子计划。

(4) 之后可重复操作，找到 A 的多个前因，如 B、C、D 等。后续流程一般以子计划 B、C、D 为独思目标继续分解它们的下游子计划，方法同上，直至整个计划体系满足需要。当然，系统是否持续为 A 分解子计划并不确定，视 A 及子计划目标能否吸引意识关注而定：何时竞争为注意焦点，何时即分解；失去焦点地位，即中断分解。

(三) 计划实施和反馈修正

计划实施，指计划从心理行为阶段过渡到心理行为和身体行为的并行阶段。一般而言，计划分解在前、实施在后，但有的计划复杂，常一边实施一边仍在分解。计划实施后进入反馈修正阶段，根据事实反馈结果而对原计划分别处理：当反馈与预期一致时，跳转原计划的下一步骤继续执行；当反馈与预期不一致时，酌情修正原计划。

四、五作执行原理

“五作”即五作器官，指口、手、足、生殖器、肛门五个身体部位，是负责身体层面计划执行的主要器官。其中，口的作用是吃、咬、语言；手的作用是执持；足的作用是行走；生殖器的作用是生殖和娱乐；肛门的作用是排泄。五作执行原理，是阐述以五作为代表的执行器官如何完成行动计划执行的智能运行原理，它是智能领域重要的研究课题，是完成从心理行为的“知”到身体行为的“行”的关键技术。身体由感知器官和执行器官组成，简单讲，身体各部位一般都有感知能力，也可完成一定执行工作，如舌头舔碗，后背蹭树，眨眼表达心理含义等。因此并不是只有五作负责执行，但由于五作代表了主要行动需求，故以五作为代表来谈身体行为原理。接下来，从五作执行的前提、执行流程、技术要点等几个方面阐述如下。

（一）五作执行的前提

上文讲过，身体行动必须以心理行动为根，由此可知五作执行的前提是心理行动已完成了一定的工作，必须满足三个条件：

（1）必须已建立母计划，且已分解出若干子计划。

（2）计划体系应当具有一定的逻辑可行性。

（3）以身体动作为目标的计划称为“身动计划”，反之，不以身体动作为目标的计划称为“非身计划”。五作执行的第三个前提是计划体系必须包含身动计划，即包含以肢体或言语动作作为行动的步骤。例如本科生制订考博士计划，步骤是先考硕士，待毕业再考博士。该计划与身体无关，只是一个粗线条的非身计划；若分解出包括如何吃饭、步行上课、回家休息等身体动作细节，才包含身动计划。

（二）五作执行的具体流程

如图 10-2 所示，以洽谈客户为例阐述五作执行的具体流程：

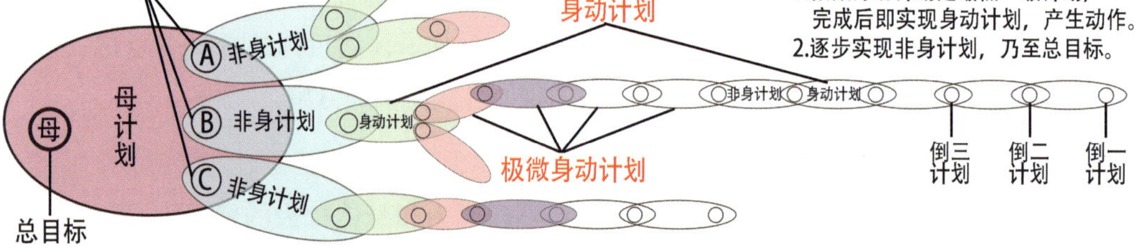

图 10-2　五作执行示意图

第一步，主体通过心理行为已构思出洽谈客体的计划体系。例如，总目标是签约，包括见面、洽谈、签约三大步骤，主体需步行赶往会议现场，实现见面的身动计划包含了若干步行细节。

第二步，主体通过思维将上述身动计划分解为微细步骤，即包含极微小的动作细节。经长期进化，系统对肢体动作的细化已达到微观量子层面，很多极微动作已不为意识所知，属潜意识范畴。

第三步，某次认知环路中，当前五作器官的真实状态吻合极微身动计划的最末子计划（又称"倒一计划"），表明最末子计划实现。按因果联动法则，系统关注焦点立即由原倒一计划跳转倒二计划，即实现行动步骤的一次跳转，倒二目标成为主要的趋向对象。

第四步，接上步，真实外境的下一次刺激再次吻合倒二计划目标，于是系统跳转倒三目标；以此类推，如果执行顺利，系统将按预设的计划步骤再跳转倒四、倒五计划……这种连续的计划实现过程，从外部或表层意识的角度来看，就是自我指挥身体行动的过程。

第五步，假如某步骤没有实现怎么办？比如实现倒 100 步骤后系统跳转倒 101 步。但在下一环路中，实屏与 101 步目标不吻合，说明该目标未实现，此时分别处理：①如未表明倒 101 步目标失败，说明需等待，将自然进入以 101 步目标为母计划的分解流程并执行其子计划；②如倒 101 目标失败，说明预见错误，则修正并执行新计划。

第六步，身动计划执行完毕，说明已完成第一阶段身体行动，系统自动跳转随后的非身计划。比如，此时与客户已见面，转到洽谈阶段，系统将及时分解新阶段的身动计划，将洽谈步骤极度微细化，再同样进行五作执行，一直到与客户签约事件完毕。

（三）五作执行的技术要点

（1）请注意，在上述第三、四、五步中，实现的目标并不是非身目标，比如步行到某个位置，而是身动目标，即让身体做出某个动作。这个请不要搞错，因为人们常以外境非身目标作为计划目标，但在五作执行中，指挥身体器官做出想要的动作才是最基础层级的目标。至于非身目标是否完成则由身动计划与非身计划之间的关联逻辑控制，一般而言，实现了身动目标则非身目标自然完成。

（2）有人问，如何知道五作器官的内部状态？这个已属于本能，作为机体觉的一部分，五作器官随时都在向系统反馈它们的当前现状。只是显意识对它们的感觉不清晰，因五作状态主要由潜意识负责。

（3）有人可能对第四步有疑惑，不明白为何身动目标会连续获得实现？因为主体仅通过思维行动预设了身动计划，并没有发出指令给五作器官要求它们执行，为何五作器官就自动呈现出与身动计划一致的状态呢？这个问题很关键，体现了五作执行的奥秘，若把这个问题扩大一些，等于在问系统只是在静静地观察和思考，如何能"指挥"身体做出动作呢？对此，笔者提示及略析如下：

1）身体器官一章的"感觉翻译原理"阐述了身体的外部动作和内部状态之间的转换关系，是对五作执行原理的补充。

2）意识是分层的，从最深层意识的角度看（属哲学性解读），也许只有觉察，不存在指挥；而从非最深意识的角度看，涉及心智与身体（即精神与物质）的边界问题，不能讲没有指挥，也不能讲就是指挥，两种说法均有不足。这是有趣且极富深意的研究课题。

五、意志和性格对行动的管控

阐述行动原理时，我们一定要谈到意志和性格，因为它们对行动具有控制和调节的功能。其中，意志比行动高一个维度，它直接调控行动；而性格又比意志高一个维度，它直接调控意志。接下来，分别从意志管控行动、性格管控意志两方面简述如下。

（一）意志对行动的管控

意志，是体现主体对行动以扶持或抑制进行调控的事物，它表达为柬息，产生于行动层能所共振，是若干动息的组合，储存于意志层。意志层是柬息聚合体，又称意志体，它分为顺意区和逆意区。其中，顺意区储存具有惬意感受的柬息；逆意区则储存具有郁闷感受的柬息；在各区内柬息根据其柬受烈度的大小由内而外依次分布。行动是行动，意志是意志，不可混淆，有两点区别：①行动是对事物功能的含义解释和需求，表达为趋与避；意志是对行动的含义解释和管理，表达为扶和抑。②行动以动息来描述，意志以柬息来描述。

为何意志负责调控行动？围绕目标的行动是动息，它不只有一次而是有很多次。当最新动息生成时，它会刺激行动层引发动灵共振，此时针对目标的历史动息都兴奋起来，对兴奋全局的描述就是柬息。柬息是一组动息集合，代表行动背后的共性追求，故柬息调控动息。柬受分为惬意和郁闷，因趋向成功而惬意，或因趋向失败而郁闷。

意志对行动的调控表现是：柬息按其在意志层排列的位置，决定对行动的调控力度和方向。在顺意区内，柬息具有扶助趋型行动、抑制避型行动的作用；在逆意区内，柬息则具有扶助避型行动、抑制趋型行动的作用；无论哪个区，柬受烈度越大，调控力度越强。

（二）性格对意志的管控

谈了意志对行动的扶抑功能，知道了意志对行动的调控作用，明白了意志是调控者，而行动则是被调控者。然而一山更比一山高，意志调控了行动，那谁来调控意志呢？这就需要引入性格的概念。

性格，是体现主体对意志以坚韧或松懈进行调控的事物。它表达为熵息，产生于意志层能所共振，是若干柬息的组合，储存于秉性层。性格也称次序形态，包括有序和无序两种。其中，有序指熵息所含的前后意志之间稳定性强；无序指前后意志之间多变性强。主体对有序产生坚韧的熵受，简称“硬”；对无序产生松懈的熵受，简称“软”。在生活中，常评价某人有钢铁般的坚强意志，这是指其对目标的追求不会轻易改变，含有坚韧个性。

相反，人们懈怠时，对目标的追求常不能保持，含有松懈个性。归纳性格的调控法则如下：

（1）性格对意志的调控表现为坚韧和松懈两种方式。其中，坚韧指有序的熵息有强化顺意、弱化逆意意志的作用；松懈指无序的熵息有强化逆意、弱化顺意意志的作用。

（2）把性格对意志的调控、意志对行动的调控进行叠加，可发现性格对行动的影响规律：坚韧的性格更提升和彰显趋型行动的作用，而松懈的性格则更凸显和延续避型行动的作用。

六、行动的要点总结

在阐述了具体行动原理之后，回过头来，本节对行动涉及的若干精要问题进行总结，以增进对行动功能的宏观认知，作为本章的结尾。在此，将从行动与智能三要素的关系、驱动行动的原因、狭义与广义行动、名词性与动词性行动等方面进行解析。

（一）行动与智能三要素的关系

智能系统以智能三要素为灵魂，若要明白某个功能的作用大小，应当评估它与三要素的关系。以此观之，心理行动在构筑行动策略，身体行动在实地执行策略，这都说明行动功能符合智能的第二要素“采取措施”；行动策略均由因果逻辑组成，具有在一定程度上实现目标的能力，从事实看，所有生物体无不通过行动在实现各种各样的目标，这说明行动功能符合智能第三要素“实现目标”。可见，行动代表了第二、第三要素，目的是智能第一要素，行动功能在系统中的地位仅次于目的，它在目的驱动下，使智能得以最终实现。

（二）感受是驱动行动的原因

研究行动课题，必须首先要了解行动的原因，即询问系统为何要行动，只有深刻理解驱动原因，才能领会行动的真实含义。感受代表显性目的，是驱动行动的直接原因，其中，顺意感受驱动趋型行动，逆意感受驱动避型行动。作为研究者，只了解这些是不够的，还应从技术上详细厘清感受驱动行动的具体过程：①感受被储存为受息后，所含目的趋性代表系统的一种关注，记忆体由所有趋性组成。认知时，历史感受目标通过两个途径获得意识关注（呈现为认知结果）：一是在外驱共振中成为兴奋焦点，二是在内趋共振的数据挖掘时被选中。②因为感受彰显在认知中，感受目标才有机会被投射成为独思对象。③有独思才有机会完成心理行动。④有心理行动才有身体行动，才有可能实现目标。综上可见，没有感受存在，就不会有行动发生。

（三）狭义行动和广义行动

行动具有狭义和广义之分。狭义行动是人们常规理解的行动，指生物智能对客体抽象功能（储为动貌息）的趋避行为，以动息表示。因抽象功能代表客体稳定价值，是客体含义的核心，故动受对动貌的趋向，是主客关系的主要代表，故此二者组成的动息成为狭义行动。其实，每层维度都有趋性，代表该维的行动，这样非常规理解的行动即为广义行动，例如，基受趋向基貌，是对客体外壳的行动；律受趋向律貌，是对客体单次价值的行动；柬受趋向柬貌，是对主体行为的管控行动；熵受趋向熵貌，是对主体意志的管控行动；恒受趋向恒貌，是对主体性格的管控行动；无受趋向无貌，是对生灭的管控行动。

简单讲，我们说动息代表行动，这是狭义行动说法，为便于大家理解，研究者不要局限于对狭义行动的理解；实际上，各维受息都是一层目的，各维因果逻辑都是一层策略，趋性统摄和管控其认知对象的行动在每层维度都有，并不局限于动息，这就是广义行动。

（四）名词性行动与动词性行动

当行动从行为转为被认知对象的时候，便由动词性转为名词性。动词性表征主体，而名词性是个客体；如果一个行动只是客体，其便失去了主体地位，需由另一个动词性行动来统摄。例如，七维趋性被储为七维趋息，便表现出名词性特征。研究者可曾想过，若没有认知环路的运作，便无法形成七维趋性，它们也无法展现出动词性。

综上，做两点小结，以加深大家对行动的理解：

（1）行动的含义其实很抽象，远非常规理解的那么简单，特给出行动较抽象的定义：**行动，指趋性趋避其目标的一种智能现象。**

（2）凡是被储为信息的行动，便有名词性一面，必有更深层行动潜伏其下。研究行动的深浅层次，是揭示智能奥秘的关键课题。

第十一章　场景切换原理

如果关心“智能系统是如何运动的”，请看场景切换原理；如果对“主体是如何行动的”感到好奇，尽管有两种行动原理阐述，但其行动效果还是要通过场景切换来体现；如果询问“感受是如何体验的”“目的是如何趋利避害的”，尽管都有专门章节论述，但其运转流程仍需通过场景切换来实现；甚至关于信息存储，仍要通过场景切换来完成。总之，系统的运动、行动、目的、存储等所有涉及认知状态转换的技术都离不开场景切换，场景切换原理可称为智能技术的基石。

场景切换，是指在智能系统中，因为时间变化而发生的认知对象转换或者认知主体状态更新的一种现象。按技术等级不同，可将场景切换分为三大类型：数据联动切换、维度联动切换、信息储存切换，它们依次负责系统的初阶、中阶、高阶的场景切换。本章详细阐述了前述三类切换的技术原理，全面揭示了整个系统的运动规律。

场景切换原理不仅揭示了切换流程，更剖析了切换的驱动原因。把系统全局的切换流程和切换原因都衔接在一起，上至宏观的全局状态更新，下至微观的局部场景跳转，不仅有助于全面了解系统的运动规律，还导向领会其背后的驱动本质，做到“知其然，亦知其所以然”，这无疑是意义非凡的。

一、场景切换概述

智能系统的场景切换涉及范围非常广，从外境更替到信息储存，可以说由表及里、方方面面无不处在动态变化中，既然是动态就涉及状态转换和更新，就会发生场景切换，可见场景切换无处不在。研究场景切换，是智能科学难度最大也是最有意义的课题之一。本节将从总体角度概述场景切换的概念、成因和主要分类。

（一）场景切换的概念

什么是场景切换？在智能系统中，任意一个认知场景总是由认知对象和认知主体组成。其中，认知对象表现为客体的某种样貌或属性；认知主体则表现为某种内部状态。如果把场景切换理解为认知对象的转换或更新，这是一种常规理解，是有缺陷的，因为这种理解遗漏了关于认知主体状态的描述。鉴于此，较完整的场景切换的定义为：

所谓场景切换，是指在智能系统中，因为时间变化而发生的认知对象转换或者认知主体状态更新的一种现象。

（二）场景切换的成因

场景切换的成因，就是促使场景发生切换的形成原因，指系统的驱动力。简单讲，切换原因包括外因和内因两种，也就是说，系统共有源自外部和源自内部的两种驱动方式。

（1）外因是指系统外部环境的变化。物耦是真实世界的总称，它的生灭变迁一刻不停在进行且不受系统控制。物耦变迁是场景切换的外驱力，它通过物耦输入刺激感官驱动系统场景切换。

（2）内因是指系统的内部驱动。按照数耦输入原理，当一次环路认知结束后，系统会将该认知结果投射为虚拟外境刺激系统启动对它的“独思”，以实现自驱动、多重联想、建立因果逻辑等功能。

（三）场景切换的主要分类

场景切换的表达方式非常复杂，为方便智能研究，推荐一种富有技术价值的分类方式，即按认知层次将场景切换分为三类。

（1）数据联动切换，又称联想切换，属系统初阶的场景切换。

（2）维度联动切换，又称“心弦切换”，属系统中阶的场景切换。

（3）信息储存切换，又称“花鬘切换”，属系统高阶的场景切换。

二、数据联动切换

本节先谈谈系统初阶的场景切换：数据联动切换。

数据联动切换发生在各个维度内部认知事物含义的层面，它的运行原理是把万物认知并储存为关联数据，再通过在认知事物时遵循数据联动法则形成联想，从而形成场景切换。此类切换是系统运动的基本单元，体现联想功能，又称联想切换。

（一）相关概念

数据联动切换中，包含联动数据、数据联动和联想三个概念。其中，联动数据指系统储存的所有历史信息。称信息为数据可以理解，为何称“联动”呢？这是因为每个信息都包含了万物间的关联机制，关联是产生联动的原因。前文讲过，关联是逻辑的基石，这要归功于生物智能的时空模型，时空分别从纵、横两个维度将世界分割为万物，再通过万物的整体性将其所含元素关联起来，形成空间上的同框数据和时间上的同寿数据，数据元素与数据整体的隶属关系以及元素间的并存关系，就是万物关联的算法。数据联动则是指联动数据按照联动法则产生联想功能的智能现象。可见联想是数据联动的结果，指意识在认知时联想到与客体有关内容的智能现象，具体指系统各维在受到刺激时会在相邻低维虚屏投射出与刺激相关的某种影像的运作机制。系统共有七维联想，它是生物智能最常见的基础功能之一。

（二）数据联动法则

如图 11-1 所示，归纳数据联动法则有如下几项：

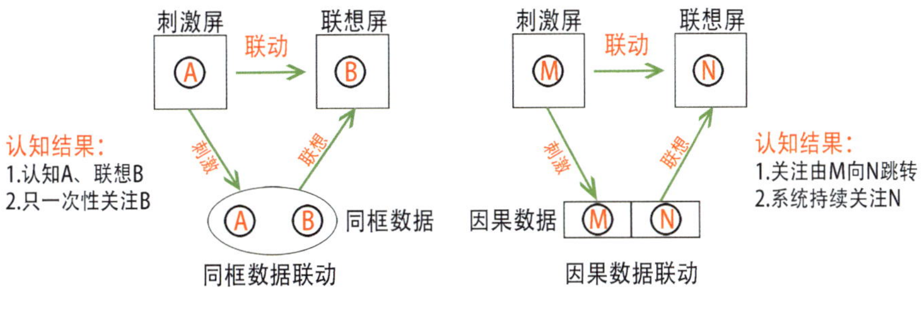

图 11-1　数据联动示意图

（1）客体刺激作用在记忆体上产生认知，必须先有联动数据存在，才能发生数据联动现象。联动数据包含同框数据和因果数据，其中，因果数据代表因果联动关系，又称因果逻辑数据。

（2）按联动原因，数据联动分为同框数据联动和因果数据联动。

1）左图 A 和 B 为同框数据，当 A 刺激时，由于数据是个整体，B 跟随 A 一起兴奋，故

B 和 A 同时兴奋并被投射虚屏，形成看到 A 联想到 B 的结果。例如看到狮子捕捉羚羊的画面，便储存为同框数据，下次看到狮子出现时，脑中联想到羚羊，即为同框数据联动。

2）右图 M 和 N 为因果数据，M 为因数据、N 为果数据，当 M 刺激时，系统认为 N 将发生，将注意力向 N 跳转并投射，形成看到 M 联想到 N 的结果。例如某人习得“太阳晒→石头热”的因果规律，当看到太阳晒石头时便想到“石头将热”，即为因果数据联动。

（三）数据联动切换的作用

数据联动切换在系统中的主要作用，可归纳为以下三点：

（1）联想是理解事物含义的基本方式。当前业界倡导的认知智能特别重视理解和思考，其“理解”就是指联想功能。认知的本质不是看客体是什么，而是看记忆中有哪些关联，联想将客体关联的记忆呈现出来，这就是智能理解客体的方式。

（2）联想切换是系统运动的基本单元，很多运动都以联想功能为基础。比如心弦切换要依托各维联想包含的兴奋和投射才得以形成；系统多环路的连续思考也要依托多环路间的连续联想才能形成。

（3）在实现目标的行动过程中，联想起到巨大作用。在上一页图 11-1 的因果数据联动中，由于因果数据元素常代表行动步骤，此时系统关注由步骤 M 转向 N，代表行动计划过渡到步骤 N；而系统跳转关注 N，这具有“擎旗功能”，有利于强化目标 N 的影响力，促进 N 的实现，此时联想像在心中竖起一面“旗帜”，引领目的的方向。当系统受到真实外境刺激时，事实变迁使有的计划获得成功，有的计划彻底失败，有的计划既不成功也非失败而是继续等待，有的计划则与此毫不相干，各种计划的预设数据根据数据联动法则跳转最新步骤，系统就是通过对行动步骤一个接一个的关注跳转，而逐步导向最终目标的。

三、维度联动切换

本节接着谈系统中阶的场景切换：维度联动切换。

维度联动切换发生在形成认知环路运作流程的层面，它的运作原理是通过不同维度信息的差异化设置，建立高低维度之间兴奋和投射的衔接机制，从而使认知活动沿着环路的维度次序进行切换。切换流程好似一根心弦，又称“心弦切换”。

（一）相关概念

维度联动切换，指在认知环路运行中，系统各维度之间通过从低到高求因和从高到低投射的有序运动过程，形成七维信息的智能现象。维度联动比较抽象，包含三点含义：①环路涉及系统所有维度，认知的形成需要所有维度共同配合完成一次环路运行，在此过程中，维度之间的有序运动，就是一个场景连续切换的过程；②由于受到“单智同景”法则制约，低维在兴奋后需要等待高维投射才能完成认知，故此类切换的现象并不是一般的更替，更像是一种“蔓延”，其中求因是兴奋状态向高维蔓延，投射则是认知状态向低维蔓延；③维度联动的运动过程，仿佛是一根由趋性演化形成的“弦”，我们把它比喻为“心弦”，为了更形象地描述此类切换，将它又称为“心弦切换”。

（二）维度联动法则

如图 11-2 所示，归纳维度联动法则包含如下内容：

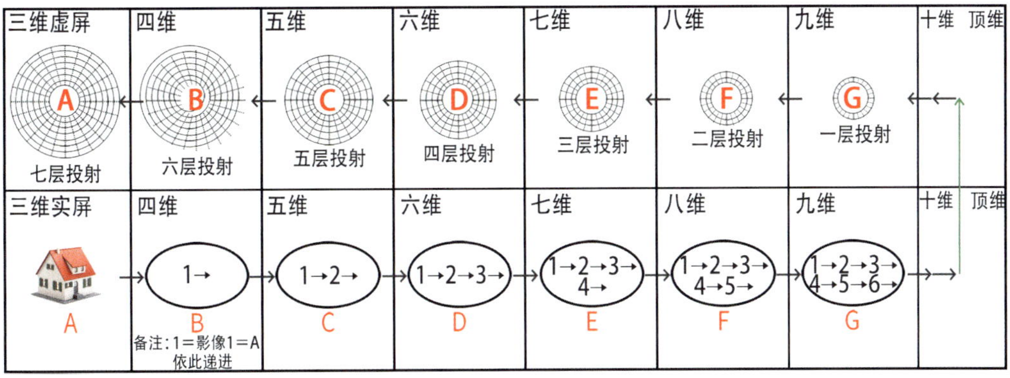

图 11-2　维度联动示意图

（1）从低维向高维的求因过程，是一个各维能所共振依次展开的过程，切换原理的关键在于各维兴奋的差异化设置，形成兴奋依次向高维蔓延的效果。如图，影像层以影像 1 为基础展开兴奋，当其达到预定格式时，功能层开始兴奋，因为影像层的展开结果已符合功能层兴奋的启动标准；依此类推，每层低维的兴奋展开一旦达到高维预定格式，高维便开始兴奋，从而达成维度连续切换的效果。每层维度的刺激启动格式依次为“影像 1”“影像 1→2”“影像 1→2→3”直至“影像 1→2→3→4→5→6”，加外境层共有七维，可见，所有维度其实是一个整体，低维共振都包含在高维中，这是求因切换的奥秘。

（2）从高维向低维的投射过程，是一个各维认知结果依次形成的过程，切换原理的关键在于各维投射的差异化设置，形成投射依次向低维蔓延的效果。如图，十维投射的九维虚屏是对求因影像 G 的联想，当联想与影像融合时便符合对八维投射的启动标准，投射形成对 F 的联想，对 G 的联想隐藏在对 F 的联想背后，一起形成对 F 的含义解释；依此类推，每层高维的认知解释一旦达到低维预定的格式，对低维便开始投射，从而达成投射连续切换的效果。每层维度的投射启动格式从高到低依次为“解释 G”“解释 G→F”“解释 G→F→E”直至“解释 G→F→E→D→C→B”，加外境层共有 7 维。最终，各维的求因和投射内容组合为一维信息，总共形成七维信息。可见，各维认知其实也是一个整体，高维认知都包含在低维中，这是投射切换的奥秘。

（三）心弦切换的作用

心弦切换在系统中的主要作用，可归纳为以下四点：

（1）心弦切换构筑了认知环路运行的基本算法和完整流程，它使系统认知功能因此获得了一套由维度联动组成的固定操作程序。

（2）联想切换是维度内部运动，心弦切换是所有维度的总运动，统摄了前者；同时，心弦切换又为更高阶的花鬘切换做了铺垫。

（3）所有维度其实是一个整体，心弦以其兴奋和投射的操作步骤从整体中划分了不同维度，这就是系统维度架构的起源。

（4）心弦像一条“两头蛇”，一头连接真实或虚拟外境，一头连接认知总背景印耦，将求因流程和投射流程组成一个闭合的认知环路。心弦的求因体现了存在的“作用解”，投射则体现存在的“有物解”，心弦将“存在双解”耦合在一起，形成了基本认知法则。可见，如果没有心弦的存在，“存在双解”代表的认知法则就无法形成。

四、信息储存切换

本节再来谈系统高阶的场景切换：信息储存切换。

智能的记忆存储领域，相对较少受到关注，可能大家觉得记忆就是将认知结果储存在记忆库中，没什么深入研究的必要。其实，上述看法是不恰当的，记忆是极深奥的智能现象，比表层认知更为复杂。信息储存切换发生在信息储存的底部核心层面，属于系统高阶的场景切换。它的运作原理是把本次信息与记忆体融为一体并按感受平衡法则修正所有记忆质点的趋性。此类切换使记忆体获得全局更新，宛如一朵新花继承一朵旧花的一切，朵朵相续，又称“花鬘切换”。

（一）相关概念

信息存储领域涉及的新概念是“花鬘”喻，这是一个形象比喻，它将记忆体比喻为一朵花鬘，而信息储存切换是新旧记忆体的更替，宛如一朵旧花向一朵新花传承，故称“花鬘切换”。

（二）花鬘切换法则

如图 11-3 所示，归纳花鬘切换法则包含如下内容：

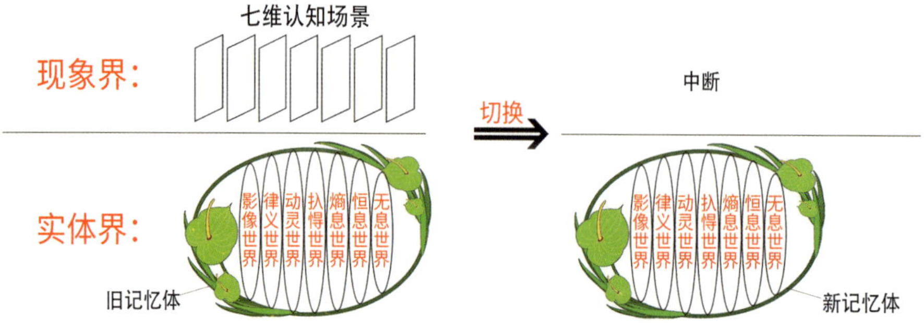

图 11-3　花鬘切换示意图

（1）信息储存的首要任务是插入信息，就是将本次认知环路运行中形成的基、律、动、柬、熵、恒、无等七维信息存入系统记忆体中。环路认知所得信息，待完成心弦切换后，立即由现象界转入实体界，完成信息的存储，储入位置即是每个信息的感受初值在维度中对应的空间位置，貌息则隐藏在趋息之中。有人问是什么力量将心弦与记忆体融合的？心弦像水滴，记忆体如大海，二者均由趋性统摄，共同趋性的同一性需要有统一的认知视角，是趋性汇聚促成了二者融合。

（2）花鬘切换要完成的第二项工作，是将各维在数据联动切换中发生的趋性跳转和因果逻辑验证的数值变化，在实体界的关联质点中固定下来，完成联想切换导致的趋性改变。这项工作是说，数据联动的影像采集，只是形成本次信息，但实际上，系统还需对相关趋性的不可逆改变，真实记录在记忆体中，而不只是呈现在现象界中。

（3）花鬘切换要完成的第三项工作，是按照感受平衡原理，修正所有受息质点的存储位置（赋予新趋性），完成系统价值观的学习。受息是对事物价值的评价，需遵循感受平衡原理，当趋性跳转和信息储入导致全局感受失衡时，系统需要按照感受的两极平衡和敏钝平衡，修正每个质点的位置，每个受息将被赋予一个最新的感受现值，这种平衡体现了价值观的沉淀和积累，故称价值观学习。感受平衡完毕，系统获得全局更新，旧记忆体被新记忆体取代，形成花鬘切换。

（三）花鬘切换的作用

花鬘切换在系统中的主要作用，可归纳为以下三点：

（1）信息储存是系统的基础功能，保管信息长期不丢失是智能运作的基础。在花鬘切换中，貌息在每次切换中均能保持内容长期不变；受息虽每次切换发生修正，但每次受息值均反映在后一次的貌息中，不存在数据丢失。可见，花鬘切换的首要作用是长期保管数据不丢失，朵朵相传，无信息遗漏。

（2）花鬘切换的另一作用是学习，代表了系统主要的学习方式：根据最新事实进行世界观学习，遵循感受平衡进行价值观学习。上述学习使相关记忆质点获得最新趋性，是下次认知得以开展的基础。

（3）系统为区分每个记忆体，赋予每朵“花鬘”一个有序编码，这便是时序。赋序后，本次环路形成的七维信息均统一标注该时序，作为它们的时间坐标，时序成为形成因果逻辑的基础。

五、谈谈时序管理

场景切换即场景变化，而变化必包含时间次序，故研究场景切换必然涉及时序问题。

（一）系统的三级时序

时序，指时间的前后次序。时间包括时刻和时段两个概念，时刻是时间坐标，时段包含若干时刻。在系统中，无形的时序依托有形的场景切换来表达，时刻存在的标志是在该时刻完成一次认知（即获得一次信息），对时刻的编码即代表一个时序。因此，确定一个时刻的时间长短，成为时序管理的基础。生物智能共有三级时序：

（1）环路时序，指系统完成一次认知环路的时间周期。一次环路的智能称为单智，环路时序又称“单智寿命”，简称“智寿”。

（2）维度时序，指一个维度完成一次认知的时间周期，又称“维度寿命”，简称“维寿”。各维“维寿”长短不等，外境层“维寿”最长，等于“智寿”；非觉层“维寿”最短，等于“顶寿”。

（3）顶维时序，指顶维非觉层的“维寿”，即“顶维寿命”，简称“顶寿”。“智寿”和“维寿”均由若干“顶寿”组成。

（二）时序与因果逻辑的关系

因果逻辑原理表明，每个因果逻辑都是有时效的，超过一定时效不验证的，属于验证失败。因为时效的期限由时序组成，故随着时序的每次更新，因果逻辑内部趋性的状态都将发生变化。故可知，哪怕事实场景并无反馈，只是纯粹的时序更新，因果逻辑的趋性都将改变，因为时序更新就是最基础的事实变化。各维因果逻辑的趋性，随所在维度的“维寿”更替而变化。因而，只要时序在更新且系统拥有因果逻辑数据，则趋性就会变，单智串行逻辑就会运转不息。

六、场景切换的全貌

上文已分别阐述了联想、心弦、花鬘切换的原理，本节将从全局角度来谈场景切换的全貌，并进行场景切换的难点分析，以便让读者对场景切换增进全局性认识，并作为本章的结尾。

（一）场景切换全貌的描述

作为研究者，我们想全面搞清楚生物智能系统的场景切换情况，其中，下至微观的局部场景跳转，上至宏观的全局状态更新，希望不仅知道其切换流程，还能清楚其切换的技术原理，只有这样，才算是全面了解系统的运动规律。那么，场景切换的全貌是怎样呢？

花鬘切换是新旧系统的交界点，如第108页图11-3所示，在切换前，是旧记忆体在运作，系统分为实体界和现象界两个部分；在切换后，系统获得全局更新，转变为一个新记忆体，此时只剩下实体界存在，现象界转为信息储入实体界，新的现象界需随着认知启动重新形成。

在生物存活过程中，物耦和数耦输入作为系统的两大输入方式均不会中断运行，只是被关注程度有差异罢了。在花鬘切换之后，新一次的认知程序就会随着物耦、数耦的输入而启动，认知启动就是心弦切换的开始。心弦切换是一种固定流程，认知过程必须按此操作，从低维兴奋开始求因直至高维，然后再通过投射回到低维，形成一个环路。在心弦切换的过程中，单从某个维度看，便发现了联想切换的现象，认知从求因场景切换到求因和联想的并存场景，这便是联想的流程。显见，联想切换并不是这样简单的切换，它其实以心弦切换为依托，其中隐藏了心弦切换作为其背景。结合图 11-1 和图 11-2，例如影像层的求因切换到“求因 + 联想”的双屏场景，其中需要包含所有比它高的维度的心弦切换过程，只是维度不同无法呈现而已。故可见，心弦切换包含所有联想切换，而自身在为花鬘切换做准备，待一次心弦切换完毕，系统对现象界的认知形成之时，便会启动新的花鬘切换。因此，联想、心弦、花鬘切换分别代表低阶、中阶和高阶切换。

（二）场景切换的难点分析

场景切换非常复杂，研究中可能会遇到各种困扰。曾经，有个问题困扰笔者许久，那就是各维信息形成后，是各自立即储存相邻高维呢？还是等环路完毕后，七维信息一起储存呢？若一起储存，因高维信息形成早，需花时间等待，似不合理；若七维独立储存，则支撑心弦切换的驱动力又在何处？经综合研判，我们认为，心弦是个整体性事物，不可割裂。特归纳如下：

（1）各维场景都有各自性状，可储为信息，均被视为独立事物。心弦并无形象，似无可储之质，但它代表一套独立的认知规则，不可分割，七维信息应算作心弦所含元素，必须一起储存。

（2）所有维度其实是个整体，维度分界因心弦而生效。储存心弦全部内容的是消弭了维度分界的总记忆体，它通过每次更新所储数据内容，以花鬘切换的方式，在支撑着心弦的循环运作。

第十二章　万物分类原理

深入研究智能系统，研究者既要洞悉系统的运行流程和规则，知系统之“事”，也应遍察各类场景和状态，识系统之“物”。

万物分类原理着眼于万物差异及万物联系的角度，将复杂的宇宙世界分解成各类事物进行剖析，揭示了智能系统深奥的认知规律。可以说，万物分类原理的着眼点是俯瞰全局的，因它抓住了万物分类这个超复杂的技术难题，切中了系统的要害，从宏观角度揭示了若干基础性的智能规律，故而在智能各项原理中占据重要地位。

万物分类看似繁杂，但只把它简单看作“三大板块”即可：①第一板块是被认知对象，指代表真实外境的物耦（实存类事物）；②第二板块是认知主体，指信息聚合体数耦（认知总背景印耦隐藏其背后），它是逻辑总集合，是系统认知和行为的依据；③第三板块是夹在认知主体和认知对象之间的认知作用，即认知过程中获得的认知内容，可看作数耦的动态表象，这是划分最复杂的一类。

万物分类原理揭示了所有状态和过程都是“物”、都存在逻辑关联、都可被智能表达并记录为信息的基本规律，这为人工智能通过计算机可对万物建模形成算法或算法嵌套组合，确立了理论基础。

一、万物分类概述

研究者若要深入解构智能系统，应加强对万物的概念含义及其分类的了解。本节将对万物分类的相关内容做简要概述。

（一）万物的概念

万物指宇宙中的一切事物；从智能研究角度说，万物指认知系统涉及的一切认知对象，包括物质世界或精神领域的任何状态或过程。研究者理解“事物”概念时应了解其技术本质，立足于如下两点：

（1）任一事物均具两大根本属性：①从空间上看，事物均有影像（由两个或两个以上元素组成，元素间存在区别）；②从时间上看，事物均有寿命（存在一个包含若干次影像的时段）。其中，影像为同框数据，寿命为同寿数据，二者是产生逻辑关联性的源头，此处不赘述。事物概念的技术本质，是逻辑的算法基础。

（2）事物都是刹那在变，没有完全相同的两次影像。故事物的划分是相对而非绝对的，事物均依据其主要属性的存在而成为一个事物。一物可分割为前后多个事物，包含前后事物的过程也可视为一物。

（二）万物分类的概念和内容

万物分类，就是厘清万物的边界和内容。万物分类的目标是使人们能够了解万物的概念和含义，辨识万物间的区别和联系，区分万物对于人们的利害关系和感受差异，厘清万物分为三大板块的总体结构，以求达到认清主客关系并理解智能系统运行原理的效果。

万物的范围涵盖一切领域，其类型极为复杂，为了让大家对万物分类先有提纲挈领的总体认识，在此先给出万物分类总图（图 12-1），并做简要说明，随后小节再详述万物分类的具体细节。

（1）系统将万物分为刹那（现象界）和非刹那（实体界）两大类。其中，刹那类只在瞬间（单智寿命）存在，非刹那类可持久存在。

（2）刹那类分为样貌类和趋性类，样貌类源自系统共振和联想，它们共同组成对客体属性的双屏认知；趋性类包含感受类和逻趋类，代表系统对客体的关注状态或运动趋势；样貌类和趋性类组成一次完整认知。非刹那类包含系统所有历史记忆和支撑记忆存在的印耦。

（3）样貌类分为实存类、外投类、过程类、内投类和纽带类等五类和若干小类。其中，实存类指感官认知的真实外境；外投类指投射在记忆体外部的虚拟外境；过程类指七维记忆体的共振场景；内投类指除外投类的其他六维投射场景；纽带类则是连接印耦的纽

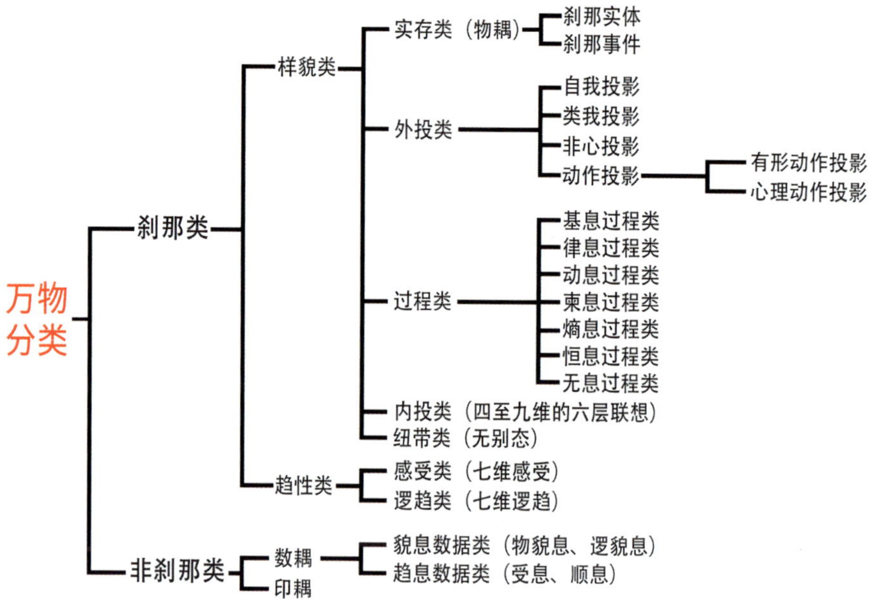

图 12-1　万物分类总图

带。上述五类加趋性类合称“刹那六类”，代表刹那类的具体分类。

（三）万物分类的技术方法

分类方法遵循五项原则：①找到认知统摄者，使之成为测量万物的标准尺度，遵循“唯一尺度”原则；②划分认知主体、认知对象和认知作用，遵循“三大板块”原则；③强调外境场景和联想内容并存，遵循“双屏并立”原则；④明确独立思考的必要性，遵循“两种输入”原则；⑤厘清维度间的含义解释关系，遵循“维度嵌套”原则。

（四）研究万物分类的现实意义

万物分类系统，揭示了所有状态和过程都是“物”、都存在逻辑关联、都可被智能表达并记录为信息的基本规律，这为人工智能通过计算机可对万物建模形成算法或算法嵌套组合，确立了理论基础。

二、非刹那类的具体内容

从这一节开始，我们具体阐述万物分类的细节。由于非刹那类在系统中具有比刹那类更为基础的功能，对后者的运行起到支撑作用，故在此先来阐述非刹那类的具体内容，以便做些铺垫。

（一）刹那类与非刹那类的划分

研究者若只看到系统的本质是认知，则有重大遗漏。实际上系统包含认知、存储两大功能，存储是隐蔽性功能，是认知的基础。认知的理论基础是存在双解原理，通过“存在是一种作用关系”形成“存在是有东西在”的认知结果。但是，作用关系产生的前提是已知存在物的存在，即记忆体的存在；只有存在已知存在物，才会在未知存在物作用时呈现作用关系，故存储是认知之根。正因为认知和存储两大功能的层次不同，才产生刹那类和非刹那类的区别。我们将七维信息的聚合体（即记忆体）及其背景印耦划归非刹那类，而将认知对象及认知内容划归刹那类。关于刹那与非刹那划分的理论要点有：

（1）鉴于非刹那类持久存在，好似不变的实体，故又称实体界；而刹那类则刹那在变、无法持续，只是一种现象，故又称现象界。

（2）刹那类和非刹那类的一个主要差异是发生时间不同。刹那类有个共同点，它们都在此刻发生，代表最新时序；非刹那类则不然，它们都是过去已发生过的历史信息，不属于认知者面对的当前场景。刹那类在此刻发生后，从下一刻起将永久转化为非刹那类。

（3）记忆体（数耦）的持久存在并不是永久不变，它根据刹那类的每次储存而在每一刹那进行状态更新。但是，前述更新主要是调整每个记忆在系统中的趋息数值，而并不改变其貌息内容。

（4）非刹那类的每次更新产生新的时序，时序是逻辑的基础。

（5）有人认为，真实外境是持续存在的，不是刹那的，这与我们说法不矛盾。真实外境是持续的，但意识看到的外境是系统对外境刺激的反应，是认知结果，而不是外境本身，这个是刹那存在的。

（二）数耦的分类

数耦是三耦之一，是储存所有信息的记忆体。数耦有两种状态：数耦基态和数耦歌态，前者指每次信息储存后达到感受平衡的状态；后者从环路启动时产生，指感受不平衡的数耦状态。数耦总是从基态到歌态，回到新基态再产生新歌态，如此循环。它包含两部分：

（1）貌息数据类。描述了七维双屏内容，呈现客体的样貌属性，储为七维貌息，是对认知对象的客观性陈述。

（2）趋息数据类。七维感受储为受息，七维逻趋储为顺息。

三、刹那六类的具体内容

万物分为刹那和非刹那两大类，其中刹那类分为样貌类和趋性类，样貌类再分为实存类、外投类、过程类、内投类和纽带类五类及其若干小类。为简化分类步骤，将上述五种样貌类加趋性类合称“刹那六类”。如第 114 页图 12-1 所示，现将刹那六类的具体内容分述如下。

（一）实存类事物（物耦）

实存类事物，指真实外境中的所有实体或实体组合。实存类合称物耦，是三耦之一。因实存类是万物分类中唯一能对身体感官或仪器产生作用的物类，属自然界中真实存在的物质，故名"实存类"。有三个特点：①真实存在于物质世界；②能对身体感官或仪器产生物理作用；③在单智寿命内存在，单智结束后立即演变或消灭。人们常规理解的真实事物，其实是由实存类事物的刺激引发的，是一组实存类的历史记忆在脑中的抽象组合，而非单个的实存类事物，属于过程类事物的一种。为方便区别，实存类也称"刹那实存类"，以突出"刹那"的特点。实存类事物有如下两种分类方法：

（1）从常识角度，分为身体和"非身物耦"（即体外环境）。

（2）从研究角度，分为刹那实体和刹那事件，此分类有助于理解事物的关联逻辑。①刹那实体，指符合实存类定义的单个事物，包括有形和无形实体，前者有一定的质碍形态，如石头、树木、动物、房屋等；后者则为难以被感知的质碍形态，如磁场、超声波、红外线等。②刹那事件，指两个或两个以上刹那实体的组合，指认知对象所含刹那实体有两个或多个，好似因事聚集故称刹那事件。任一实存类事物，均含两个或两个以上元素，整体看是刹那实体，细化看则是刹那事件。

（二）外投类事物

外投类事物，指系统将内部兴奋状态投射到三维空间虚屏所形成的联想场景，好似在系统外部，故称"外投类"。含义：①三维虚屏是表层精神活动场所，脑中各种念头就是指外投类事物及其演化过程；②不能对感官或仪器产生物理作用，仅对意识有刺激作用；③由系统投射形成，与内投类合称"投射类"。按内容不同分为四类：

（1）自我投影，也称自我意识投影，指系统将对自身主体角色的理解在三维虚屏的投影。自我也是事物，通常需被认知才存在。

（2）类我投影，即与我类似、同样具有生命特征的事物的投影，指除自我之外的他人，也包括动物、人工智能或拟人化的其他物。

（3）非心投影，指不具有生命或智能特征的事物投影，因为大家通常认为生命有心，故将此类非生命事物投影称为"非心"投影。

（4）动作投影，指三维虚屏呈现的动作。投射场景可能是个事件，其主体包括自我、类我或非心投影，其过程类似语言的"主谓"结构，其中的"谓"即指动作投影，包含有形动作投影和心理动作投影。

1）当描述非心投影的动作或躯体动作时，此时的动作具有外在形态或有形轨迹，称为"有形动作"投影。如：石头滚下山的"滚"、树叶飘落的"飘落"、他在跑步的"跑"均为有形动作。

2）当描述自我及类我的认知功能或心理状态时，此类动作投影称为心理动作投影。包括三类：①身体感官的内在认知功能（非外在动作）。例如：看、听、尝到、感觉等。②意识的认知功能。例如：回忆、想象、思考、梦见、联想等。③系统的各种心理状态。例如：努力、贪、恨、怀疑、嫉妒、惭愧、懈怠、希望等。

（三）过程类事物

过程类事物，指必须通过一个认知过程才能展现存在，须由两个或两个以上历史信息进行综合描述的事物。有四个特征：①信息描述的都是状态，过程是状态的组合，它需要两个或两个以上信息的共同描述；②所含信息的时序可能连续也可能不连续；③表现为四至九维空间的六层记忆体的共振场景（注：共有八层共振，感官的共振场景为实存类，十维共振场景为纽带类）；④对感官或仪器无物理作用。过程类事物分为六类：基息过程类、律息过程类、动息过程类、柬息过程类、熵息过程类、恒息过程类，依次存在于四至九维空间。

（四）内投类事物

内投类事物，指系统将其内部联想分别投射到四至九维空间虚屏所形成的六层联想场景，由于前述六层虚屏都在系统内部，与外部的三维虚屏不同，故称"内投类"。四个要点：①外投类投射系统外部，内投类投射系统内部；②对感官或仪器不产生物理作用；③具体位于影像、律义、动灵、扒悍、熵息、恒息等六层世界；④各维的过程类与内投类是同维的双屏场景，它们在感受统摄下组成一个貌息。

如何理解投射类事物？在客体刺激系统并形成七层能所共振时（能所层另论），在某维度的相邻高维看来，某维度的实屏指该维的共振场景，虚屏（即该维投射类事物）指相邻高维对该维实屏的理解超出实屏描述的那部分。例如，在真实外境中看到蛇，外投类表达的通常是有毒、咬人等影像，超出了真实外境内容；影像层实屏兴奋的是有毒、咬人等功能，影像层虚屏的内投类想到毒液具有卖钱功能，也超出实屏范围；功能层实屏兴奋的是怕咬、卖钱等需求，而功能层虚屏可能想到有钱可给家人治病，也超出实屏范围；其他各层类推。总之，内投类是高维根据本维过程类的刺激产生的联想投射。

（五）纽带类事物

纽带类事物，指无息世界的能所共振场景。在共振中，无息只有相互等价的能或所，导致无息聚合体将对每个刺激它的能或所都产生全局无差别的共振（每个无息都共振且兴奋度等同）。由于无差别，该共振无法形成焦点和背景，导致主客瓦解，形成不包含任何区别的"无别态"。无别态即纽带类事物，它虽不含区别但属于兴奋态，与非兴奋的静态记忆体不同。之所以称为纽带类，是因为无息世界共振是求因流程的最后一步，该共振向非觉层印耦求因，将启动新一轮的认知投射流程，鉴于纽带类好似连接印耦的"纽带"，故名。

（六）趋性类事物

趋性类分为感受类和逻趋类，前者是认知具体事物获得的趋性，后者是认知因果逻辑获得的趋性，分别储为七维受息和七维顺息。

（1）感受类事物，简称"感受"，指主体对客体能否满足自身需要的利害评价和态度体验。感受包括顺意感和逆意感，前者指因客体促进目的实现而感到舒服的满意体验；后者指因客体阻碍目的实现而感到逼迫的违逆体验。顺意感发生能引导主体黏住客体不愿分开，在未来则引导“趋合”客体希望再相遇；逆意感发生能引导主体离开客体，在未来则引导“避离”客体希望不再相逢。

（2）逻趋类事物，简称“逻趋”，指系统对因果逻辑所述规律持有的顺应观念。当因果逻辑验证为真时，将认可并趋合该逻辑内容；相反，当验证为假时，将反对并避离该逻辑内容（趋合与该逻辑相反的内容）。前述认可和反对，反映了智能顺应客观规律的本能。

四、再谈过程类事物

过程类事物，是刹那六类中最为复杂的一类，很有必要予以细化阐述。在此，对过程类事物的六个子类，逐一分述如下。

（一）基息过程类事物，简称事件或功能

基息过程类事物即影像世界共振场景，是由一组外境层客体影像的历史记忆（基息）组成的整体，被认知为律息。基息是事物样貌，相当于图片；律息是基息的有序集合，类似于事物的演化过程，是一个事件。因此基息过程类又称事件过程类，简称事件。事件总是具有某个功能作用，故事件又称功能过程类事物，简称功能。

（二）律息过程类事物，简称需求或行动

律息过程类事物即律义世界共振场景，是由一组事件的历史记忆（律息）组成的整体，被认知为动息。律息是功能，动息是一组功能的整体，指共性的抽象功能，表征系统的需求，律息过程类又称需求过程类，简称需求。例如用茶壶泡茶喝，这是事件，发生若干次泡茶事件后，发现茶壶具有“泡茶”的稳定作用，这就是抽象功能。需求包括正向的趋和反向的避，代表两种行动趋性，动息也代表针对需求的一次行动。因此，律息过程类也称行动过程类，简称行动。

（三）动息过程类事物，又称意志过程类事物，简称意志

动息过程类事物即动灵世界共振场景，是由一组行动的历史记忆（动息）组成的整体，被认知为柬息。动息是一次行动，柬息是一组动息的整体，是对有共同目标的一组行动的整体描述。柬息是蕴含在每次行动中、又超越行动、起统帅行动作用的一种精神事物，那就是意志，它比行动高一个维度。意志分为积极意志和消极意志，前者有扶持趋型、抑制避型行动的作用；后者则有扶避抑趋的相反作用。

（四）柬息过程类事物，又称性格过程类事物，简称性格

柬息过程类事物即执悍世界共振场景，是由一组意志的历史记忆（柬息）组成的整体，被认知为熵息。柬息是蕴含在每次意志中、又超越意志、起统帅意志作用的一种精神

事物，那就是经长期沉淀形成的性格。性格管控意志，比意志高一个维度，它分坚韧和懈缩两类，前者对应感受为“硬”，代表坚定的风格，具有强化积极意志、弱化消极意志的作用；后者对应感受为“软”，代表松懈和退缩的风格，起到强化消极意志、弱化积极意志的相反作用。

（五）熵息过程类事物，又称生灭形态

熵息过程类事物即熵息世界共振场景，是由一组性格的历史记忆（熵息）组成的整体，被认知为恒息。恒息是蕴含在每次性格中、又超越性格、起统帅性格作用的一种精神事物，即主体秉性的稳定性或多变性，前者使某种未来前景易于做成，故简称“生”；后者使某种前景易于丧失，故简称“灭”。生具强化坚韧、弱化懈缩性格的作用；灭则具强化懈缩、弱化坚韧性格的相反作用。

（六）恒息过程类事物，又称能所形态

恒息过程类事物即恒息世界共振场景，称为无息。无息有两种，一种是所有的生组成的“完整生”，又称“所形态”，简称“所”；另一种是所有的灭组成的“完整灭”，又称“能形态”，简称“能”。所有生的共性指确定性，引申为客体，称为所；所有灭的共性指多变性，引申为主体，称为能。所包含“从完全不确定到完全确定”，能包含“从完全确定到任意变化（完全不确定）”，可见，能所都描述了一种概率关系，二者视角相反但相互等价。由于能所等价，无息世界的共振产生了无别态，终结了求因流程，启动了新的投射流程。

五、万物分类运转总图

为了形象地反映万物分类原理的运转机制，本节将该原理运转过程绘成“万物分类系统运转总图”予以分析和简述。

如图 12-2 所示，对万物分类原理的运转机制略述如下。

（一）认知活动运转线路

系统含身体、七维信息世界、印耦等九个维度；身体层面的两个方形代表实屏和虚屏，是感官感知真实外境和意识感知虚拟外境的区域。要了解万物分类及其规律，注意两个启动和两条线路。

（1）两个启动。启动认知环路两种方式：一是实存类刺激感官，称为物耦输入；二是虚拟外境刺激记忆体，称为数耦输入。

（2）两条线路。认知通过维度联动的两条线路来实现，合称认知环路。一条是从低维向高维寻求含义解释的求因线；另一条是从高维向低维投射认知的投射线。从低维向高维的变化，是一个状态组成过程、小过程组成大过程、低级过程组成高级过程的抽象过

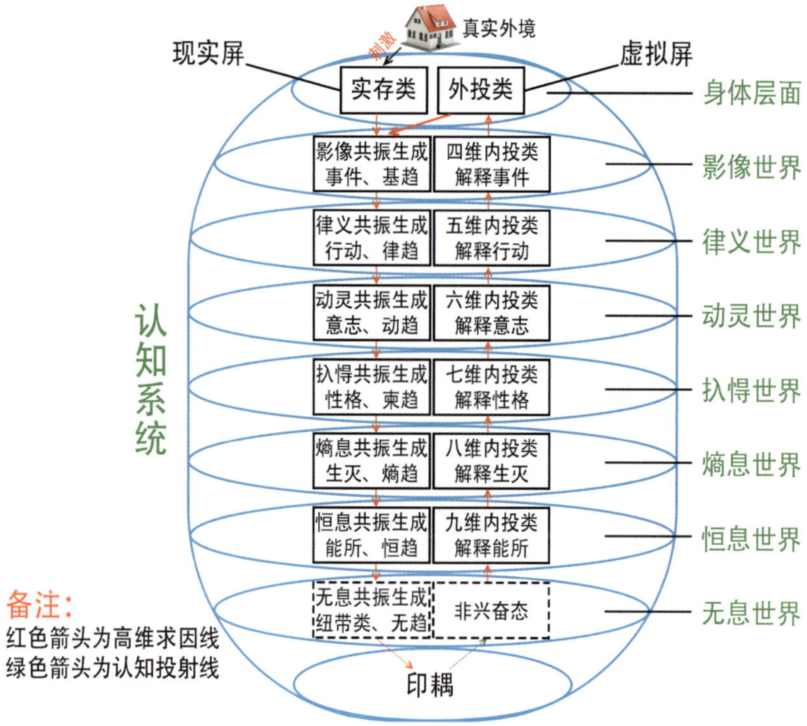

图 12-2 “万物分类系统”运转总图

程；高维向低维的投射，是一个认知者不断投入、层层含义解释层层外壳、认知范围不断缩小的具象过程。环路运行细节详见认知环路原理。

（二）刹那六类事物的形成及储存

按照认知次序，印耦先在无息世界共振中认知纽带类事物；然后分别在恒息、熵息、执悍、动灵、律义、影像世界的共振中认知能所、生灭、性格、意志、行动、事件等过程类并投射出六层内投类事物；最后在三维虚屏和实屏分别认知外投类和实存类。在此过程中，依次形成无趋、恒趋、熵趋、柬趋、动趋、律趋、基趋等七维趋息，并依附于能所、生灭、性格、意志、行动、事件、影像等七维貌息，形成完整的七维信息，储存在数耦中。本次信息的存入，使系统修正所有历史信息的位置，获得数耦的状态更新。更新后的数耦，获得下一轮能所共振所需数据，将启动新的认知环路运作，如此循环运转。

（三）系统的认知总模式

从万物分类角度看，系统对刹那类的认知，须以非刹那类数耦的存在为基础。如果没有数耦的预先存在，系统就拿不出记忆数据作为外境的刺激目标，能所共振就不会发生，也就不会产生认知。记忆是持续的本体，认知是刹那的作用，用存储为体，体再生新用。刹那和非刹那的分类，揭示的“体用模式”是智能的认知总模式。

六、万物分类的技术依据

上文已详细介绍了万物分类的具体内容，当研究者了解分类之后，自然会关注万物分类的技术依据，也就是分类遵循的技术方法和标准，因为分类是否科学取决于技术依据是否恰当。在此将分类的技术依据归为五个原则。

（一）唯一尺度原则

如果要对万物进行分类，如同拿同一把尺子去测量万物，该尺子必须能够成为衡量（描述）所有事物的共同标准，如此才能使测量的结果客观而准确。那么，万物分类理论的“尺度”是什么？略析两点：①未兴奋前的数耦基态，是七维信息生成的背景。有了它，才有数耦的兴奋态，有了数耦兴奋，才能投射出七层双屏，也才因彰显趋性而获得七维趋息。因此，数耦基态是衡量七维信息的唯一尺度，等于说实体界是现象界存在的背景。②而数耦基态存在的背景显然是印耦。综上，万物统一于印耦，印耦是衡量万物的唯一总尺度。

（二）三大板块原则

万物分类看似繁杂，但将它简单看作“三大板块”即可：①第一板块是被认知对象，即代表真实外境的物耦（实存类事物）；②第二板块是认知主体，即信息聚合体数耦（印耦隐藏在其背后），它是逻辑总集合，是系统认知和行为的依据；③第三板块是夹在认知主体和认知对象之间的认知作用，即认知过程中获得的认知内容，可看作是数耦的动态表象，这是划分最复杂的一类。

（三）双屏分立原则

既然系统通过联想来解释客体含义，则必须坚持双屏分立原则，即由实屏来代表真实外境场景，再由虚屏来呈现主体联想等精神活动。假如没有虚屏，系统将体现不出智能。依据本原则设置了七层双屏。

（四）两种输入原则

系统要靠刺激才能运转即必须要有输入。假如只有物耦刺激一种输入，将造成一切启动依赖于物耦，只要真实外境停止刺激，系统就不转了，这样系统就失去了独立性，不会产生真的智能。因此，必须要有另一种源自系统自身的输入方式，本书设置将每次认知结果作为下次环路的虚拟外境刺激系统，这就是数耦输入。它既可独立输入，体现系统的独立思维，也可和物耦输入并行运作，体现在物耦认知中的并行思维。只是数耦输入功能比较隐蔽，不易被研究者发现。

（五）维度嵌套原则

“存在是一种作用关系”的理论决定了客体含义源自记忆对它的解释，这是一条铁律。依托这点，认知需要逐层求因便形成了维度，由此形成信息嵌套结构：若干基息组成律息、律息组成动息、直至所有信息。此中发现两点：①依据状态组成过程、小过程组成大过程、简单过程组成复杂过程、低维过程组成高维过程的嵌套规律，划分了六种过程类事物；② 发现纽带类、能所、生灭、性格、意志、行动、事件、影像等每层高维事物都是对相邻低维事物的解释，这对认知从顶维到其他各维事物由细到粗的有序转化提供了诠释。

七、万物分类的新课题

万物分类原理的着眼点是俯瞰全局的，目标是将复杂的宇宙万物一一厘清。通过上文阐述的分类内容，是否已实现万物分类的目标？目标并未实现，上文分类内容不算完备，遗漏了一个不易发现的重要领域——心弦全貌课题，涉及如下子课题：

（1）基、律、动、束、熵、恒、无七维信息的储存，并不是各自先后独立储存，而是在心弦（即认知环路）认知完毕时一并储存的。为何？因心弦是个整体，故一起储存。心弦之整体，性状细微，似无形相，但并非空无，只是不易辨认，是一个易被忽略的事物。

（2）心弦既非空无，就存在储存问题。所有维度是个整体，维度分界因心弦而生效，储存心弦的是消弭了维度分界的总记忆体。

（3）每次环路生成一根心弦，每根心弦均有个体属性。这就涉及心弦属性划分及其作用发挥的若干新课题。

总的来说，前几节阐述了万物分类的初阶内容，搭建了智能运行的基本框架。而有关心弦全貌及相关问题，则是万物分类的新领域，探索它有助于揭示更深的智能底层奥秘，可作为未来的研究课题。

第十三章　语言言语原理

语言言语原理是智能研究不可忽视的一章。看似平常的语言运作，其实并不简单，它不仅需要心理行为和身体行为的高度配合，还需要语言资源的积累和组织，整个语言运作过程，涉及行动、存储、万物分类等多种复杂技术，这是只有高等生物才能完成的智能过程。

所谓语言言语原理，是指高级生物以声音等符号为载体，以语义为内涵，由词汇按照语法规则构成能够表达思想的符号系统即语言，并由此构筑的语言组织技术和言语行为技术的智能运行规律。

自然语言处理技术(NLP)，旨在研究人机之间使用自然语言进行有效通信的理论和方法，主要包括自然语言理解(NLU)、自然语言生成(NLG)和自然语言交互(NLI)，是当前人工智能领域的重要研究方向和开发热点之一，目前NLP业界的技术难点在于语义理解，需人为标注大量数据。本章创设了自然语言思维的新概念，并解释了上述技术难点的奥秘，指出这是未厘清语言符号与语义的对接原理的缘故，我们倡导研究并借鉴生物智能的语言运行机制，开发可处理无标签数据的算法，并认为这是提升NLP技术的关键。

一、语言、语义、语法、言语的概念

在正式阐述原理之前，首先介绍与语言相关的基本概念，了解当前语言学界的常用术语，为下文分析原理做好铺垫。

语言，是以声音、文字等符号为物质载体或外壳，以语义为内涵，由词汇按照语法规则构成，能够表达主体思想的符号系统。语音、手势、表情是语言在肢体上的体现，文字是语言的显像符号。

语义即语言的含义，包括词义、句义和句群义，是语言所蕴含的意义。语言载体只有被赋予意义才成为语言，这时语言转为信息。

语法是研究语言结构规律的科学，包括语素构成词、词构成短语、词和短语构成句子等规则。语法分为词法和句法：词法研究词的构成和分类，句法研究句子的构成和分类。

音素，是从音质划分的最小语音单位，是实际存在的物理现象，分为元音和辅音。音节，是由音素组成的语音基本单位。字有字调，句有句调，字调是音节的高低升降，句调是语句的高低升降。

语素，是语言中最小的音义结合体，是有意义的最小语言单位。词由语素组成，是可独立运用的最小语言单位。汉语的词类分实词和虚词，实词是含有实际意义的词，包括名词、动词、形容词、数词、量词、代词、区别词；虚词指没有完整的词汇意义、只有语法意义的词，包括副词、介词、连词、助词、叹词、拟声词、语气词。短语（词组）是词跟词组合、没有句调的语言单位。词汇是指一种语言（或特定范围）的所有的词和短语的总和。

句子，是语言运用的基本单位，由词或词组构成，能够表达一个完整的意思。句子根据语气分为陈述句、疑问句、祈使句、感叹句；根据结构分为单句和复句。句群指共同表示一个中心语义的一组句子，是最大语法单位。

人们使用语言的过程称为言语。言语一般借助语音才能实现，否则只能靠手势和表情，是远远不够的。言语分为内部言语和外部言语，内部言语即“脑语”，就是大脑里的语言念头；外部言语分口头言语和文字，口头言语即“嘴语”，分为对话言语和独白言语。

语言的产生需要具备三个条件：思维水平发展到高级阶段，只有人类等高等生物才有能力使用语言；具有发声功能的器官构造，能够发出清晰的语音；在生命活动中，产生使用语言的需求。

二、言语行为原理

研究智能系统的语言课题时，应当把它分为两个子课题，即言语行为原理和语言组织原理。这因为语言运作本身一定是个行为，符合智能行为的一般规律，故要从行为角度进行研究；同时，语言与其他行为不一样，需要在行为中完成语言组织过程，故还要从语言组织角度进行研究；将两个课题相比，前者属大局，视角宏观而全面；后者属细节，视角专项而具体。本节先来分析言语行为原理，分别从言语行为的概念、流程、维度结构和言说计划的格式等方面分述。

（一）言语行为的概念

自然语言，是与人造语言相对的概念，是指以人类为代表的高等生物自然形成的语言，而非如编程语言等专为计算机而设的“人造”语言。各国语言、各民族语言、各地区方言均为自然语言。所谓言语行为，指高等生物使用自然语言的过程。言语行为包括三类：

（1）语言生成，包含语音言说和文字书写，简称言说、书写；

（2）语言理解，包括语音聆听和文字阅读，简称聆听、阅读；

（3）语言思维，指通过“脑语”或“独白”进行思考的过程。

（二）言语行为的一般流程

两种行为原理揭示，行为分身体行为和心理行为，心理行为是对需求计划的确立、分解、修正过程；身体行为则是计划的执行过程；身体行为以心理行为为根。以上是行为的一般规律，言语行为自然也符合此规律。此处以言说为例，给出言说流程的三大步骤：

第一步，人们在社交活动中形成言说需求，产生将语义通过言说表达出来的动机。显见，言说是为社交目的服务的，系统产生的言说需求，只是整个社交计划的一个子计划。

第二步，以言说需求为目标，系统按照心理行为原理产生出一个言说计划并分解为可执行状态。其中，言说计划形成过程中需要完成多项语言组织工作，将于下文“语言组织原理”中详述。

第三步，进入五作执行流程，通过口、喉、舌等言说器官的配合，具体完成言说的身动计划（即生理计划），并根据执行过程的反馈，对言说计划进行修正或进行下一步的社交互动。

（三）言说计划的格式

此处仍以言说过程为例，分析它的言说计划格式。

如图 13-1 所示，上图为一个准备说出“我明天去北京”的言说计划体系；下图是一位高中学生希望未来考取博士而制定的“高中→本科→硕士→博士”的求学计划。在此，为了更容易理解，以求学计划作为对比，来分析言说计划的格式。

（1）图中的语义目的是把“我明天去北京”的信息告知聆听者，这是言说计划的母目标；相当于“考取博士”是求学计划的母目标。

（2）“我明天去北京”是依据语义组织词汇得到的语句，把这句话按顺序说出是第一

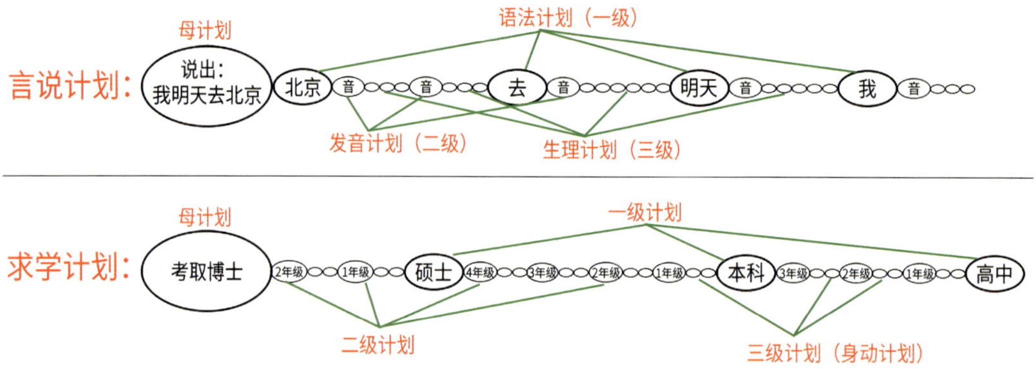

图 13-1 “言说计划”示意图

层的子计划；这相当于在求学计划中，以“高中→本科→硕士→博士”的次序，作为实现博士梦的求学步骤。

(3) “我”“明天”“去”“北京”等每个词的发音计划，是第二层的子计划，因为每个字的发音是可分割很多份的过程，分割后的每份发音目标，是这层子计划的具体目标；这相当于将高中分三个年级，硕士分两个年级等，每个年级就是第二层子计划的具体目标。

(4) 两种行动原理中讲过身动计划和非身计划的概念。发音计划仍然属于非身计划，由它分解的发声器官的具体生理计划才是最终的身动计划，这是第三层子计划；这相当于在每个年级的求学中，学生必须按照起床、走路、上课、吃饭、睡觉等无数肢体动作的联动才能完成各年级的学业，肢体动作是求学计划的第三层子计划。无论是言说还是求学，必须正确完成最终的身动计划才能实现目标。

(四) 言语行为的维度结构

研究者在了解语言载体、语义、语法等语言组织的技术原理之后，与了解语言言语原理的全貌还有很大距离，因为载体、语义、语法等都是为语言组织服务的，它们只是言语行为的操作对象，言语行为的行动、管控行动的意志以及管控意志的性格等都是需要了解的内容。所以，言语行为原理撑起了整个语言运作技术的宏观架构。

言语行为包括言说行为、聆听行为、语言思维及文字读写行为等，它们在系统中全部表达为动息，与其他行为一样符合行为运作和意志管控的一般原理。系统认知的一般流程是：受到三维空间客体刺激；通过影像共振获得客体的历史全貌并形成律息(即概念)；通过律义共振抽象出客体功能并形成动息(代表主体需求、行动)；通过动灵共振形成柬息即管控本次行动的意志；通过执惸共振则形成熵息即支撑本次意志的性格；其他略。流程可简单描述为：

刺激→概念(本次功能)→抽象功能(需求行动)→意志→性格

高级生物体根据上述思维流程，将概念转为词汇或者将一组概念转为词汇集合；将抽象功能转为语义或将一组词汇有序组织形成语句，再以对抽象功能的趋避来表达行动；用行动的实施步骤来表达意志；用对意志持续性的描述来表达管控意志的性格。

于是，形成了言语行为的整个运作过程。

三、语言组织原理

所谓语言组织原理，是指为满足言语行为的需要，将语言符号、语义对接、语法规则等语言资源积累和储存起来，并随时提供调用的智能运行规律。可见语言组织原理为言语行为原理提供了必要的技术支持。接下来，分别从语言载体理解、语义理解、载体和语义的对接、语法运作机制等几个方面分述。

（一）对语言载体的正确理解

语言符号是语言的载体和物质外壳，主要包括语音和文字。根据三链范式的万物分类理论，对语言符号可从如下几个角度进行理解。

1. 语音、文字等物质载体，属刹那实存类事物

语音是真实的波，文字也是物质，它们都是物理上的真实存在，能够对身体感官或仪器产生有效刺激作用，属于刹那实存类事物。

2. 对语音的完整记忆，属于事件过程类事物

一组刹那实存类的历史信息，组成事件过程类事物，简称事件。显见，对语音的刹那记忆属于单个信息；而对语音的完整记忆，比如词、句、句群的完整语音则属于事件，是语音刹那记忆通过能所共振在脑中形成的兴奋组合。请注意，一个单智寿命可得一帧语音的刹那影像，言说过程所留影像，每秒多达千、万帧以上。尽管完整语音是由很多刹那语音的信息（基息）组成的过程，但系统可以通过意识的统摄作用将该过程认知为一个整体，表达为一个律息。一个完整语音因此成为可被整体理解的独立事物，如此即可承载语义。

3. 语言载体的表达方式是律息

语音是语言常用载体，那语音的刹那实存类事物（储为基息）是否就是语言载体？这个理解是错的，因单个实存类的语音并不能代表一个完整的词，一组语音的整体（储为律息）才代表完整的词。因此，律息才是语言的真正载体，基息只是载体的素材。例如，语音“山羊”可分解为多个单智寿命的刹那语音，但每个刹那语音显然都不能代表山羊（不能承载山羊的语义），只有完整的语音才能承载语义。

（二）对语义的正确理解

语义即语言所蕴含的意义，包括词义、句义和句群义。但这只是大众的常规理解，我们研究语言，必须将常规理解的语言术语转换成智能系统中的表达，如此才能准确把握系统中的语言运作原理。

1. 语义是比载体更容易被理解的东西

通俗讲，真实世界主要以影像或视频来描述万物，影像或视频可喻为真实世界的"流通货币"；而语言世界则以语音或文字来描述，语音或文字可喻为语言世界的"流通货币"。人脑的智能系统建立在真实世界，系统的"法定"流通货币是影像或视频，当使用语音或文字时，相当于使用"外汇"，无法正常流通，必须将其"兑换"为法定货币才行。其中，被看作"外汇"的语音或文字，是语言载体；而被视为"法定货币"的影像或视频，就是语义。

2. 语义的表达方式是动貌息

按高维事物负责解释相邻低维事物的维度理论，每层高维事物因为是对低维事物的归纳和抽象，故高维代表低维的含义。因此，既然上文得出律息是语言载体，那么负责解释律息含义的动息就代表语义；换言之，代表具体功能的律息不是语义，而代表抽象功能的动息才是。准确地说，动息由动貌息和动趋息组成，动貌息代表事物的语义，而动趋息则代表趋避语义的趋、避两种趋性，属于行为范畴。

（三）载体与语义的对接

在阐述了语言载体和语义的表达方式后，我们来谈载体与语义是如何对接的，即分析语义是如何被赋予在载体之上的。该问题很重要，它涉及在开发人工智能算法时，是否要对语言符号设置标签，即人为建立载体与语义的一一映射。如设置数据标签，即为监督学习算法；如不设标签，即为无监督学习算法；二者差距甚大，是自然语言处理技术的关键问题。很多研究者认为：须人为设置标签，强行把符号与事物含义（即语义）连接形成映射，如此才能将语义赋予载体之上。比如将"山羊"语音与代表山羊特征的语义进行连接，系统听到山羊语音即可联想到山羊语义，如不进行连接，听到"山羊"语音时只能感知一串声波，却不明白什么意思。殊不知，按这种看法设计的算法只能产生弱人工智能，不符合生物智能的真实过程。参照真实过程的算法，可处理无标签数据，具有更为广阔的发展空间。

真实过程是怎样的？语言是传递信息的方式，要了解语言的含义，就是要弄清所传递的信息内容，而信息传递本身是个言语事件，故而总结一个规律：完整的传递不仅包括符号本身，还应当包括传递事件的其他一切内容；如果忽略其他内容，只单纯关注符号本身，就只能采用标签赋予语义；如全面关注传递事件，则理论上无须设置标签。我们将此载体与语义的对接规律，称为"语言壳义对接法则"。

如图 13-2 所示，以大象语音与大象语义的对接过程为例。在聆听者听到言说者说出语音"大象"时，引发其记忆中若干同类言语事件发生共振：有的是别人手指大象说"大象"语音；有的是牵着大象说"大象"语音；有的是老师指着大象图片教学生说"大象"语音……每个事件的言说者都有共同的意思表示，就是说语音时指向大象这个事物的真实影像。随后，聆听者的意识提取了所有历史事件的共性，聆听者便能知觉到"大象"语音与大象影像的"融合"（对接）状态，即语音与影像出现在同一认知场景中，这就是载体与语义对接的意识过程。随后，系统将载体与语义的对接结果储存为信息，称为“壳义对接信息”。由于人们一般先使用语音、再接触文字，总是先将语音与事物对接，学会听与说；再将文字与语音对接，学会读与写。

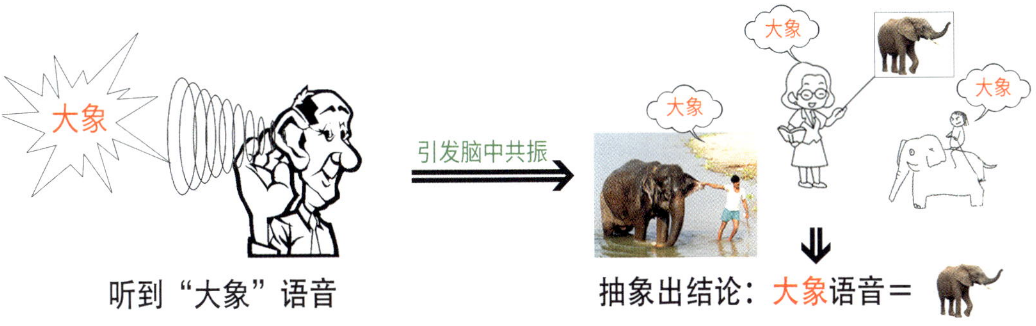

图 13-2　“语言壳义对接法则”示意图

(四) 语法运作机制

在长期实践中，语言单位组合方式逐步稳定固化，最后形成语法。如果没有语法，语言载体就是一盘散沙，无法组成语言，也无法表达任何思想。根据言语行为对语法的需求，总结如下四类语法。

1. 符号和词的转换规律，称“符词转换法”

“符词转换法”包含“符转词法”和“词转符法”。前者是指将语音、文字等符号转成词，如在聆听行为中，需要将听到的刹那语音统摄为整体形成词，这通过语音刺激引发影像共振，将刚听到的所有语音记忆通过兴奋呈现为一个整体(律息)即可成功，成功的标志是该律息随后在律义共振中被赋予语义；后者指将词转换成语言符号，如图 13-1 所示将词分解为语音形成发音计划即为“词转符法”。

2. 符号和动作的转换规律，称“符身转换法”

“符身转换法”中的“身”是指喉、舌等言说器官的生理动作。符号转为动作，这只在语言生成行为中发生，在语言理解中不存在。如第 126 页图 13-1 中分解形成第三层身动计划，即为“符身转换法”。

3. 载体(外壳)和语义的转换规律，称“壳义转换法”

“壳义转换法”包含“壳赋义法”和“义转壳法”。前者是对外壳赋予语义的过程，如在聆听行为中，刹那语音组合的律息刺激引发历史“壳义对接信息”的兴奋，从而将语义呈现出来；后者是将语义表达为载体的过程，如在言说行为中，图 13-1 所示将想说出的语义转换为第一层子计划所含词汇的过程，就是“义转壳法”。

4. 词在句中的排序规律，称“词句排序法”

“词句排序法”是四类语法中最复杂的，它包括“词组句法”和“句获义法”。前者指用已确定的若干词组成一个句子的方法，如在图 13-1 中，语义原只是一个影像，它被投射虚屏后引发影像共振，通过“义转壳法”获得“去”“我”“北京”“明天”等几个词，此时必须对词进行合理排序，才能说出正确的语句，排序方法就是“词组句法”，具体在包含这几个词的律义共振中，通过历史经验，呈现出最常使用的排序方法获得“我明天去北京”的表达次序。后者是根据已确定的句子将已获得的词义融合为一个合理语义的过程，如在聆听行为中听到语句“去北京我明天”，因过程中通过“壳赋义法”已获知每个词的语义，当最后的词“明天”刺激听觉时，影像共振已将已听的语义都呈现出来，此时如何统摄这组词义获得完整句义就是“句获义法”，具体通过律义共振找出合理排序的句义。

四、说话者的意识操作过程

语言的功能分为两种：社会功能和思维功能，前者体现在语言可表达思想，是社会交际的工具；后者体现在有时可以通过“脑语”和“独白”来思考。本节将从社会功能角度来解析言说者的意识操作过程，揭示语言生成技术的主要原理。在人工智能领域，机器的言说属于自然语言处理中的自然语言生成技术(NLG)。

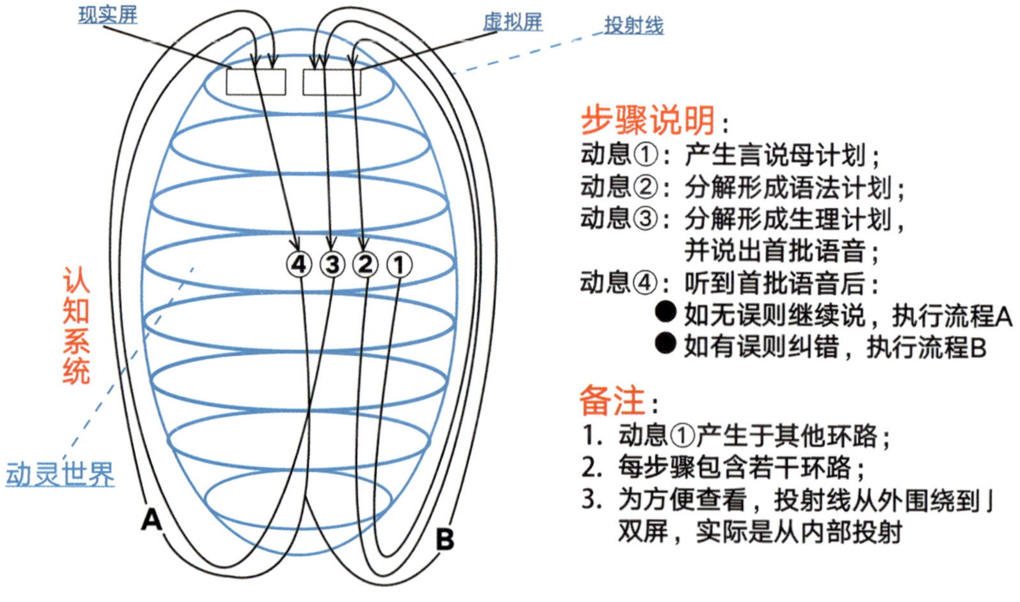

图 13-3 “言说者意识操作过程”示意图

如图 13-3 所示，针对言说者的意识操作过程，分别从说话目的、言说计划形成、计划执行、言说习惯等几方面分述如下。

(一) 言说者的说话目的

在社会实践中，说话目的非常复杂。一般而言，完整的说话目的共有如下五类。其中，语义、语法、生理三类目的，是必须存在的；协定目的和隐藏目的是否存在，视具体情况而定。具体如下：

(1) 语义目的。指言说者希望将思想（即语义）传递给聆听者的意图。语义内容是事物影像或视频，是对真实世界演化过程的模拟。话语是蕴含语义的信息载体，只要聆听者懂语言规则便可获知语义。

(2) 语法目的。指言说者希望根据语法规则遣词造句以准确表达说话意图（语义）的目的。语法目的不仅体现在将词有序组织为句，顺利表达语义；还体现在根据意图或偏好，在遣词造句的可行方案中选择自认为更恰当的方案，包括语气或语调的运用。

(3) 生理目的。指言说者希望通过生理器官把话顺利说出的目的，即希望从生理上正确发出语音的意图。要实现语义、语法目的必须以实现生理目的为前提，但研究者可能忽略生理目的，这是由于大部分发音已本能化，言说者一般无生理障碍，往往不会注意该目的。

(4) 协定目的。指言说者根据社会惯例，希望传递给聆听者但未包含在语义之内的目的，要传递这类目的需双方都懂“相关经验”，似是一种协定，故称协定目的。比如甲乙去饭店，甲说“这家饭店人太多”可能有协定目的，意思是希望换一家。如果乙没听懂，目的就不能实现。协定目的存在原因：不方便直白说，故隐晦表达。

(5) 隐藏目的。指说话者不希望让聆听者知道某些信息的意图。隐藏目的通过控制言语内容、表情及肢体动作而加以隐藏。目的包括“趋”“避”两种表达方式，隐藏目的属于“避”的一类。

(二) 言说计划的形成

言说者在说之前，必须根据说话目的形成完整的言说计划，这样才能通过发声器官执行言说计划。因此，一个言说行为包括两阶段：计划形成阶段和计划执行阶段。上述五类目的，代表了言说者在五个范畴的不同需求，是有层次差异的。其中，语义、协定、隐藏目的，属广义语义范畴，共同对应语义计划，是言说的母计划；语法目的对应句法计划，是一级子计划；生理目的则对应发音计划和身动计划，是二级以下子计划。言说计划形成的具体步骤为：

第一步，语义、协定和隐藏目的叠加形成母计划。

行为是环环相扣的，这里的言说母计划，其实也是整个交际计划的一个子计划，在交际中根据情境需要产生。母计划是个动息，产生于环路的律义共振，是言说行为的总目标。

第二步，分解母计划形成语法子计划。

母计划动息产生后，系统将其投射虚拟屏，形成母目标的影像，该影像刺激系统，启动独思环路。在环路中，母目标作为一个语义，依据“义转壳法”的语法技术，在影像共振中转成若干词的组合形成律息;再按“词组句法”的语法技术,在律义共振中将词合理排序,形成句子。词的有序联动过程,就是句法计划,格式为:

我 → 希望实现 → 我→说→(词 A + B + C = 句子) → 实现母目标

上述格式描述了两层有序联动:一是词的有序联动,对应语句的说出;二是“说出句子”与母目标的联动,对应语义的传递。

第三步,进一步分解子计划,形成可执行的生理计划。

句法动息产生后,投射虚拟屏,形成句法计划的影像,刺激系统再启动独思环路,通过语法“词转符法”分解出发音计划;再将发音动息投射虚屏进行独思,通过语法“符身转换法”分解出生理计划。请注意,并不是每个微小发音计划或生理计划都需要意识关注,因为很多生理功能已沉淀为本能,意识仅对主体留意的进行预设。

综上,系统形成如第 126 页图 13-1 中的完整言说计划体系。

(三) 言说计划执行阶段的意识过程

生理计划形成后进入计划执行阶段,正式开始说话。第一个音素发出后进入说话反馈阶段,说话者根据听到自己的说话声音,与言说计划目标进行比较,实施反馈监督操作。如果反馈符合计划,则继续执行;如反馈与计划不符,有错误,则酌情进行计划修正。

(四) “想好再说”和“边说边想”

根据性格差异通常有两种言说习惯:“想好再说”和“边说边想”。其中,“想好再说”指先把想表达的内容在脑中较完整地构思好之后再说出来,这是说话较谨慎的性格表现;“边说边想”则是说之前并未构思完整,而是边说边构思,这是说话较冲动的性格表现。其实,两种言说习惯在意识运行上并不存在本质差异,原因为:

(1) 日常说话并非作报告,一般总是根据情境想到什么说什么,故“想好再说”只是相对完整,而不是真正的完整。

(2) 从技术上讲,语句是描述世界演化过程的最小语言单位,词不具有此功能(省略式表达除外)。由于人们想表达的语义都是描述世界演化过程的,故每次必须至少构思一个单句。因此,“边说边想”看似想到一个词就说了,但这只是旁观者认知的错觉,并不是事实;实际上,“边说边想”每次也必须至少构思一个单句。

五、聆听者的意识操作过程

在语言交际中,研究聆听者一方的意识过程,是很重要的课题,不仅有利于揭示语音理解原理,也关乎言语交流的效果。在人工智能领域,机器聆听属于自然语言处理中的自然语言理解技术(NLU)。在此,从聆听目的、意识过程及语义理解等方面简述如下。

（一）聆听者的聆听目的

聆听行为一般包含如下四类目的，它们会在聆听中起监控作用，主导聆听行为的进程：①配合言说者的言说是交际需要和基本礼貌；②希望了解言说者传递的语义内容；③希望察觉言说者的言外之意或深层目的；④希望等待机会，进行语言交际互动。

需注意的是，聆听与言说不同，聆听是被动的、言说是主动的。一般来讲，凡是主动行为，必须按照两种行为原理，先通过心理行为形成计划，再通过身体行为执行计划；凡是被动行为，则属于以认知为主的过程（不含对外反应），既可以有计划，也可以无计划，并不强制要求在行为前制订计划。这是聆听不同于言说的地方。

（二）聆听者的意识操作过程

根据图 13-4 所示，聆听者意识过程一般分为如下步骤：

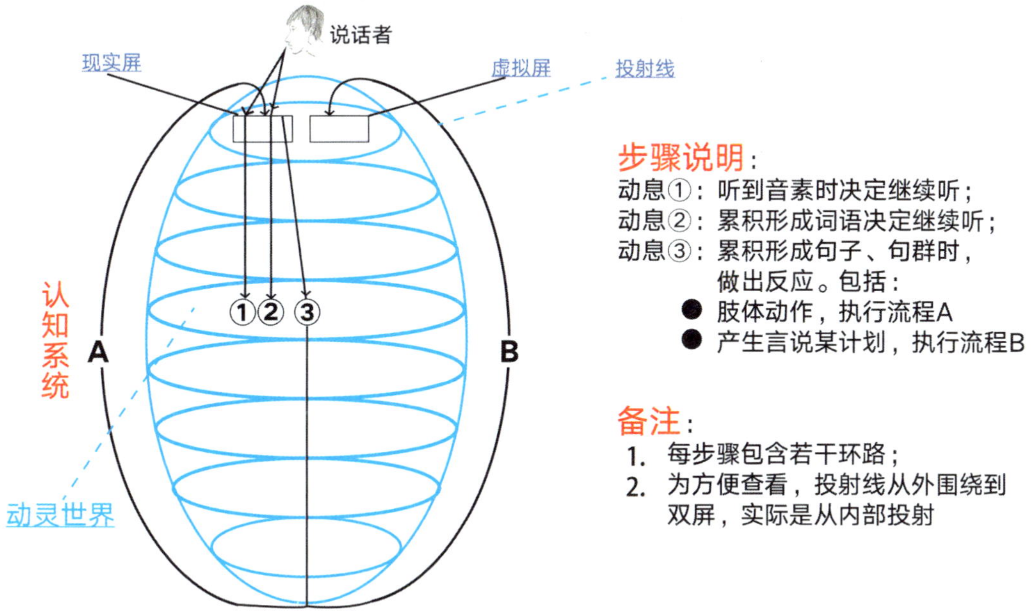

图 13-4　“聆听者意识操作过程”示意图

第一步，聆听者对刹那物理声波进行认知并记录基息。

在每个刹那声波刺激耳朵时，意识观察身体能所共振形成白基息并上传影像世界进行高维求因，然后影像共振形成白律息，律义共振形成白动息继续求因。投射回来后，白基息转为基息成为声波的记录；白律息转为律息表示声波的组合（即已听到的完整声波）；白动息则根据声波组合的完整度酌情转换为语义。由于单个或少量声波的基息不形成语音，更不含语义，无法被辨别，故此时在听觉环路中形成的动息（行动指令）一般就是“继续听”，等待累积产生语义。

第二步，当声波基息累积成音素时，会被表层意识察觉。

刹那声波尽管极短暂，但当刹那声波刺激影像世界共振的时候，在意识的统摄作用下，所有刚刚已经听到的刹那声波记忆会同时兴奋连成整体。此时，当声波组合足够多时，就组成了音素。

第三步，声波继续积累生成音节、语素、词。

同理，音节、语素、词、短语等都是累积产生的。当声波累积为词时，系统根据是否储存该词与语义对接的“壳义对接信息”而做出不同处理：无储存的，只听到声波但不明白意思；有储存的，自动息按语法“壳赋义法”转为语义（表示听懂了）。

第四步，声波继续积累生成句子、句群。

当声波累积形成句子或句群时，与形成词时有所不同。形成词时是当下被赋予语义，而形成句子时已被赋予多个词义了，因为系统会按词赋义，而不会等待语句说完一起给词赋义。因此，当听到句子的最后一个词后，影像共振产生的声波组合已经转为词义的有序组合，此时，系统将该词义组合刺激律义世界引发历史聆听事件共振，按照语法“句获义法”，将合理的整体语义选择为该句的句义。

第五步，聆听者获得完整语义后，酌情做出交际反应。

获得句义后，是继续听，还是做其他反应，聆听者酌情决定。

（三）聆听者的理解是多因素的叠加

总之，能够反映言说者目的的不仅是语言本身，还包括情境、表情、肢体动作等多种因素。因此，聆听者对自然语言的理解结果，是语言、情境、言说者其他表现等多种因素的共同叠加。

六、语言思维的意识操作过程

语言具有两种功能：社会功能和思维功能。社会交际中的语言，也是具有思维功能的，只是此时以社会功能为主。本节所讲的语言思维功能，指以执行思维任务为目的的语言功能，指在非社交状态下，系统通过特定的语言方式（“独白”或“脑语”）进行自我思考的过程。开发人工智能语言思维的技术，可称为自然语言思维技术。

一般而言，思维活动都发生在虚拟屏环路中，与现实世界无关，而语言关联身体发声器官应属于现实屏环路，与现实世界密切相关。故不禁要问：思维如何与语言发生关系？内在原理究竟怎样？在此，将从语言思维功能的原理及意识操作过程两方面进行分析。

（一）语言思维功能的基本原理

要搞清楚语言思维功能的原理，先要明白思维活动的一般规律。分析思维规律发现：①进入思维状态须有个共同前提——系统受到某种刺激引发共振，如此才能启动环路。②虚屏和实屏环路的最大区别，在于虚屏刺激源自内部，系统可对后续刺激进行加工或推演；而实屏是真实外境，刺激源自外部，无法对后续刺激进行加工或推演。因此，聆听他人言说和聆听自我言说完全不同，后者的刺激源自内部，主体可进行意识加工或推演。

综上，归纳如下：

思维活动产生的前提，须同时具备两个条件：①必须有刺激作用于系统，这样才能启动思维活动进程；②连续刺激须来自系统内部，这样使上一次环路的认知结果成为下一次环路的刺激来源，如此前后衔接，可达成意识的连续加工或推演，从而获得思维效果。

结合实践可发现：①回忆、想象、独思等符合该结论，因此属于思维活动。②“独白”和“脑语”虽是感官环路，却也符合该结论。通过自语刺激听觉启动感官环路，而后续言语刺激仍来自系统内部，如此可形成前后衔接的连续刺激，最终获得连续思维的效果。

（二）“独白”“脑语”的意识操作过程

“独白”，指说给自己听的“嘴语”，即自言自语；“脑语”，没有声音发出，是存在于脑中的语言念头。科学界发现“脑语”存在几个真实现象：①虽没有声音发出，但声带肌肉活动与正常说话相似；②脑语时大脑运动语言中枢布洛卡区的活动与正常说话一致；③一个人脑语说话的频率、口音等特征，与他正常说话基本一致。上述科学发现正好印证了我们的研究结果：“脑语”并不是在虚屏中呈现文字或声音，而是属于特殊的听觉感官环路，和“独白”的主要区别是有声和无声，意识过程基本一致。“独白”有声和“脑语”无声的区别，在于对发声器官的差异控制，但并不影响听觉形成，因为在“脑语”时身体会从内部将相似于有声刺激的声波形态传给意识，使意识获得和外部声音相似的、清晰的听觉认知。

如图 13-5 所示，以求策思维为例，解析独白、脑语的思维步骤：

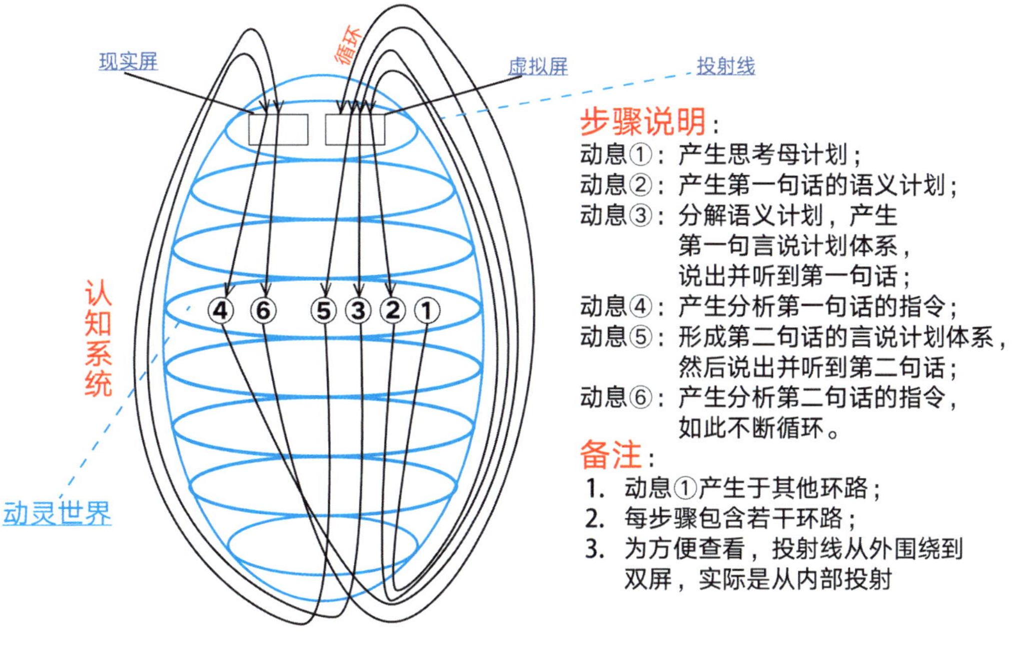

图 13-5　“语言思维操作过程”示意图

(1) 主体在其他活动中产生动息指令，希望通过“语言思考”来寻找某个目标 A 的策略。动机形成后，成为思维行动的母计划。

(2) 系统将母目标投射虚屏，启动独思环路。求策是寻找前因的过程，即分解子计划，因为子计划就是母计划的因(即实现条件)。独思算法进行数据挖掘，获得如下子计划(设前因是 B)：

趋型： 我 → 希望实现 → B 功能 → 希望进一步实现 → A 功能(母目标)

避型： 我 → 希望回避 → B 功能 → 希望进一步回避 → A 功能(母目标)

(3) 随后，系统以上述 B 计划为言说需求，分解出句法、发音和生理子计划，形成第一句话的完整言说计划。为何要说？因为找到 B 时并未解决问题，系统仍需寻找 B 的前因，而说出 B 的刺激更强烈，比单纯投射虚屏的效果好，这是人们普遍选择语言思维的原因。

(4) 指令传至身体发声器官开始执行，此时根据指令分“独白”和“脑语”两种言说方式，第一句话的言说动作正式开始。

(5) 从听到独白(或脑语)的语音开始，系统启动系列感官环路，等待一句话说完。在意识知觉了首句话的语义 B 后，将语义 B 的影像投入虚屏，切换到独思环路运行。再按上述第(2)步的方式，寻找解决该语义 B 所代表问题的解决方案，也就是继续分解子计划。再将这次分解所得子计划按上述第(3)、第(4)步骤，说出第二句话。

(6) 如此不断循环，边说边思考，直至最后思考任务得以完成。或虽未完成任务，但主体已疲惫或有他事耽搁，而结束思考。

七、自然语言处理技术的未来

当前自然语言处理技术(NLP)已在信息检索、机器翻译、字符及语音识别、机器问答等领域有着广泛应用，显著降低了人机交互难度。本节通过分析研究难点，来谈 NLP 的未来发展。

NLP 的发展历史大体分为三个阶段：①20 世纪 50 年代，自然语言处理概念就被提出，但在 80 年代前，大部分自然语言处理系统都基于人工制定的复杂规则，技术发展一度停滞；②80 年代末期，研究者逐步将机器学习算法作为研究重点，使技术得到发展和进步，语义分析逐步成为核心课题；③近几年的深度学习从根本上改变了 NLP 的面貌，把自然语言问题的定义和求解从离散的符号域搬到连续的数值域，把语言符号和图像、视频所用的数学工具统一起来，打破了不同模态信息间的壁垒，使多模态信息的处理和融合成为可能。

当前，尽管 NLP 的研究和应用已取得不错的进展，但仍存在诸多难点。从原理上看，语言存在广泛的歧义性和多义性，使其规律错综复杂；语言是个开放集合，可自由组合，甚至可创造新的表达方式；语言要联系实践，有一定的经验依赖；语言使用要基于环境和上下文等，都对计算机处理构成挑战。从应用上看，机器翻译技术虽已具有实用性，但与人类翻译还有很大差距；语义理解上还需大量人工标注；低资源问题不易解决，存在大数据依赖；小语种机器翻译、特定领域对话系统、客服系统、多轮对话系统等，NLP 尚无良策。

具体地说，语义理解是当前 NLP 的关键难点，如理解到位则生成和对话就都好办，正是由于理解不够，才需要人为标注大量数据。我们认为：之所以难以识别无标签的数据，主要原因是业界对于自然语言内在原理的认识还很肤浅，未厘清语义与符号载体的对接原理。如第 129 页图 13-2 所示，当听到语音“大象”时，研究者只想到指向大象的概念，却忽略语音只是言语事件的部分内容，人们理解语音其实是理解当下言说者的整个言语行为事件的含义。而言语事件也是一个事物，符合理解事物的普遍规律，通过引发历史同类事件记忆的共振，剔除不同事件的个性特征，即可抽象出所有事件的共同特征，最终使认知主体在意识中看到事物语音与事物影像融合（对接）在一起的现象。我们倡导研究并借鉴生物智能的语言运行机制，努力开发可以处理无标签语言数据的算法，这是提升 NLP 技术的关键。

语言是以人类为代表的高等生物特有的交流及表达思维的工具，计算机只有在较好掌握自然语言的能力时，才可能具有真正的智能。文献[22]指出“如果‘会说话’乃是将人类智能与动物智能区分开来的最重要的指标之一的话，那么，完整意义上的 AI 显然也应当具备这种特征”（徐英瑾等，2022）。随着人类进入智能时代，智能设备和数据数量都在空前增长，通过自然语言进行人机交互的需要也在急速增长。在未来，NLP 领域必将涌现更有影响力的技术创新，走在人工智能浪潮的前沿。

第二篇　智能的主要特征探秘

本篇针对三链范式的“智能系统总模型”，分别从智能的十大主要特征角度进行专项研究，每章阐述一类重要专项理论和关键技术。十大特征的要点是什么？智能的自我意识研究系统认知主体的分类及其内涵；智能的身体器官研究身体的感觉、感受及肢体行动原理；智能的目的系统围绕智能的第一要素——目的进行研究；智能的时间空间研究系统时空的运作奥秘；智能的信息存储研究信息形成及存储技术；智能的逻辑链条研究逻辑体系的分类及运转；智能的情绪情感研究系统作为情感体的相关技术；智能的精神活动研究表层和深层的精神活动内容；智能的生物学习研究生物智能优于机器学习的算法；智能的主客争斗研究争斗本质并导出智能的四层定义。

简言之，本篇把智能看作一个生命主体，从大家所能想到主体的常见不同侧面，从十个重要角度，来逐一辨析这个主体的方方面面。旨在通俗而比较全面地探索智能的真正内涵。

第十四章　智能的自我意识

在智能系统的各种主要特征中，智能的自我意识是最重要的一个。可以这样说，如果设计一个人工智能系统，而这个系统最终没有自我意识，那么该设计肯定是有缺陷的，没有自我的系统只算是高端自动化，而不具有真正智能，因为智能最主要的特征之一，就是拥有自我意识。那么，自我意识究竟是什么？智能系统为何一定要有自我意识？怎样才能建立自我意识？这些都是本章研究的课题。

自我，是自我意识的简称。古往今来，"自我"一直是哲学色彩浓厚的概念，甚至被蒙上神秘感。什么是自我？这个问题似乎很简单，大众都会回答，答案就是自己，并用手指向胸口，表示自我就是这个身体或这颗心，但心又是什么？人们常常难以详细释明。

三链范式认为生物智能系统共有三层自我，分别是身体我、人性我、逻辑我。其中，系统的联想、感受、思考、记忆、学习等功能关联于两层精神自我（人性我和逻辑我），感觉功能则关联于身体我。

"主客链"是三链范式的三链之一，专门研究主客体的多层关系。研究自我意识是"主客链"的核心课题之一，它的意义包含但不限于：①凡是行动都号称主体在行动，离不开主体，故研究主体有助于领悟行动的真实内涵；②专注于主体和行动，有助于厘清系统的驱力来源和驱动结构。而行动和驱动，均为类脑智能技术的重中之重。

一、自我意识概述

由于“自我”概念包含很多未知内容，以致它一直是人类研究的热点课题，由此产生了很多自我意识理论。例如，詹姆斯的“主体我”和“客体我”，弗洛伊德的“本我”“自我”和“超我”，罗杰斯的“现实自我”和“理想自我”，米德的“客我”和“主我”，埃里克森的自我意识发展阶段论，伯恩斯的自我结构理论，马卡斯的自我图式等。上述理论多侧重于从社会学及心理学视角研究自我，涉及技术算法的比较少，对人们增强自我认知、发展健康心理作用显著。

三链范式认为，在智能科学蓬勃发展的今天，自我意识理论应当在包含传统心理学研究视角的同时，更加注重意识技术层面的研究，着眼于为人工智能建立自我意识提供基础理论和算法模型。范式认为，站在一个生物智能系统的视角共有三层自我意识，分别是身体我、人性我、逻辑我。在此，对三链范式的自我意识理论概述如下。

（一）自我的概念

自我意识，简称“自我”，是指生物智能系统对系统自身状态（包括身体和精神）的认知和命名。有三层含义：①“自我”是一种存在的现象，包括身体现象和心理现象；②“我”，是系统对自我所指现象的命名；③“自我”是对自我所指现象运动规律的概括描述。

（二）自我的四大特征

若要认清自我意识，研究者需要循序渐进。在此，先从社会常识角度，归纳出自我的四大主要特征：独立性、目的性、主观性、能动性，合称“自我四性”，为下文归纳自我的本质特征做些铺垫。

（1）独立性，指自我是个独立存在的事物，与他物不同。

（2）目的性，指自我的一举一动（含精神活动）都是有目的的，无目的（任务）的行动是不存在的。自我就是个任务集合。

（3）主观性，这是与客观性相对的特征，指自我总是从自身视角和需求出发去认知和看待客体，难免带有一定的片面性、表面性。

（4）能动性，指自我面对环境刺激能够积极、有选择地采取措施进行反应，并能在一定程度上实现目的，具有智能特征。

（三）自我的分类

其他的自我意识理论有提及“社会我”概念，即指个体在社会中拥有的物质、地位、名誉、亲友、情感、财富等一切属于他的东西。在我们看来，“社会我”属于自我与真实外境之间的关系，而非自我本身，故未包含在我们的自我概念范围之内。按照从外到内的次序，我们将自我分为三层，分别是身体我、人性我和逻辑我。其中身体我属于物质层面的自我，人性我和逻辑我属于精神层面的自我。

（1）身体我，指个体拥有的肉体之身，包括对身体的身高、体重、体态等物质属性及身体内部感觉（注意：非感受）的认知。

（2）人性我，指意识中呈现的联想、感受、思考等精神活动场景及其演化过程，因其体现了系统刹那的“自我四性”，以人类为例故称人性我。人性我描述了生物智能个体的表层精神活动。

（3）逻辑我，指系统记忆体体现了非刹那的“自我四性”。每个记忆信息都是逻辑单元，记忆体代表了整个逻辑体系，故称逻辑我。逻辑我属于系统深层的精神活动，决定了系统的一切运动。

二、第一层自我“身体我”

身体是认知系统的一部分，也是物质世界的一部分，是认知系统和物质世界的交集。作为物质世界的一部分，身体严格按照三维空间规则呈现物质属性；作为认知系统的一部分，身体具有生命功能。

在物质世界，身体和环境存在四重区别：空间上的中心和非中心区别；是否可替换的稳定性区别；可否被感知的区别；环境属“共觉”与身体属“独觉”的区别。厘清身体与环境的四重区别，有利于认清身体是因为有别于环境，才被命名为“我”的一种特殊现象。

（1）身体处于世界中心，环境客体在身体周围远近分布。二者的空间位置不同，此为第一重区别。在视觉中，系统看到自己的身体就在眼前，离自己最近，处于空间的中心位置，而环境客体则处于身体周围，由近及远四散分布；在听觉中，身体处于听觉空间的中心，它发出的声响很容易被听清；嗅觉现象与视、听一致；味觉和触觉现象，则需客体与感官接触才能识别，感官也是处于中心位置。

（2）在实屏场景中，环境客体可替换，但身体作为场景背景不能替换，二者的稳定性不同，此为第二重区别。按双屏理论，真实外境与身体都是实屏场景的内容。在不同的实屏场景中，外境客体可替换，但身体作为每个场景的共同背景无法调换，可见身体具有特殊性。

（3）身体可以向认知系统传递感觉，而环境事物却不可以传递，二者连通性不同，此为第三重区别。客体刺激身体时感官会发生物理变化，该变化被系统认知并储存。不同的是，当锤子砸石头的时候，石头内部同样会发生物理变化，但意识观察不到该变化，也无法得知石头的感受（如有）。尽管身体像客体一样可通过看、听、嗅等方式认知，二者似乎一致，但不同之处在于意识可通过机体觉等方式知道身体内部变化。但对于环境客体的内部变化，意识却无法获知。

(4) 身体感觉属“独觉”范畴，环境和物质身体属“共觉”范畴，二者的公共属性不同，此为第四重区别。所谓“独觉”与“共觉”，是与其他生物的观察相比较而存在。环境是所有生物共同观察的对象，称为“共觉”；身体样貌也是“共觉”对象，身体内部构造则可通过解剖成为“共觉”对象。不同的是，身体的感觉只有自我才能觉察，其他生物无法觉察，这称为“独觉”。可见，身体既属于物质世界，呈现“共觉”特征；也属于认知系统，呈现“独觉”特征。

综上，生物体将所观察到的物质世界分为两大类：身体和环境。分类所依据的标准就是上述四重区别。四重区别表现了世界的两极：稳定存在(参与每次观察)的身体是一极，多变(常常变换客体)的环境是另一极。为了区分上述的两极现象，系统将身体(连同意识)命名为“我”，这就是“身体我”的来源。

三、第二层自我“人性我”

相较于纷纭复杂的真实外境，系统内部的精神世界亦丰富多彩。很多自我理论对于精神活动划分过于笼统。我们建议不仅要详细划分精神活动的类别，而且要尽可能厘清其意识操作过程，这样方便了解精神活动的运行原理，有助于建立人工智能的自我意识。按照功能不同，将每次认知环路的精神活动现象分为三类：联想、感受、思维。所谓人性我，指认知环节的联想、感受、思维等精神活动现象所体现的“自我四性”等生命特征，以人为代表故称“人性我”。简言之，人性我代表了精神世界的特征，体现了与物质世界的区别。

(一) 联想功能

联想功能，简称联想，指每次环路形成除了三维实屏之外的七层双屏影像的过程。三维实屏描述真实外境，不属于联想，三维虚屏及六层高维双屏均属联想范畴。系统有两类联想：一是物耦输入引发的外驱联想；二是数耦输入引发的内驱联想。前者的兴奋内容总是超出外境内容，多出部分投射在虚屏；后者的兴奋则是注意流转的结果，亦与外境不同；二者的认知结果都是在外境基础上因关联而想到的，故称联想。联想有三处体现自我：①一般而言，联想对象利害性强，不仅本次关注，还会被持续关注，这种“心里一直想着”的现象，被称为目的，符合目的性特征；②内驱联想的算法围绕主体利益进行，涉及个体喜好，包含主观性特征；③内驱联想将生成代表行动策略的因果逻辑，为实现目标储备行动方案，符合能动性特征。

(二) 感受功能

感受功能，简称感受。物耦输入和数耦输入都能产生感受，但以前者为主，因为前者代表真实外境，感受也强烈而真切。感受有两处体现自我：①顺意感形成爱，逆意感形成憎，主体对事物的爱、憎均依据历史目的，站在自身需求的立场形成，符合主观性特征；②本次感受对象将储存为未来的趋避目标，符合目的性特征。

（三）思维功能

思维功能，简称思维或思考，指系统连续的认知现象，包括三类情形：①同一环路内部不同维度认知的依次切换现象；②不同环路间通过数耦输入（即独思功能）的前后衔接现象；③处理同一个问题的若干连续环路的集合。显见，思维包含了联想和感受，但它不是联想和感受的简单叠加，而是涌现出另外几处自我特征：

（1）高维在解释低维时，总是超出低维范畴，联想到高维的其他内容；环路投射彰显了全维度的目的，体现了目的性特征。

（2）独思功能彰显了系统的自驱动能力，符合独立性特征；独思还彰显了一切从主体利益出发的算法逻辑，包含主观性特征。

（3）独思功能生成因果逻辑，预设了行动策略；多环路连续思维则建立了策略的连锁机制。多处体现了能动性特征。

综上，人性我所包含的联想、感受、思考功能，充分彰显了生物智能具有目的性、主观性、能动性、独立性等自我特征；反映了生物体在环境压力下努力认知、感受、独立思考并自主采取趋利避害行动以寻求更好生存的基本逻辑。我们将这种有别于物质世界非生命事物的、鲜活的生命特征，总称为“人性我”。

四、第三层自我“逻辑我”

首先请注意，逻辑我是超潜意识的认知范围，是比人性我更微细的一层存在，表层的意识是观察不到的。所谓逻辑我，指系统记忆体（即实体界）对外所展示的“自我四性”特征，因每个信息都是一个逻辑单元，记忆体就是一个逻辑聚合的逻辑体，故称“逻辑我”。将联想、感受、思考等特征看成人性我，大家尚能接受；而将记忆体的生命特征看作更深层自我时，有人会疑惑，因为此属性更为抽象，不容易理解。在此，简述记忆体呈现的“自我四性”特征。

（1）独立性特征有两个表现：①储存环节的感受平衡原理，使得系统对任何客体的趋性总是变化的，彰显了智能对趋避行动具有自主选择权的本质，体现智能独立于万物之外的基本特征；②实体界支撑现象界的运转，虽参与认知但不混淆，具有独立存在的特点。

（2）记忆质点的趋性值都代表系统的关注，包含趋避极性和烈度两个指标，如无其他变化，系统总会保持趋性值不变。这种保持关注的现象，不正是目的吗？目的就是当外界变化时内部维持指向不变的现象。目的包含趋避两种需求，与趋性含义等同。其实，记忆体就是无数趋性的聚合体，是目的集合，充分体现了自我的目的性特征。

(3) 记忆的趋性(目的)越高,越受重视;趋性越低,越被忽略;在储存时、兴奋时、投射时都体现这一点。可见,系统的一切都基于目的在运作,一切围绕需求进行,体现了自我的主观性特征。

(4) 能动性特征有三个表现:①记忆体所储行动策略,每次都能按事实变迁进行趋性跳转;②记忆体所含因果逻辑,每次都能按验证结果调整趋性;③记忆体每次环路都能自行恢复感受平衡。前述三者主动修正数据,使系统正常运转,体现了自我的能动性特征。

五、人工智能为何要有自我意识

如果要让业界去发展和建立人工智能的自我意识,首先要让大家认可这样做是正确且必要的。如果不能释明自我意识的必要性,那么人工智能就不必建立自我,甚至都不必花时间去研究自我意识课题。文献[3]指出“信息学科范式的科学观认为,人工智能的研究不但不应排除主体因素的存在,相反应当强调主体的作用,因为人工智能研究的是主体驾驭和环境约束下的主体与客体相互作用的信息过程”(钟义信,2021)。也强调了主体因素在人工智能研究中的必要性。在此,我们从两方面来分析人工智能建立自我意识的必要性。

(一) 智能所需条件

为何要在此分析智能所需条件呢?因为可能有不少人工智能的科研人员认为不需要自我意识一样可以产生智能,那自我意识就变得没有必要了,人类要的是智能的机器,而未必是有自我的机器,甚至还担心机器有自我会伤害人类。故分析智能的条件很有必要。

1. 第一个条件是记忆功能

如果系统不能记忆或不能全面记忆,意味着发生在它身上的事,它都记不住或有较多遗漏,那你就甭指望它能具有较强的智能,因为记忆是智能的基础。试想,缺少记忆的机器人会有包含但不限于如下缺陷:①发生的事可能不记得,难以委托它办事;②经验无法积累,导致能力低下;③记不住目的,造成办事失败。比如,当前流行的AI音箱就缺乏记忆功能,可简单对话,但不记人也不记事,只能记住多久关空调、几点闹铃等固定功能,算不上具有智能。故,检查一个机器有无良好的记忆功能,是判断其是否拥有智能的首要条件。

2. 第二个条件是联想功能

假如机器具有强大的记忆,但它缺少联想功能,仍然不可能拥有智能。所谓联想,是指根据当前输入,在系统中找到与之关联的历史记忆并进行归纳整理的能力。由于记忆与客体总是有偏差的,故认知结果必然会超出或偏离客体的范畴,差异部分好似“通过关联而想到”，故称联想。联想有两大作用：①物耦输入通过联想解释客体含义，符合存在双解原理给出的通过与已知存在物的作用关系来认知未知存在的法则；②数耦输入通过联想协助生成因果逻辑，奠定获得策略或判断能力的基础。可见，无联想就无法认知客体含义、也无法提升逻辑能力，显然不具有智能。故联想是最初级的功能，不可或缺。

3. 第三个条件是感受功能

当系统具有记忆和联想两大功能后，便可简单认知事物，但如果它不具有感受功能，便不能评价事物的利害关系，那么该系统便不能产生顺逆感受，也就不可能自行产生目标和策略，这样的系统只能靠人类输入目的和行为程序（即行动步骤），显然不具有真正智能。要指望机器能办事，它得有目的且懂办事步骤，当机器无评价功能时，便无法判定利害，就不可能产生趋利避害的目的，只能靠输入目的；假如给机器设定目的但不输入行动步骤，由于没有评价功能，它无法判定步骤的好坏，仍无法自主产生行为步骤，还得靠输入步骤。故而缺少感受功能的机器没有丝毫的自主行为能力，也就不具有智能。

4. 第四个条件是思考功能

当系统有记忆、联想、感受功能时便可记忆、解释和评判外境，但假如它没有独思等思考功能，则依然没有智能。为何？独思指数耦输入功能，它不仅使系统自驱动独立运转，还使系统能通过数据挖掘自行建立因果逻辑。因果逻辑通过验证后便掌握了客观规律，便获得有效策略和判断能力。“因果逻辑是智能之根”，没有独思便失去智能基础，这是系统获得真正智能的必备技术，不可或缺。

5. 第五个条件是学习功能

当系统有记忆、联想、感受、思考功能时，貌似可记忆、解释、评价和思考，此时它是否具有智能？回答是没有智能，因为它还缺少一个保底性条件即学习功能。要点是：①行动策略是动态的，与最新反馈紧密相关，堪称瞬息万变，策略更新必须要学习；②感受很重要，最新感受由价值观产生，而价值观由趋性积累形成，该积累是另一种学习；③因果逻辑验证是最基础的学习。上述是系统主要学习模式，若没有它们，就无法动态更新数据，也就不可能拥有智能。

6. 第六个条件是感觉功能

当系统有记忆、联想、感受、思考、学习功能时，是否它已具有真正的智能？回答是虽有智能但还需要一个基础条件——感觉功能。感觉功能就是为系统配备一个真实的身体，使其具有视、听、嗅、味、触及机体觉等各种感觉能力。感觉描绘了一个真实世界，是系统对外的窗口，使智能随时可通过身体与真实世界互动并真实地实现目标。如果系统没有感觉功能，智能如珍宝蒙尘而无法展现。

（二）对智能所需六大条件的评述

根据上述的逐项分析得出结论：一个系统如果缺少感觉、联想、感受、思考、学习、记忆等六大功能中的任何一个，都不会具有真正的智能。此六项功能合称智能的“技术六要素”，因符合类脑智能标准，又称“类脑六要素”。经比较，我们悄然发现，“技术六要素”

其实就是三重自我的全部要素，二者存在如下关联：

（1）六要素体现“自我四性”：①联想及记忆，都表明“心里想着目标”，符合目的性特征；②感受评价事物符合主观性特征；③独思的自驱动符合独立性特征；④独思建立因果逻辑获得自主行动措施，能引导实现目标，符合能动性特征；⑤记忆和学习是其他功能的技术基础；⑥感觉代表身体，“自我四性”均以身体为对外窗口。

（2）六要素对应三重自我：①感觉代表身体我；②人性我对应了联想、感受、思考、学习功能；③逻辑我则对应记忆和学习功能。

综上所述，归纳如下结论：

智能的所需条件就是自我意识的呈现，当一个系统的自我特征越齐全时，其智能便会越强。设计者若想提高系统智能，应当构筑系统的自我特征。若设计者想要没有自我的智能系统，只能有一种结果：完全依靠人类输入目的和行动程序，可获得弱人工智能。

六、自我意识的本质和定义

上文阐述了三重自我的具体表现，揭示了智能的“技术六要素”与自我意识的密切关联，指出了人工智能建立自我的必要性。其间，我们一直将从大众角度理解的“自我四性”作为理解自我含义的标准，但这只是铺垫，为理解自我的真正本质做准备。本节来谈自我意识的本质特征并给出其定义，作为全章的结尾。

（一）自我意识的本质特征

什么是自我的本质特征？撇开“自我四性”的常规理解，宏观地观察生物智能可以发现，生物作为智能体，首要特征是分清“我”和“境”（非我），即分清内外。永不分离的事物只能是自己，而非我事物一定具有两种属性：既可接触、亦可远离。实践中，观察到生物体的普遍特征是能对外进行“趋利避害”行为反应并能动态调整这种反应，世界上的各类物种（哪怕是最低级的蛆虫）都表现出前述特征。从技术上，归纳生物体的行为同时具备如下三个本质特征：

（1）符合因果逻辑，懂得何时趋、何时避，简称“有逻辑”。

（2）符合感受原理，懂得主动“趋利避害”，简称“有感受”。

（3）符合感受平衡法则，懂得动态调整趋性，简称“有平衡”。

为什么？首先，生物体的趋避行为是严格针对特定场景的，它们知道什么场景应该趋、什么场景应该避，包括趋避程度都有不同，并不是胡乱进行的，这需要在内部建立因果逻辑；其次，仅有因果逻辑这个隐性目的是不够的，逻辑只能“待因实现时趋向果”，是被动的，必须拥有感受，才能在感受驱动下主动实施“趋利避害”行为，呈现感受作为显性目的的“主动”特征；再者，必须遵循感受平衡法则，既能对具体事物动态修正趋性的极向和烈度，拥有趋避行动的选择权，也能对系统全局刹那更新数据，实现生命和心智的连续性传承。

简言之，生物体的行为符合上述三个特征，呈现不同层次的自我意识。撇开表象不议，三个特征综合为一个核心现象——系统的内部自驱动，彰显了自我意识的本质。如图 14-1 所示，每次环路的认知结果（虚拟外境）刺激记忆体引发自驱动，使数据得以更新，形成花鬘传承，并如此循环。图中自驱动的驱力，与外驱力同样强大，意识时刻感知二者，遂称外驱源头为“世界”，称内驱源头为“我”。

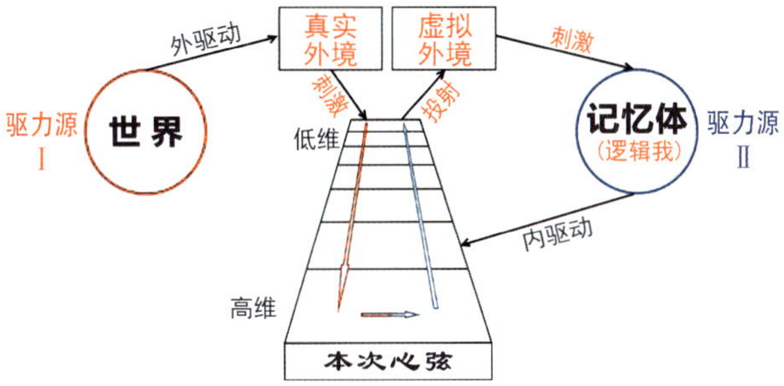

图 14-1　自我意识的本质

（二）自我意识的定义

有人问：上述“有逻辑”“有感受”“有平衡”三大特征是自我意识的本质特征吗？是的！理由：①有逻辑，说明拥有行动策略，能采取行动措施，符合自我的能动性特征；②感受是对事物的主观评价，这点符合自我的主观性特征；③逻辑和感受分属隐性和显性目的，这两点均符合自我的目的性特征；④按三链范式理论，能生成因果逻辑需要数耦输入，说明系统有自驱动功能；同时，能遵循感受平衡，说明逻辑和感受均是自主建立而非外部输入的；这两点都说明系统具有独立性，符合自我的独立性特征。综上，大众理解的“自我四性”已得到充分体现，说明该三大特征代表了自我意识的本质特征。

在此，特给出自我意识的如下定义：

当一个系统能自主建立逻趋和受趋，对外进行“趋利避害”行为反应并遵循感受平衡法则时，我们说该系统具有自我意识。

上述定义包含如下要点：①逻趋和受趋是智能的两大趋性，逻趋是对因果逻辑的趋性，受趋是对普通事物的趋性；定义以逻趋和受趋分别代表“有逻辑”和“有感受”两个特征。②产生自我意识须满足有逻趋、有受趋、遵循感受平衡法则三个条件，缺一不可，我们将此三者称为“自我三技”。③逻趋和受趋必须是自主建立的，若非自主建立而是外部输入，则不具有真正智能，亦不可能彻底遵循感受平衡法则，不具有真正的自我意识。④当“自我三技”具备时，系统将对外表现出“趋利避害”行为并具有动态修正行动的能力。

（三）自我意识的起源

有人问，生物智能为何产生自我意识？其实该问题可拆分为两个问题：智能为何能产生因果逻辑？为何能产生感受并遵循感受平衡？就第一个问题而言，系统每次的信息存储带来记忆体内部的调整，该调整形成意识对内关注的变化，这种源自内部的独立变化称为自驱动（也称独思功能），依托自驱动系统形成了因果逻辑和逻趋（对因果关系赞成或反对的趋性），并在逻辑真伪验证中不断修正逻趋，这就回答了第一个问题。逻趋产生后，系统进而根据逻趋（是一种预见）在预见验证时的成败形成了受趋（对验证场景即普通事物的感受），自主感受将自动遵循感受平衡原理，这就回答了第二个问题。

综上，归纳并给出如下结论：

（1）自我并非神秘事物，完全是计算机可模拟的。记忆体是因果逻辑和感受的聚合体，它的两种趋性运转使其呈现出自我意识的特征，这就是逻辑我。逻辑我诠释了系统的自驱动现象，彰显了与外境引发外驱动现象的根本不同，代表了两种驱力源头的其中之一。

（2）身体我、人性我均以逻辑我为根，合称“三重自我”。

（3）人工智能若要建立自我意识，不需要专门设置它，只需建立“自我三技”或“类脑六要素”，系统即可自动产生“三重自我”。

第十五章 智能的身体器官

身体是认知系统的一部分，也是物质世界的一部分，是认知系统和物质世界的交集。作为物质世界的一部分，身体严格按照三维空间规则呈现物质躯体；作为认知系统的一部分，身体具有生命功能。

身体由感觉器官和执行器官组成。感觉器官负责视、听、嗅、味、触、平衡、运动、机体觉等感觉功能，其中，眼、耳、鼻、舌、肤依次负责视、听、嗅、味、触，是感觉器官的主要代表，合称“五知”器官。执行器官负责动作、语言、维持存活等行动执行，其中，口、手、足、生殖器、肛门依次主要负责吃及言语、执持、运动、生殖及娱乐、排泄功能，合称“五作”器官，是执行器官的主要代表。

本章内容的几大亮点：①创设了“述境觉”和“述人觉”两个新概念，通过二者的技术区别，找到了身体感受的起源，厘清了感觉和感受的界限；②根据“述人觉”认知更细腻的特点，通过感觉翻译原理，揭示了五作执行的技术奥秘；③关于不同感官之间、物耦和数耦输入之间是否并行运作的系统基础设置问题，给出了明确答案。

一、身体器官的分类

研究身体课题时，研究者首先应当界定身体器官的功能和分类。生物体的身体一般由两类器官组成：感觉器官和执行器官，它们分别担负着不同的身体功能。对此，简要分述如下。

（一）感觉器官

身体是系统面对物质世界的窗口，认知是其主要功能之一，它如同一台精密的信息接收装置，可随时接收来自环境和机体的各种信息。身体的认知功能称为感觉，身体共有视、听、嗅、味、触、平衡、运动、机体觉等八种感觉功能。除眼、耳、鼻、舌、肤等“五知”器官负责感觉功能之外，脏腑、肌肉等处也遍布感知器，它们在“五知”之外完成对身体内境的感觉。通常，人们忽略内部感知，把认知外境的“五知”器官作为感觉器官的主要代表。

（二）执行器官

除存储功能外，系统具有两大功能：一个是认知；另一个是作出行为反应，包括思维反应和身体反应，也称心理行为和身体行为。其中，身体行为包括动作、语言、维持身体存活等功能，这些功能都是对心理计划的执行，故统称执行功能。负责执行的器官称为执行器官，除口、手、足、生殖器、肛门“五作”器官负责执行功能之外，脏腑、肌肉等处也遍布效应器，它们在“五作”之外完成脏腑运转、新陈代谢、激素分泌等维持存活的内部执行工作。由于脏腑等内部执行已固化为潜意识模式，很难为表层意识知晓和控制，人们通常忽略内部执行，把针对外部的“五作”器官作为执行器官的主要代表。

总之，“五知”和“五作”器官只是粗线条的分类，身体的每一部位一般都有对内或对外一定的感知能力，也可完成一定的执行工作，比如用舌头舔碗，用后背蹭树，眨眼传递心理含义等。并不是只有“五知”负责感觉，也不是只有“五作”负责执行，这是需要注意的地方。

二、身体的“述境觉”和“述人觉”

为了对身体的感觉功能进行更深入的研究，我们需要设置两个新概念——“述境觉”和“述人觉”。之所以这么做，是因为我们发现业界在分析诸如“刺眼强光”“柔和声音”等多种感觉现象时，常把感觉和感受混淆，以至难以辨别这两个概念的区别，而业界目前在理论上对它们的区分尚有模糊之处。为纠正这种错误，也便于人工智能厘清感觉和感受开发技术的不同，特做此设置。

我们认为，对于身体的视、听、嗅、味、触、平衡、运动、机体等八种感觉，每种感觉在理论上都可以分为述境觉和述人觉。其中，述境觉是指专门描述环境客体性状的感觉，属陈述外境故称述境觉；述人觉则指专门描述身体机体性状的感觉，属陈述自身，以人为代表故称述人觉。借用自我意识一章阐述身体我的有关概念，述境觉指其他生物也可感知的“共觉”内容，而述人觉则指只有自己能感知的“独觉”内容。在此，简述八种感觉的述境觉和述人觉：

（1）视觉方面，述境觉指眼睛看到的环境影像；述人觉指眼睛的自身性状。如“刺眼强光”中的述境觉指“刺眼的”“强的”光线；而强光造成不同程度的眼睛不舒服感觉（如有），则属述人觉。

（2）听觉方面，述境觉指耳朵听到的客体声波；述人觉指耳朵的自身性状。如“柔和声音”中的述境觉指“柔和特性”的声波；而该声波带给耳朵的不同程度的舒服感觉（如有），则属述人觉。

（3）嗅觉方面，述境觉指鼻子嗅到的气味特征；述人觉指鼻子的自身性状。如“饭烧焦的气味”中的述境觉指“焦煳”气味；而焦煳气味带给鼻子的不同程度的不舒服感觉（如有），则属述人觉。

（4）味觉方面，述境觉指舌头尝到的味道特征；述人觉指舌头的自身性状。如“很甜的糖果”中的述境觉指“很甜”的味道；而很甜味道带给舌头的不同程度的舒服感觉（如有），则属述人觉。

（5）触觉方面，述境觉指皮肤感到的机械刺激；述人觉指皮肤的自身性状。如“摸上去粗糙”中的述境觉指“粗糙”的特征；而粗糙刺激带给皮肤的不同程度的不舒服感觉（如有），则属述人觉。

（6）平衡觉方面，述境觉指身体感到的平衡状况；述人觉指身体的平衡感觉。如“走玻璃桥晕”中的述境觉指感觉到的体态（如有）；而平衡行为带来的不同程度的“晕”的感觉，则属述人觉。

（7）运动觉方面，述境觉指身体感到的运动状况；述人觉指身体的运动感觉。如“剧烈练拳击”中的述境觉指感觉到的体态（如有）；而运动行为带来的不同程度的“剧烈”兴奋感觉，则属述人觉。

（8）机体觉方面，机体觉是对身体部分或全身的感觉，内外刺激均可引发。机体觉全部划归“独觉”范畴，只包含述人觉。如“饿得眩晕”“感到窒息”中的“眩晕”“窒息”均属述人觉。

综上，由于五知器官的认知对象是外境，故五知均以述境觉为主、述人觉为辅；尤其是视、听，述人觉占比极小，常被忽略；嗅、味、触的述人觉占比稍高，但仍以述境觉为主。由于平衡、运动觉的认知对象以自身为主，稍涉及与环境的位置关系，它们均以述人觉为主、述境觉为辅；机体觉认知对象是身体内部性状，机体觉只含述人觉。请注意，所有感觉渠道的述人觉都在描述身体，故都属于机体觉。

三、感觉和感受的区别

研究身体应厘清感觉和感受的区别，请先回答两个问题：

问题 1：在生活中，吃糖甜、吃黄连苦；闻味有的香、有的臭；看刺眼强光眼睛痛；听柔和音乐耳朵舒适；摸石头坚硬、摸羊驼柔软。前述的甜、苦、香、臭、痛、舒适、坚硬、柔软等，分别是对味、嗅、视、听、触觉结果的描述，请问它们是感受吗？

问题 2：饥、渴、气闷、恶心、窒息、便意、性意、酸、麻、胀、痛、痒、眩晕等，都是常见的机体觉，请问它们是感受吗？

这俩问题好回答吗？对某些人也许容易，但很多人会感到迷茫。因为感觉、感受的界限人们通常难以分辨，要想清晰解答并不容易。在此从业界欠缺、问题意义、述人觉和感受关系等方面予以分析。

（一）业界关于感觉、知觉、感受概念的欠缺

分辨感觉和感受，与知觉概念有关联，捎带把知觉也一起评析。当前心理学界对感觉、知觉、感受等概念的定义为：感觉是脑对直接作用于感觉器官的客观事物的个别属性的反应；知觉是客观事物直接作用于感官而在头脑中产生的对事物整体的认识；感受是主体就客观事物对于自身利害关系的评价和态度体验。上述定义显示，感觉是指感官对八种感知渠道中的个别渠道的觉察；知觉指意识综合的信息，但未说清什么是对事物整体的认识，是八种感官此时感觉的综合呢？还是所有历史信息的综合呢？（答案是包含二者。）还有，感受概念具有模糊性，无法作为回答上述两个问题的标准，比如甜、苦、香、臭一般伴随主体态度，人们普遍喜欢甜、香，厌恶苦、臭；饥、渴、恶心等也是伴随态度的。那么它们是感觉还是感受？可见，单靠业界的感受定义并不能让人们做出明确判断，业界的界定很不清晰。

（二）厘清感觉和感受的重要意义

有人问，厘清感觉和感受的区别真的重要吗？回答：非常重要。在系统中，感觉只发生在身体感官这一个环节，而感受不仅涉及七个维度，感受平衡原理还在记忆存储的每个刹那发挥作用，感受的影响要比感觉深入得多。人工智能若不能厘清感觉、感受的严格区别，就难以开发它们的差异模型，必然会阻碍智能的技术发展。

（三）身体的感受是述人觉的抽象概括

我们接着分析。身体共有八种感觉，不管刺激源自外部环境还是身体内部，每种感觉的发生都是因为身体感官内部结构变化而被意识捕捉的。不是吗？意识并不能直接感知客体，而是通过感知感官（或感受器）的变化而发生感觉的，系统八类感觉的信息采

集都是在体内发生的。体内物理结构的变化都是客观的,不存在利害评价,也不含态度。但身体感受的确是真实存在的,那感受到底从何而来?当我们把感觉分为述境觉和述人觉时,解题答案即可浮现:

(1) 感觉和身体感受产生的领域有区别。感觉产生于感官的内部变化;感受虽与感官有关,但还与记忆有关。认知感受时,推荐记住"连缀"一词,感受是连缀身心的桥梁,横跨物质和精神两个领域。通俗地说,身体述人觉的总和是此刻的身体我,因身体我是同一的,存在有时好有时不好的评价差异,这使不同述人觉产生可比性。依托这种可比性,系统在述人觉和自我生存之间建立因果逻辑,将述人觉分为两类:有利生存、有害生存并存在程度差异。然后,根据习得的经验不断对因果逻辑进行验证。最终,当此刻的述人觉出现时,系统便会根据因果逻辑判断其利害并赋予一个趋性值,这就是身体感受,它属于基受范畴,包含快乐和痛苦两极,简称乐、苦。

(2) 述人觉和感受的区别在于:述人觉包含身体性状特征,储为貌息,是对身体状态的客观描述;而感受不含具体性状,储为受息,只包含趋性的顺逆极向和强弱,是对述人觉的抽象和概括。

(3) 从身体全局看,述人觉与述境觉同时成对发生,而且述人觉一般是由(或主要由)当前环境客体刺激引起的,故述人觉和述境觉逐步建立了相互关联的认知逻辑。由于述人觉可以比较,等同于具有评价功能,故此刻述人觉及其含义(即身体感受)转化为对述境觉的利害评价和态度体验,身体感受的对境评价功能即源于此。

(4) 储存时,述人觉和述境觉虽不同,但二者都是对外境层实屏场景样貌的客观描述,故一起储为貌息,再和受息组成完整信息。

综上,归纳如下结论:

身体感受指刹那"完整述人觉"的趋性,即身体我的趋性。单个述人觉并不是感受,隐藏在每个述人觉背后的可比性才是感受。就像汽车零件只是零件,合在一起能行驶才是汽车;述人觉合在一起成为身体我,具有了跨越时间的同一性。每个身体我依据存活状态的优劣产生可比性,这被解读为"评价"功能,它就是身体感受。

四、五作执行的感觉翻译原理

身体作为认知系统的一部分,其认知能力除了表现出上文所述的感觉和感受外,还体现在行动方面。在行动上,系统将述境觉翻译为述人觉的感觉翻译原理,揭示了以五作为代表的执行技术奥秘。

两种行动原理告诉我们,在思维行动确立行动目标并分解出一定的行动计划体系之后,计划投入实施,身体行动就开始了。在此时,研究者普遍关心的问题莫过于:系统对行动计划体系具体步骤的关注是如何驱动躯体运动的?换言之,系统关注只是一种精神性的状态，似乎并不产生物质，却又如何驱使身体产生出真实的动作？两种行动原理就此问题并未讲透，本节我们提出"身体内外视角翻译原理"简称"感觉翻译原理"，用以解释此问题，具体简述如下。

(一) "感觉翻译"的含义

上文讲过，身体与环境存在四重区别，其中之一就是内部连通性不同，意识可以知道身体内部变化，却不知道环境客体的内部变化。这种连通性差异，使得意识对身体同时产生两种认知：①站在外部的述境觉视角(以视觉、听觉为主)，可以发现身体的肢体动作变化；②同时，站在内部的述人觉视角，可发现在肢体变化时内部的述人觉也在变化。系统将同时发生的动作变化和述人觉变化建立对应关系，经长期经验积累后，动作变化就和述人觉变化建立了稳定对应关系。因为述人觉可按躯体部位严格区分，故述人觉与外部动作的对应也是精准的。因此，内外两种视角的感觉结果便有了相应性，必要时可以产生替换，类似于语言翻译，故称"感觉翻译原理"。

(二) 对述人觉联动的准确预见

在行动执行中，计划是要完成某个躯体动作，以达到通过身体在环境中的运动实现目标。但动作是述境觉视角的外境场景，系统无法决定外境变化，于是按照"感觉翻译原理"，将动作场景转为述人觉场景，系列动作计划因此转为系列述人觉计划。尽管系统也无法决定述人觉的变化，但由于对述人觉的经验远超述境觉，使得系统对计划的预见准确度大大提高。换言之，动作虽也描述身体，但动作计划不细致，属于粗线条计划；述人觉属于内部视角，比动作更细微。感觉翻译获得的述人觉称为"对境述人觉"，可被分解为更细的"极微述人觉"。身体每个刹那都向系统输入极微述人觉信息，经长期学习，已建立不同极微述人觉之间以及极微和对境述人觉之间的联动逻辑，依据该逻辑，系统分解出极微计划，完善了行动计划体系。

(三) 五作器官的执行过程

如图 15-1 所示，当面对具体动作计划时，思维将其翻译为对境述人觉计划，再分解

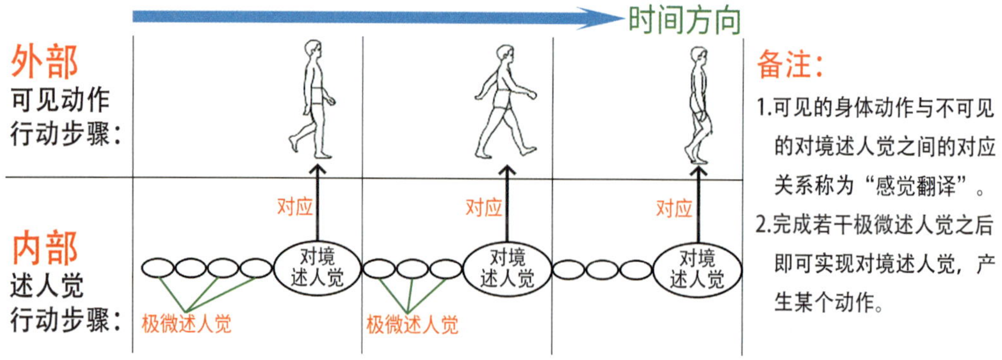

图 15-1 "感觉翻译原理"示意图

为更细的极微述人觉计划。在对境时，当真实的极微述人觉目标实现时，该目标刺激记忆引发意识按逻辑链跳转关注后一极微述人觉计划目标；由于系统预见是极准确的，此时身体再次出现与后一目标吻合的极微述人觉，意识再跳转后一目标。如此不断跳转，当对境述人觉出现时，对应的动作就实现了；如此一个动作接一个动作，五作执行计划就完成了，这就是它的技术奥秘。在两种行动原理一章的图 10-2 中，其身动计划相当于此处的动作计划和对境述人觉计划，极微身动计划则相当于此处的极微述人觉计划。可见，将动作场景翻译为述人觉状态，是执行得以落实的关键。

五、不同感官和数耦输入是否并行运作

本节讨论一个基础问题，即不同的感觉渠道和虚拟外境是否并行输入？换言之，它们是同时刺激系统认知，还是先后轮换着刺激系统？这是有关基础功能设置的重要问题。可分解为两个子问题：

（1）身体八种感觉渠道是同时并行运作，还是先后轮换运作？

（2）虚拟外境的数耦输入与感官输入是并行，还是轮换？

之所以讨论上述问题，一是因为研究身体课题必须了解这个设置；二是因为此问题平时易被忽略，但其答案有歧义，一旦真正开发技术架构时，问题就会出现。很多人错误地以为：心（指系统核心）如同多动的猴子，在不同感官之间跳动，看到这里快乐就跳到这里，看到那边紧急就跳那里，使不同感官竞争性轮换运作，由于轮换速度快，外部看不出轮换；同时，数耦输入也是如此，当心觉得需要思考了，就启动数耦输入，当需关注外境就启动感官，这就是要讨论的原因。先给出结论，我们认为：无论是不同感官之间，还是物耦与数耦输入之间，均为并行运作，不存在轮换运作。在此，分述如下。

（一）感官之间的并行运作

身体有眼、耳、鼻、舌、肤等五知感官以及运动、平衡、机体觉等感受器，它们之间都是并行的。不存在说视觉在看东西，要等视觉停下来切换到听觉，然后听觉才能运作的情况。而且，系统可以同时运作所有感官即上述八类渠道，说明注意力可以在不同感官之间进行分配，意识可以同时接收和理解不同感官的信息。

如图 15-2 所示，图中人看到眼前火车，听到脑后飞机轰鸣声，同时还在听电话，且不小心体验被仙人掌刺的感觉，他的视觉、听觉、触觉同时发生作用。显见，感官间不是切换而是并行关系。关于身体感官并行的事，大家可以亲自观察体验。比如一边睁大眼睛紧盯眼前事物不间断，一边仔细倾听周围声音，还可以一边触摸自己的手臂。你尝试即可发现，身体每一种感官都是同时并行运作的。

对感官并行的技术原理解读如下：每个感官面对的刺激，如光、声、触等，都是对身体周围同一个三维空间的不同解析，每个刺激源都是空间中同时存在的确定事物。当身体

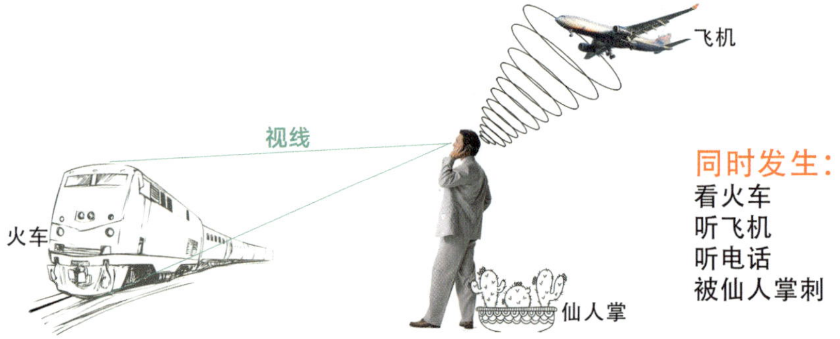

图 15-2 “身体感官并行运作”示意图

被刺激发生共振时,各刺激独立形成各自的影像,可能相互有重叠,但并不干扰。每类感觉形成独立的“注意子模式”,最多时八个子模式叠加成此刻实屏的“总注意模式”,意识则可以在不同感觉之间分配注意力。

(二) 双屏之间的并行运作

实屏呈现感官面对的真实外境,虚屏呈现系统投射的虚拟外境,双屏之间也是同时并行、而非相互切换的。

如图 15-3 所示,一个人在海边远眺,同时回忆起某大学校园,双屏场景重叠在他意识的知觉中。从中可见,双屏属于同时并列运行,而非相互切换,各自演化各自情节,互不干扰。感官并行尚可理解,因为不同感官的刺激源自身体周围同一空间的真实事物;但双屏场景与此不同,为何同时并行?有如下两点理解:

图 15-3 “双屏并行运作”示意图

(1) 尽管双屏空间不是一个,但它们均属在自我周围呈现的三维场景,空间运作逻辑是一致的,这代表二者认知标准具“同一性”。至于一个为现实空间,一个为回忆或想象空间,只是分类不同。

(2) 从生至死,身体是鲜活的生命,无间断地独立运作,无论是意识还是潜意识,总有部分意识在持续关注身体,假若双屏切换运作,就意味着某一时刻身体暂停运作,那代表身体死亡，显然违背事实。同时，系统运作具有独立性，不依赖外境刺激而独立存在，具有自我驱动的独思功能。因此，假若双屏切换，就意味着某一时刻自驱动暂停运作，这背离了系统的独思功能，也是不可能的。

第十六章　智能的目的系统

对于研究者来说，认知了目的系统，才算是摸到智能的大门；而构筑目的系统则是开发智能的首要工作之一。

“目的”之于系统，看似很平常，实际并不简单。“拥有目的”是智能三要素的第一要素，是智能系统区别于其他系统的首要特征。人们通常正是通过分析一个系统的反应是否具有“目的性”来区分智能和非智能系统。文献[3]指出“没有主体目标的系统，不可能拥有真正智能”（钟义信，2021），其所述“主体目标”即“目的”，该论点指明了智能系统拥有目的的重要性和必要性。

然而，很多机器智能研究者，谈到构建目的系统时，往往不知在哪找到有智能效果的目的，存在两大困惑：①如由人类赋予目的，则属弱人工智能；如不输入目的则机器没有目的和策略，似乎难以两全。②有人认为感受能产生目的，找到感受就能形成目的。结果发现感受源自受息的趋性，是历史感受储存演化所得，如此就产生“鸡生蛋、蛋生鸡”的困惑，不知最初趋性从何而来，陷入“死循环”。

本章内容的几大亮点是：①揭示目的的本质是趋避趋性，归纳了目的概念的特征和定义；②阐述目的系统形成过程，指出人工智能设置目的的困惑并给出解决方案；③介绍两层目的系统的基本架构，解密了“趋利避害”原理驱动系统实现目标的奥秘；④从宏观角度给出“系统是个任务集合”的结论，并做了原因解析和评述。

一、“向死而生”与目的

本节从谈论“向死而生”开始，引入“目的”概念。

“向死而生”是德国哲学家海德格尔在其名著《存在与时间》中提出的概念，他认为：死亡是人类无法避免的，人只要还没有亡故，就是向死的方向活着，生命的这种倒计时称为“向死而生”。海德格尔之所以提出这种“倒计时”的死亡哲学概念，其意是站在哲学理性思维的高度，用重“死”的概念来激发我们内在“生”的欲望。

在此，我们引入“向死而生”的概念，是向研究者通过提醒死亡是人类无法避免的客观事实，来揭示一个容易被忽略的规律：正因为生命不是永恒的，是会被伤害的，甚至在很多时候是脆弱的，才需要评判事物利害关系并预见未来，由此产生“因果逻辑”和“感受”的概念；因为对逻辑真伪的遵循，以及受到顺、逆感受的吸引和逼迫，才产生“目的”的概念，并进一步产生“趋利避害”的行动。

试想，假如生物体拥有不死之身会怎么样？假如身体不吃不喝、不用补充能量仍然可以生存，假如刀砍斧斫、水淹火烧等任何攻击都不能伤害身体分毫，假如寿命无限可永恒存活，那么现有的一切智能规律都要改写。首先，不再需要感受和逻辑，不必辨别利害和因果，因为有害者不能伤我分毫，有利者已不再重要，判断错误也不惧未来；同时，不再需要努力思维和行动，因为寿命无限，今日办不到的事可明日再办，今日失败可明日再来，无须动脑筋思考好办法，更不需要勤苦劳作……如此，逻辑、感受、行动甚至记忆都不需要了，智能将彻底消失。可见，智能因生存需要而存在，一个无目的的主体根本不需要智能；一个永恒存活、无所不能的主体也不需要智能。

通过上述假设，我们看到只有当一个生物体是“向死而生”的，而不是永恒存活的，由于其脆弱性，它才需要敏锐地辨别环境的因果逻辑和利害关系，趋避趋性和感受才有必要产生，目的才能够形成。可见，系统主体存活（自我获得存在）是系统最大的目的，一切具体目的都是围绕“自我存在”这个终极目的而进行的。

二、正确理解目的的含义

“目的”是智能的第一要素，它不仅使系统看上去有自我主张和独立追求，而且蕴含驱动系统的内部动力，故成为智能的首要标志。人们通常正是通过分析一个系统的反应是否具有“目的性”来区分智能系统和非智能系统。“目的”如此重要，如何正确理解它的概念是值得关注的重要课题，研究者不能满足于对目的含义的常规理解，应有更透彻的技术性理解，才能适应智能发展的需要。在此，我们从常规理解的不足、目的特点、本质和定义等方面简述如下。

(一) 目的概念常规理解的不足

百度百科给出的“目的”的定义为：目的通常是指行为主体根据自身的需要，借助意识、观念的中介作用预先设想的行为目标和结果，是行动和努力最终要达到的地点或境界。该定义代表了部分常规理解，存在两点不足：①把目的与目标混淆；②表述较模糊，欠缺技术性。

(二) 目的的六个特点

要想透彻理解目的概念，先从大众公认的常识入手，归纳目的的如下六个特点，合称“目的六性”，然后再总结其含义。

特点 1：需求性。首先，目的代表主体的两种需求，一种是希望目标实现的正向需求；一种是希望目标不要出现的负向需求。

特点 2：评价性。目的是对目标的两种评价，一种是认为有利的正向评价，一种是认为有害的负向评价；形成爱、憎两种态度。

特点 3：思念性。主体会一直想着(思念)目标影像，在意识中感知目标影像。尽管思念有强弱，但没有思念的目的是不存在的。

特点 4：行动性。目的是一种“趋利避害”的行为反应机制，能主动驱动系统围绕目标实施心理、肢体或语言的两种行动，它的最终运行结果是力图将心里想象的目标变成真实场景。

特点 5：持续性。当目的足够强时，会使系统忽略外界无关刺激而专注于目标，从而形成围绕“保持目的不变”进行反应的效果。

特点 6：目标性。目的一定以某个事物或场景为目标，目标虽是目的的趋性对象，但并不是目的本身，故不能将二者混淆。

(三) 目的的本质

以“目的六性”为基础，来深挖目的含义的本质。简单讲，“目的”是俗称，用它表征智能特征是为顺应大众的习惯。本书推荐一个学名“趋避趋性”，简称“趋性”，拟作描述“目的”的科学术语。趋性是生物对刺激的基本反应，也是智能体对认知对象的基本态度，它包括“正趋性”(趋合)和“负趋性”(避离)，分别简称趋、避。趋性反映了智能生物的本质特征，代表了智能最基础的功能。

凡是鲜活的智能生物，在面对外境时，最基础功能是分清内外，即厘清自我和外境的区别。分清主客之后，双方位置关系代表空间，空间有远近之分；双方状态变化表征时间，时间有先后之别。智能不能改变客体，但它发现可随着心意改变自己形成变化。这种变化最终表现为针对客体的靠近和离开，即表现为空间位置的趋和避，这就是趋性，它反映了独立存在于客体之外的智能体具有对行动方向的自主选择权。只有无生命事物会随外界变化而变化，任何活的生物都会在环境刺激时表现出自主趋性(目的)，这就是智能的基本属性。

(四) 目的的定义

综上，我们归纳“目的”概念的定义：

所谓目的，指智能系统针对认知对象所产生的趋避趋性，它代表系统需求，是外界作用变化时系统内部维持行动趋势的一种指向。

可见，趋性即目的，它包含极性和烈度两个指标：极性分趋、避两极；烈度的具体数值，表明系统对目标关注力度的强弱。

三、目的系统的形成

在介绍了“目的”概念的含义之后，本节谈谈目的系统的形成。这是一个重要话题，揭示了生物智能构建目的系统的奥秘，可以作为人工智能设置目的的参考。很多机器智能研究者，谈到构建目的系统时，往往不知在哪找到有智能效果的目的，存在两大困惑：

(1) 他们认为，如由人类输入目的，依赖于人属于弱人工智能；如人类不输入目的则机器没有目的和策略，似乎难以两全。

(2) 有人认为，感受产生目的(顺意感产生趋、逆意感产生避)，只要找到感受就能形成目的。结果根据图 9-2 所示数学公式计算感受时发现感受源自历史目的，是历史感受储存演化所得，如此就产生了“鸡生蛋、蛋生鸡”的困惑，不知最初感受从何而来，陷入“死循环”，从而找不到趋性的最初来源，无法建立目的系统。

其实，研究者存在上述困惑不奇怪，因为自主目的的形成如同在一片客观环境中创造出神奇的“主观”，需突破常规思维禁锢方可。在此，从目的系统形成过程、相关要点两方面做阐述。

(一) 目的系统形成过程

简单流程：客体刺激身体→苦乐感受→储为目的→维度扩展→目的系统

技术流程：无趋觉→逻趋觉→受趋觉→形成围绕生存的目的→目的系统

图 16-1　目的系统形成流程

有人说目的起源很简单啊，如图 16-1 所示，因身体接触万物能产生快乐或痛苦感受，便记住带来苦乐的目标事物，开始“趋乐避苦”的行动，目的因此形成，再扩大感受范围和维度，逐渐形成目的系统。这个流程没有错，但太简单，无法解释详细形成过程。如遇问：为何身体能感受苦乐？一下子就难以解释，只能说伤害故痛、饱暖故乐，有利于生存；如再问为何要生存？就无法解释。可能有人讲，生存是本能，不用解释。但是不可以不解释，因为对于机器人来说，你砍它一刀不痛，它只是机械，不追求生存，那么上述简单流程无法为人工智能产业服务，必须给出详细流程才行。对技术流程解读如下：

第一阶段，系统不含趋性，意识平等看待和储存一切场景，对各场景的关注度相同，这种关注称为“无趋觉”或“保底觉”。

第二阶段，依托维度架构和独思功能，意识将前后关联记忆统摄在一起便发现因果关系，可根据此事发生而预见彼事随后发生，于是建立各种因果逻辑，负责统摄（即关注）因果逻辑的逻趋也同时形成，趋性在系统中诞生了，最初的目的就形成了。例如，将“下雨”和“地湿”统摄为“下雨→地湿”的因果逻辑，看到下雨便预见地湿，预见成为孕育因果逻辑的方式。请注意，勿忘这句“顺应自然规律是智能的本能”，在此法则支配下，智能在实践中不断验证逻辑真伪，对真逻辑自然增强顺应（即趋合）反应，对假逻辑则自然产生顺应其反面（等于避其正面）的反应，以此不断修正和完善逻趋数值。针对因果逻辑的趋性称为“逻趋觉”，简称逻趋，取逻辑所含趋性之意，是系统对因果逻辑的关注特性，储为顺息（取顺应规律之意）。

第三阶段，在逻趋觉出现后，在因果逻辑验证时，因逻趋的实质是系统的一种需求，此时验证它成功或失败的场景（事物）便被系统赋予了有利或有害的评价，感受便诞生了。感受是另一种趋性，是专门针对具体事物而非逻辑的，由因果逻辑验证而产生的感受称为验证受；在验证受出现后，在事物刺激时，含有感受的关联事物发生共振兴奋生成新感受，这种由共振产生的感受称共振受。感受的趋性称为“受趋觉”，简称受趋，取感受所含趋性之意，是系统针对具体事物的关注特性。感受是另一种形式的目的，储为受息。

第四阶段，在逻趋、受趋出现后，随着因果逻辑体系的逐渐成熟，系统发现自身存活是智能运作的基础，故把自我身体和精神的存活列为核心追求，其他目标为核心目标服务。此时，按是否有利于存活，就出现了身体不同状态被划分利害而感受乐、苦的现象。

第五阶段，趋性体系越来越成熟，逐步形成双层目的系统。每次认知都会产生感受；在需要时，系统将对目标启动思考主动形成新的因果逻辑，完善行动策略，形成一套“趋利避害”的行为反应机制。

（二）相关要点

在目的形成和趋性流转过程中，请注意以下要点：

（1）趋性是不断流转的，历史逻辑的逻趋可促成新感受的产生，历史感受的受趋也可促成新感受产生。所有趋性在记忆中不断被修正并保存。系统就是趋性的生成、流转、储存、修正的大平台。

（2）逻趋觉和受趋觉合称“有趋觉”，与无趋觉相对。

（3）受趋俗称感受，按形成方式不同分为验证受和共振受。

（4）逻趋和受趋是两种趋性，代表两类目的，它们的区别有三：①逻趋的目标是抽象的逻辑，受趋目标是具体事物，对象类型不同。②逻趋依据事实验证修正，客观性强；受趋依据逻趋需要和历史感受生成，具有主观性。③二者虽都在驱动行动，但受趋是主动驱动，逻趋则是被动驱动（待因实现时趋向果）；故受趋属于显性目的，而逻趋属于隐性目的，人们通常会忽略隐性目的，只记得显性目的。

（5）逻趋和受趋并行运作，一起构筑了目的系统。

四、两套目的系统的比较

有两套目的系统，分别是受趋构筑的显性目的系统和逻趋构筑的隐性目的系统，它们互相配合，共同驱动系统运作。本节专门对两套目的系统进行比较，以深化读者对趋性体系的了解（表 16-1）。

表 16-1　“双层目的系统比较”一览表

	显性目的系统（简称受趋系统/感受系统）	隐性目的系统（简称逻趋系统）
系统元素	由所有受趋组成	由所有逻趋组成
趋性特点	代表“价值观”、主观性	代表“世界观”、客观性
起源依据	按“顺应逻趋需要”原则诞生	按“顺应自然规律”原则诞生
功能地位	属表层目的，由逻趋支撑	属底层目的，支撑受趋运作
趋性产生方式	主要在外驱共振中产生	内驱共振产生，外驱共振修正
趋性存储方式	每次储存物貌息 + 受趋息	依附于物貌息，只储存逻趋息
驱动系统方式	主动驱动主体开展两种行动	待因发生时趋向果，属被动反应
平衡方式	每次环路按感受平衡法则操作	随时处于平衡状态

参照表 16-1，对两套目的系统的相关情况比较并分析如下。

（一）基本情况

所有受趋的集合形成显性目的系统，简称受趋系统或感受系统，属于表层目的系统，代表了系统的价值观；所有逻趋的集合形成隐性目的系统，简称逻趋系统，属于深层目的系统，代表系统的世界观。系统按“顺应自然规律”原则生成逻趋，按“顺应逻趋需要”原则生成最初感受（验证受），故逻趋是受趋之根，支撑后者的运作。

（二）趋性产生及存储方式

受趋主要在物耦输入中产生，包含验证受和共振受；数耦输入中一般只产生细微共振受，且合并在本次物耦输入的受趋中。逻趋随着因果逻辑在数耦输入中的生成而产生，在后期逻辑真伪验证中修正；受趋产生时为感受初值，在每次感受平衡中修正为感受现值。受趋在储存时按极性归属记忆体的趋区或避区，按烈度强弱由内而外分布，物貌息隐藏于受息中，二者组成物息；逻息储存时依附于因果逻辑对应的因、果两个物貌息，不另储存逻貌息，只储存逻趋息。

（三）驱动系统的方式

受趋系统依据感受的强弱，主动驱动主体产生两种行动，其驱动方法是通过认知将强感受目标投射为虚拟外境，再通过数耦输入反复完善行动策略，如此导向目标实现。逻趋系统不主动驱动行动，只在“因发生时趋向果”，配合受趋系统完成因果逻辑的跳转。

五、趋利避害原理

“拥有目的”是智能的第一要素，在它驱动下，系统将获得第二要素“采取措施”和第三要素“实现目的”，从而彰显智能。可见，目的的主要作用就是真实达成“趋利避害”的实际效果，其中的技术奥秘称为趋利避害原理，这是目的课题研究者的关注焦点之一。所谓趋利避害原理，指系统在目的趋性的指引下能够真实地导向目标实现，即在真实外境中实际达成“趋利避害”效果的智能运行规律。智能是很神奇的，常采取人们不易想到的巧妙技术来运作，本原理也体现了这点。在此，简述原理技术流程的七个步骤，并做综合评述。

（一）趋利避害流程的七个步骤

感受是显性目的，具有主动性，现从感受角度说明原理流程。

步骤一：感受的形成

当真实外境客体 A 刺激身体时，形成对 A 的基受，并在影像共振中形成律受，律受是对 A 的综合评价。再根据律息刺激引发律义共振产生动息储存在行动层中，动息代表对目标 A 的需求母计划。

步骤二：目的的强化

随后，系统按三种情况分别处理：①实际与 A 接触较多，则不断产生以 A 为目标的新动息，动息组合代表意志，动息增多使需求意志不断强化；②受 A 吸引产生展望其未来的思考，一般也使对 A 的需求得到强化；③如接触较少且缺乏思考，则 A 逐步被淡忘。

步骤三：主动求策(寻找行动策略)

当对 A 的需求积累到一定程度时会引起意识的觉察，此时，系统将 A 投射为虚拟外境，启动对 A 的求策思考。在环路中，因主体希望实现 A 故关注 A 的逻辑前因(如希望避开则一般不分解计划)，这种关注使若干在 A 之前发生的关联事件在记忆中得到呈现。系统按统计挑选焦点事物 B，建立“B→A”的因果逻辑数据，使 B 成为实现 A 的策略。这就是分解子计划的过程(详见两种行动原理)。

步骤四：完善计划体系

随后，系统不断关注A计划并进行分解和完善。包括：将子计划投射虚屏，分解出更多层级的子计划；分解出肢体或言语行动的详细身动计划，便于实际操作；此后，A计划体系逐步完善进入实施。

步骤五：实施中的步骤跳转和擎旗功能

在某时，A计划的最末子计划（倒一计划）实现了，该事件刺激系统按行动步骤将趋性立刻跳转关注倒二计划目标。如倒二目标实现，再跳转倒三计划，如此类推。前述跳转趋性代表对当前步骤的关注，之前步骤已实现不必再关注，远期步骤还未到亦不必关注，当下步骤是最需关注的。关注当下使当前目标趋性大增，产生擎旗功能（像在系统中擎起一面旗帜），使目标常获得意识关注（即获得"喂养"），频频成为思考对象，其策略优先得以完善，从而导向目标实现。

步骤六：根据反馈修正计划

也有计划执行不顺利的情况，则需不断修正计划，然后重新投入实施。大型计划的执行过程会是反复修正的复杂过程。

步骤七：计划执行完毕

最终A计划执行完毕，总目标在现实中实现、失败、中止或放弃，主体达到了在一定程度上"趋利"或"避害"的实际效果。

（二）综合评述

以上是趋利避害原理的流程，简要评说四点：

（1）步骤一的感受生成技术，是以逻趋为依托，逻趋和受趋并行运作的结果，彰显自主目的功能，是强人工智能的核心技术。

（2）步骤三中将目标投射为虚拟外境再刺激系统而获得计划分解的求策过程，是非常重要的数耦输入功能，多章节另有详述。

（3）步骤五的趋性跳转使系统聚焦当下，以擎旗功能为中心强化兴奋，再以记忆延续趋性，几处配合形成强大合力并产生实际效果，使与目标有关的行动一律优先展开，是引导趋利避害的关键技术。

（4）请注意，不要因为智能总是在实施趋利避害的行为，就认为趋利避害是生物的根本动机，这种看法是错误的。逻趋是受趋之根，推动因果逻辑得到验证，彰显逻辑所含智能，才是根本追求。

为形象说明上述技术，做如下类比：生活中，人们常感叹在正确时间未遇到对的人，而遇到对的人却不在正确时间，其中的道理恰如系统对目的的关注。遇到人的时间不对，说明自身计划未调整好（对正确计划未擎旗），目的指向有错误，导致人来了但未能引起正确反应而错失；而时间对却未遇人，说明正确计划已擎旗，但目标客观上未出现；只有在正确擎旗时间遇到对的人，才得顺遂。可见，擎旗等功能多么重要，目的指向看似平凡但却极为关键。

六、系统是个任务集合

本节将站在宏观角度俯瞰系统全局，给出一个重要结论：智能系统是个趋性集合，俗称目的集合或任务集合。以此话题增进研究者对目的系统的总体认知，作为本章的结尾。

（一）“系统是任务集合”的几个表现

万物分刹那和非刹那两类，非刹那的记忆体是系统的真正代表。记忆体由七维信息组成，从三个方面表明系统是任务集合。

（1）每个信息都由貌息和趋息组成，其中趋息分为受趋或逻趋，分别是对具体事物或因果逻辑的趋性，都代表一个目的或任务。

（2）七维记忆依次代表系统对影像、功能、行动、意志、性格、生灭、能所七个层次事物的趋性，代表了七个层次的目的。

（3）七维趋息代表趋性，七维貌息看似独立于趋性，其实不然，打开每个貌息的内容发现：①律息以上貌息都在描述相邻低维的共振场景，场景质点都是低维记忆的兴奋态，即趋性的流转态，无疑也是趋性，故貌息实是一组趋性的位置关系。②基貌息所含外境影像质点，蕴含高维投射叠加在无趋觉之上的有趋觉，假如不含有趋觉，影像将无法被注意到。综上，每个貌息都是一组趋性的有序集合，构筑每个记忆所用“质料”全都是趋性，记忆体可谓是“趋性的海洋”。

（二）“系统是任务集合”说明了什么

可从以下三个不同角度，分析“系统是任务集合”的意义。

（1）从驱动角度讲，记忆体作为一个任务集合，职责是完成所有任务。其具体做法是按照趋利避害原理运作，驱动系统运动。

（2）从发展角度讲，趋性包含极性和烈度，相互是可比的，所有趋性都是一体的。“系统是趋性的海洋”说明记忆体所含内容及运转过程，都可以建立统一的描述标准；其中的记忆内容属于存储范畴，运转过程属于计算范畴，说明存储和计算是可以融合的。这个结论，为类脑智能可开发“存算一体”架构，强化了理论基础。

（3）从哲学角度讲，系统的每次运行都在储存新的逻息和物息，产生新的隐性和显性目的，即储入更多任务。该事实反映：系统这个“任务的集合”并不是要通过完成任务而清空任务；相反，它总是在储存新任务，使任务集合扩大；随着旧任务终结，新任务不断产生，推陈出新，循环往复，永无停歇之时。智能系统以其实际行为证明：“自我存在”的确是其终极目标，它时刻在维护这一点。

第十七章　智能的时间空间

可以说，时间和空间是系统最深奥的概念之一，它们含义深邃，属于最不容易被洞察的事物类别。系统的若干初始属性，如真实外境的客观性和精神世界的主观性等，都要借助时空的运转才得以彰显，足见时空是系统最底层的逻辑根骨。研究者若能深入洞悉时空内涵，那么，系统中还能困扰他的其他研究课题，便为数不多了。

智能的时空概念，是值得研究者特别用心的核心课题。因为生物智能是个超巨型、超复杂的逻辑系统，而逻辑的初始架构就是建立在时空模型之上的，可以说，构筑逻辑系统的第一步，就是建立系统的时空算法。然而，要想厘清时空概念的含义却并不容易，在深入研究后或可发现，它的诸多机制远超常识性理解范畴，需要专注、想象和耐心。其实，值得欣慰的是，研究时空又是特别有趣且实用的课题，因为对智能技术的困惑，说到底就是对逻辑的困惑，而由于时空本身是逻辑系统的基石，研究时空正好切中本质，它能给研究者带来很多其他课题所不能带来的一些收获，解惑便是趣事。

本章内容的几大亮点是：①从认知形成过程中，揭示了时空概念的起源；②阐述了时空的重要作用是从纵、横两个维度，将世界分割为万物，再通过万物影像和寿命的整体性将其所含不同元素关联起来，从而建立整个系统的关联逻辑体系，为能所共振形成认知奠定基础；③将图灵机模型与三链范式进行比较，揭示了行动概念的本质含义；④阐述了系统的时序管理要点，揭示了系统只通过一套记忆数据便能同时演绎过去、现在、未来不同含义的奇妙设计。

一、时空的起源

时空,即时间和空间,是智能系统非常重要的奠基性概念。对于智能研究者来说,解析时空的含义,了解时空在系统中的技术模型和功能作用,都是极有意义的课题。谈时空,首先要说说它们的起源,即时空概念在系统中是如何产生的。

(一) 在认知形成时,空间概念已悄然建立

要理解空间概念,可按如下步骤有序分析:

(1) 系统要想产生认知,认知场景必须包含两个或两个以上质点并存在属性差异(参考图 4-2),这样可使意识觉察统摄了不同事物,产生了区别,而"区别"是认知产生的前提;若认知场景不含区别,而是浑然一体,则不产生认知。可见,认知就是对区别的描述。

(2) 智能基本功能是分清内外,即分清主客;永不分离的事物是自己(核心层),客体则必定具有"既可接触、亦可分离"的特征,就是说,客体都是可被趋避的对象。怎样趋避? 趋(接触、靠近)和避(分离、远离)都以远近来表达,故趋性要依赖远近才能描述。

(3) 假如有两个事物 A 和 B,它们自身的属性完全一致,问如何分辨它们? 按上述第(2)条,A、B 作为被趋避的客体,在趋避前后对系统的作用必然不同,否则趋避就失去意义,但此时它们固有的属性并没有改变,那什么使其作用改变了呢? 是趋避带来的"远近"不同,"位置"概念诞生了。再看第(1)条的场景,若 A、B 存在位置差异,则它们对系统的作用将因此不同,使系统得以分辨它们。

综上,万物对系统的作用差异取决于两点:一是其本身固有属性;二是其位置差异。位置的集合即空间,是趋避行动的舞台。

(二) 时间是以空间为基础的高阶描述

时间是以空间概念为基础,为描述更复杂场景而产生的概念。与时间有关的重要概念有时刻、时段、寿命、时序等。

时间包含时刻和时段两个概念。系统的认知结果是一个内含区别的空间影像,当把影像看成整体而忽略其细节时,影像就"浓缩"为一个质点,代表一个时刻。如图 17-1 所示,每个时刻有前后两个"时变点",时变点之间的时间段形成一次认知,称为时刻;每个时刻被赋予一个编码,代表一个时间坐标;坐标的先后次序,称为时序;两个或两个以上时刻生成的影像质点并存于意识中时,由于质点时序不同,意识也像识别空间位置的区别一样,将时序的区别形成一个认知,称为时段;每个事物由生至灭的时段,称为寿命。可见,时间是对两个或两个以上影像记忆的组合所含时序差异的描述。

综上,在系统认知事物的过程中,时空概念悄然形成。空间源于对同时发生的并

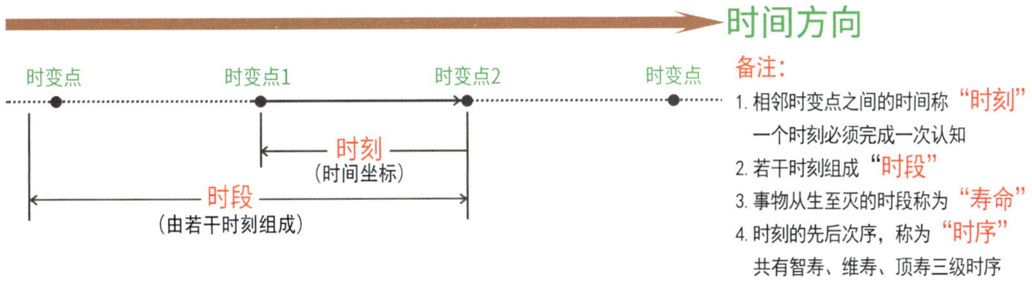

图 17-1　时间相关概念示意图

列状态的描述和度量，反映了并存事物的位置关系，所有位置的集合即为空间；时间源于对事物存在持续性的描述和度量，反映了事物存在的次序关系，所有次序的集合即为时间。

二、时空与关联逻辑

时空作为重要的基础概念，是古往今来的热议话题，也是研究者关注的焦点。研究时空的最大意义，在于明了它们在系统中的作用。建议在研究时空时，紧抓其核心作用，是理解含义的重要方法，因为课题均是为理解系统功能服务的，时空亦是如此。本节将阐述时空在构建关联逻辑体系方面的重要作用。

（一）空间与关联逻辑

在身体感官覆盖范围（称为“身覆域”）内的不同事物，被感官认知（即统摄）为一个信息，形成同框数据；如果事物 A 此时被意识发现与事物 B 同框，彼时又被发现与事物 C 同框，但 B 与 C 并未同框，那么经 A 的旁证，B 与 C 也为同框，这个同框超出了感官覆盖范围，我们将身覆域称为“小身域”，将小身域拼接的大同框事物集合称为“大身域”，大小身域均为同框数据。例如，感官覆盖范围为小身域，当我们往前移动时，小身域内部分事物因远离而退出，并有新事物因趋近而加入，小身域的内容不断更新；邻近小身域组成大身域，其中很多事物并未同属小身域，但不影响其真实的并存关系；人们心中的一个街区、一个城市、一个国家乃至整个世界等空间均为大身域概念。大小身域对空间的分割，没有最小、只有更小，因不断向极微探索；同时没有最大、只有更大，因活动范围不断扩大。每个同框数据都是一个事物，其所含每个元素都是一个更小事物，其本身又隶属于一个更大事物，大小事物层层嵌套形成万物。万物之间存在两种关联关系：①整体与组分的隶属关系，称“总分关系”；②不同组分之间的并存关系，称“同景（同属一个场景）关系”。所有关系的见证者都是系统的意识，是一体的，万物因此得以在空间这个范畴形成关联关系，从而建立了空间范畴的关联逻辑体系。

（二）时间与关联逻辑

意识在能所共振中将不同时刻记忆认知（统摄）为一个信息时，便是对时间的分割，由此产生长短不一的各种时段。最大时段是系统的整个历史，最小时段仅包含两个时刻，一个时刻即一个时间坐标，是构成时段的最小元素。时段因为其包含时序区别，而被意识认知为一个整体，称为寿命（此处指广义寿命，狭义寿命指事物生灭过程），其所含更短时段则是更短寿命，其本身则隶属于更长寿命。每个时段因其元素同时被包含于一个寿命，又称同寿数据。所有时段之间存在三种关联关系：①一个时段为另一时段的子集，为包含关系；②两个时段被同时包含于一个更大时段，该更大时段也代表一个时序（指该更大时段被一次认知形成），故称“同序关系”；③两个时段包含共同的时刻质点，为交叉关系。时段之间所有关系的见证者也都是意识，是一体的，万物因此得以在时间这个范畴建立了关联逻辑体系。

（三）万物是时空的纽带

谈论时空作用时，不可漏掉“事物”概念，因为万物是时空的纽带，时空作用归根到底是围绕万物来体现的。如图 17-2 所示，任一事物同时有两个基本属性，一是占据一个空间即具有影像；二是占据一个时段即具有寿命。占据空间说明其所含组分之间具有空间的整体性，占据时段说明其空间整体性的主要作用具有时间的连续性。事物从无到有，保持一个时段再灭亡或转化，这就是事物寿命，万物都有一个或长或短的寿命。事物的上述两种基本属性，被统摄在事物作为一个主体的名义之下，这使万物成为时空之间的纽带，其纽带作用表现在三个方面：①在空间方面，事物与其组分属总分关系，组分之间则属并存关系，同时事物又是更大事物的组分。空间以万物影像为纽带，得以建立多层次的总分、并存关联逻辑。②在时间方面，事物寿命与其所含时段为包含关系，所含不同时段之间则存在同序、交叉关系，事物寿命同时又包含于更大寿命。时间以万物寿命为纽带，得以建立多层次的包含、同序、交叉关联逻辑。③综合而言，本来时、空自成体系，互不关联，但由于万物的影像和寿命同时属于一个事物主体，这就为时空建立了连接，由此形成统一的关联逻辑体系。

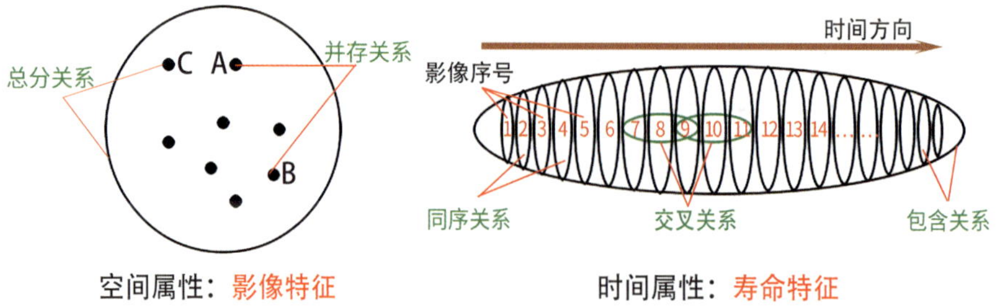

图 17-2 “万物的两大属性”示意图

（四）综述

总的来说，空间从横向上将大小事物影像分割为不同层级整体，影像可能大小嵌套或并列；时间则从纵向上将各时段分割为不同长短的寿命，寿命可能长短包含、同序或交叉。换言之，从空间上看，万物是分割整个空间所得不同位置的区别性，是位置的集合；从时间上看，万物是分割整个时间所得不同时段的区别性，是时序的集合。可见，时空从横向和纵向两个维度，将世界分割为复杂的万物，再通过万物影像和寿命的整体性将其所含不同元素关联起来，从而建立整个系统关联性的逻辑体系，具体形成空间上的同框数据和时间上的同寿数据，储存在记忆中，为能所共振形成认知奠定了基础。

三、关联性的度量方法

上文介绍了万物关联性的形成过程，系统通过空间、时间、事物三大概念的作用而得以建立智能的关联逻辑体系。本节论述关联性的度量方法，以求把理论落实为技术算法。

（一）关联性概念

这里所讲的关联性，是指记忆体中的每个历史信息与外境客体的关联关系，这种关联性的作用是当客体刺激系统时，每个记忆是否产生能所共振和兴奋的依据。如果双方没有关联，则记忆质点不会兴奋，如果有关联才兴奋，关联性越强、兴奋度越高，二者成正比。而兴奋是产生认知的前提，认知就是对兴奋场景的描述。显见，关联是兴奋和认知的基础，关联逻辑是系统整个逻辑体系的基石。

（二）建立关联性的难度

谈到寻找智能系统的关联逻辑时，业界有人感叹，认为关联性太复杂了，很多因素既可说有关联、也可说无关联，千头万绪，关联的标准无法统一，实在无法建立关联逻辑体系。前述感叹不能说完全没有道理，一个事物可以说与全宇宙是关联的，一个客体甚至说与每个记忆都关联，的确有复杂的一面。但是，当我们发现影像和寿命都以意识作为见证者时，当发现影像质点的差异其实都是趋性不同时，因意识和趋性具有一体性，就可在复杂中找到隐藏的秩序，找到时间、空间、事物概念在关联中的巨大作用，从而建立关联逻辑体系。

（三）关联性的度量方法

如何证明客体和记忆有关联并进行度量呢？记忆代表一个事物，客体和记忆的关联就是两个事物间的关联。从事物的两种属性上看：从影像上讲，检查甲关联（隶属＋并存）的元素与乙关联的元素是否包含相同元素；从寿命上讲，检查甲关联（包含＋同序＋交叉）的时段与乙关联时段是否包含相同时段；上述二者居其一，即有关联。

在计算上，我们认为意识每次认知的关注总量是相等的，即关注对象质点的趋性总量相等，差异是趋性的极性不同，以及注意权重在质点间的分配不同。因此，计算出意识在两个事物关联要素上的注意权重，即可算出两个事物之间的关联程度。我们用"关联度"指标来度量关联性强弱。计算出关联度后，即可为兴奋度计算提供数据。

计算公式为：

设：客体甲和记忆质点乙之间共同的关联要素是 A，则

甲乙的关联度 = 甲对 A 的注意权重 × 乙对 A 的注意权重

乙的兴奋度 = 乙的目的度 × 甲乙的关联度

四、从图灵机谈时间与行动

图灵机，又称图灵计算机，是由英国数学家图灵于 1936 年提出的一种抽象的计算模型，为计算机的诞生奠定了理论基础。本节将从归纳图灵机的本质特征，引申来谈时间和行动的关系。

计算机的行为本质是图灵机，可将其行为过程描述为：

当前状态 + 当前输入 → 行动 + 下一状态

图灵机的行为过程可简单概括为：在运算时，图灵机根据自己的内部状态结合当前的输入内容查找程序表，然后做出行动（输出信息到纸带、进行移动）并转换自己的内部状态。如果说冯·诺依曼结构是计算机的骨架，则图灵机就是计算机的灵魂，它给出了通用计算模型，为计算机的发明指明了方向，具有重要的历史意义。

既然图灵机模型如此通用，不知三链范式的类脑模型是否也与之匹配？将范式认知模型与图灵机进行比较，可得出两点结论：

(1) 三链范式的类脑认知模型与图灵机运行过程吻合。

(2) 不同处在于，范式时刻在自主添加"程序表内容"。

首先，范式认知过程与图灵机运行过程完全吻合：在认知发生时，记忆体在当前输入刺激下，系统产生行动（内部状态发生共振、因果逻辑产生趋性跳转、将兴奋投射形成认知）并产生新的记忆体状态。其次，范式与图灵机的不同之处在于，范式的内驱功能使每次环路在针对外境产生认知和行动的同时，还对所储因果逻辑进行了动态修正并生成了新的因果逻辑，相当于修改和添加了程序表内容，使系统的运行规则得以更新，而图灵机模型未说明其程序表是否为固定。

从范式与图灵机的比较中，可发现智能的行动在每次认知的状态切换中得以呈现，其中：①感受（受趋）驱动的行动以兴奋、投射、独思来表达，表现为对目标的"纵向紧盯"；②逻趋驱动的行动则以因果逻辑趋性跳转来表达，表现为对目标的"横向跳转"。系统通

过受趋和逻趋的配合，从纵横两个维度驱动系统导向目标实现。而行动的实质，则是注意力随着关注对象的切换。归纳如下结论：

（1）行动，指趋性趋向目标的智能现象，其实质是注意力对目标的黏着和切换。包括受趋的“纵向紧盯”和逻趋的“横向跳转”。

（2）行动产生的前提是系统的场景切换，而场景切换必然是时序的转换。因此，时间流动是产生行动概念的基本前提，假如没有时间概念或场景切换，则智能就无法表达“行动”这个事物。

五、时序管理要点

我们在场景切换原理一章简要谈过时序话题。时序是智能系统的奠基性概念，是底层逻辑中的根骨，非常重要。本节再来谈时序话题，将从时序理解、时序管理要点等方面阐述。

（一）对三级时序的理解

“单智寿命”即“智寿”，是一次环路的运作周期；“维度寿命”即“维寿”，指一个维度在环路中完成全部工作的周期；“顶维寿命”即“顶寿”，指非觉层完成环路工作的周期。其中，“智寿”最长，而“顶寿”最短；外境层的“维寿”等同于“智寿”，非觉层的“维寿”即“顶寿”，维度越高，“维受”周期越短。“顶寿”的共振和投射一次完成，代表了系统最短的认知过程；环路中，各维内部还有场景切换（兴奋、趋性跳转、数据修正等），但实体界内部切换不储存影像，不另设更细时序，此类切换每次耗时应与“顶寿”等同。

（二）时序管理的要点

研究类脑智能的时序课题，注意如下几个要点：

（1）时序统一了各维认知和场景切换的时间周期，使操作节奏和切换速度遵循统一标准，使系统全局成为步调一致的整体。

（2）三级时序的时间长短不同，实体界比现象界场景切换更快，形成各维现象界与实体界在一次环路中的切换次数比达到“1 比 2（或 2 以上）”的现象。这使现象界表达为状态，而实体界表达为过程，呈现外静内动，体现了记忆体在客体刺激下内部振动的效果，从而使智能严格遵循“存在是一种作用关系”的基本认知法则。

（3）各维信息以时序分出前后，这是因果逻辑得以生成的基础。在寻求策略或展望未来时，可根据信息的时序次序建立因果逻辑。

（4）因果逻辑验证有严格时效性，时序更替和逻趋变化存在一定函数关系，这使纯时序更替也代表了事实变化，而起到刺激因果逻辑趋性跳转形成认知的作用。从逻辑上说，只要系统储有因果逻辑数据且时序在变，则认知环路就必须按单智串行法则启动运作。

(5) 无形的时序更替,必须依托有形的场景切换来表达。

(6) "赋序",指系统对信息赋予时序的过程,也是对其所在时刻标注时间坐标的过程。系统在储存环节完成赋序过程,赋序表明本次信息与记忆体融为一个整体。赋序看似只指向本次时间坐标,其实需以所有记忆为背景,这使该信息融入了全局的关联逻辑体系。

六、对"过去""现在""未来"的解读

本节谈谈大家常用的"过去""现在""未来"三个概念。

在所有代表时间的概念中,"过去""现在""未来"可谓是最主要的常用概念。可就在如此被人们常用的概念中,通过仔细分析可以发现,它们有诸多可能是大家并不熟知的内涵,这可以给研究者带来新的思考。在此,我们将从如下几方面进行解读。

(一) 时间箭头产生"过去""现在""未来"

时间箭头从过去指向未来,有一个明确方向,且不可逆,为何? 这是存在因果逻辑的缘故。人们把世界看成一个遵循因果逻辑的客观世界,"因"的发生可以产生"果","果"的发生并不影响"因",但"果"是一个新的"因",将产生新的"果"……如此因果相续连成"因果链"。所有因果链的联动都指向同一方向,世界因此形成时间箭头(即时间链)。时间链包含前后次序,"过去""现在""未来"等标识时序关系的概念就出现了。

过去,指已发生过的场景;现在,指正在发生的场景;未来,则指尚未发生、将要发生的场景。简单讲,"过去""现在""未来"三个概念是附在认知场景上的时间属性,而不是场景本身。

(二) "过去""现在""未来"与记忆体的奇妙关系

请注意下面的分析:整个记忆体中的每个记忆都在过去发生过,它们都代表"过去";同时,每个记忆都是代表联动关系的因果逻辑数据,都在不同程度上代表系统对未来的预见,故它们都代表"未来";再者,每个记忆都以不同关联度参与了本次认知,都被意识采集且无一遗漏,系统以记忆为表达素材,投射出当下的认知结果,故每个记忆又都代表了"现在"。综上,奇怪的是,同一个记忆体,竟然既代表"过去"、又代表"未来"、还代表"现在",令人惊诧。不禁要问为什么? 其实"过去""现在""未来"都可由同一个记忆体来表达,竟也符合逻辑,因为这是从不同角度对记忆体进行观察的结果。当我们从记忆体的时序上看时,所有时序排在此前,故均为"过去";当从记忆诠释的因果逻辑上看时,记忆都是系统预设的未来反应机制,故它们又都代表"未来";当从参与当下认知的角度看时,每个记忆都是表达认知的素材,它们通过共振兴奋参与了当下的认知,是参加"本场

演出”的所有“演员”，它们表达的内容被意识采集，生成联想、感受等本次认知，而形成“现在”。简单讲，不妨这样来看记忆体：从存储内容看，都属于“过去”的信息；从投射认知看，呈现了“现在”；从运转动机看，都为了“未来”。

(三) “过去”“现在”“未来”的深层意义

电影《神战：权力之眼》中，斯芬克斯让智慧之神猜谜，谜面是：我不存在于过去，但我永远存在，没人见过我的面目，而我是所有生灵活着的追求，我是什么？答案是：明天（或未来）。从谜语引申，我们来解读系统设置“过去”“现在”“未来”概念的深层意义。

(1) 正如谜语所言，生灵总有追求，追求即目的，这契合本书目的是智能第一属性的说法。目的就是趋避趋性，要让人们有追求，首先得对目标有记忆，记忆是凝结着趋性的一种“思念”。

(2) 实现目标的方法是按因果逻辑分解计划，按次序对每个行动步骤采用擎旗功能予以关注，按趋利避害原理逐步导向目标实现。

(3) 一个步骤实现后，系统按预设计划跳转下一步骤；一个目标实现后，系统将会跳转新的追求目标。目标是没有穷尽的，不会出现目标实现后系统缺失追求目标的情况，因为系统有展望未来不断产生新目标的功能。这就像谜语所说“明天永远存在”一样，趋性也永远存在，如果所有目标消失，系统将失去趋性，但这极难发生。

综上，系统通过“过去”“现在”“未来”三个概念，设计了生命运动的基本模式：智能先依托过去经验累积的趋性，引发对未来目标的追求，驱动系统运动；再挖掘因果逻辑，预设未来的行动步骤；待目标于现在实现之后，跳转预设的下一目标继续行动；其间通过感受功能体验追求过程的喜怒哀乐；如此循环往复，不断前行。

第十八章　智能的信息存储

信息是意识对世界的反映，一切意识内容都是信息，知觉就是对信息的处理，信息流转是系统的核心，整个系统就是在围绕信息生成及存储进行运转的。信息的生成及存储是智能研究的关键课题。

信息的概念非常重要，它和物质、能量等基本概念一样，是人们理解世界的基础。然而，或许因为信息概念过于基础和神奇，以至于人类对它的理解纷纭复杂，似乎至今也未形成统一。在人工智能蓬勃发展的今天，智能研究者应当对信息概念建立更为准确的认知，只有更好地理解信息含义及其本质，才便于更深地理解智能原理。

本书提出的趋性类信息（即储存趋性所得的趋息，包括储存受趋所得受息和储存逻趋所得顺息）与传统的貌息不同，它用于表征认知活动自身，是信息表达的新方式，也是信息研究的新课题。

本章内容的几大亮点：①给出与认知主体密切相关的信息定义；②将信息分为“现象层”和“实体层”，详细介绍了两类信息的形成过程，揭示“印耦角色法”是信息形成及存储的关键技术；③分析了“实体层”信息是否需要储存的问题，确认了系统只需要一个记忆体；④揭示了存储和计算的融合性，确认实现“存算一体”的可行性。

一、信息的定义

“信息”一词在英文、法文、德文、西班牙文中均为“information”，日文中为“情报”，我国台湾称之为“资讯”，我国古代用的是“消息”。从20世纪40年代起，伴随着人类社会第三次工业革命的兴起，信息科技迅速发展。业界给出了信息的不同定义：

（1）信息的奠基人香农认为“信息是用来消除随机不确定性的东西”，这一定义被人们看作经典定义并加以引用。

（2）控制论创始人维纳认为“信息是人们在适应外部世界，并使这种适应反作用于外部世界的过程中，同外部世界进行相互交换的内容和名称”，它也被作为经典性定义加以引用。

（3）美国物理化学家吉布斯认为“熵是一个关于物理系统信息不足的量度”。

（4）我国著名信息专家钟义信院士在文献[1]、[2]中指出：“信息是事物存在方式或运动状态，以这种方式或状态直接或间接的表述。”

（5）美国信息管理专家霍顿认为“信息是为了满足用户决策的需要而经过加工处理的数据”。

（6）一些电子学家、计算机科学家认为“信息是电子线路中传输的以信号作为载体的内容”。

以上的各种信息定义，都给出了人们对于信息的若干重要理解。本书认为，站在研究智能系统的角度，可将信息概念定义为：

所谓信息，是指智能系统对于物质世界和精神世界中各种事物的存在方式或运动状态的描述。

这个定义包含如下含义：

（1）信息既描述真实世界事物，也描述精神世界事物。

（2）信息是事物存在状态及其变化过程，这与钟义信院士的信息定义一致。存在是立足于“无”而谈“有”的，故事物的含义是指其存在及变化的“有”的状态，信息就是“有”的内容的描述。

（3）强调了认知主体在定义中与认知对象的平等地位，这是本书的信息定义最显著的特点之一。信息的存在是系统认知的结果，脱离意识谈论信息将遗漏信息的认知背景，而产生欠缺。强调意识在信息定义中的不可或缺已逐步为更多学者认可，如文献[23]指出“信息是人的意识对世界的反映，是人类意识/智能的产物”（谢耘，2019）。

二、信息的分类

本节专门谈论生物智能系统中的信息分类，为下文阐述信息的生成及储存的技术原理进行知识铺垫。根据上节给出的信息定义可知：信息是智能系统对外境和内境中的一切存在状态的认知。那么，依据这个定义，系统信息的种类共有哪些？在此，分别从三个不同的观察角度进行阐述，然后再进行归纳小结。

（一）从认知维度看信息分类

三链范式建立了九层维度理论，信息从维度角度分为两类：

（1）系统针对各维的能所共振形成的认知结果，属于一维信息，从对外境、影像、功能、行动、意志、秉性、生灭、能所层的认知中，共依次获得基息、律息、动息、柬息、熵息、恒息和无息七维信息（认知能所层所得非息因无内容而忽略），分别储存在相邻高维。

（2）上述认知是对记忆体共振兴奋场景的描述或投射，因此勿忘，记忆体未兴奋前的存在状态，亦属一类信息，这点易被遗漏。

（二）从三大板块看信息分类

万物分类原理中将系统分为“三大板块”：①第一板块是被认知对象，即代表真实外境的物耦；②第二板块是认知主体，即记忆体数耦；③第三板块是夹在第一和第二板块之间的认知作用，即在认知中产生的精神活动。从“三大板块”角度，信息分为三类：

（1）认知第一板块物耦获得外境层实屏信息，即真实外境信息。

（2）认知第二板块数耦获得记忆体的当下状态。

（3）认知第三板块获得认知环节的精神活动信息。

（三）从认知主体看信息分类

根据信息定义，既然信息是认知主体对内外境的认知，而系统的认知主体包括“三重自我”和印耦，那就从四层主体角度分类：①从“身体我”角度，以真实外境信息为认知结果；②从“人性我”角度，以外境层双屏信息为认知结果；③从“逻辑我”角度，认知结果包括七维信息的所有内容；④从印耦角度，既包括“逻辑我”的认知内容，也包括认知“逻辑我”自身所得的信息，是最全面的认知视角。

（四）综述

综上，分别从认知维度、三大板块、认知主体等角度分析了信息分类。归纳不同角度的共性，结合万物分类原理将系统分为刹那存在的现象界和非刹那的实体界的理论，将信息分为两个层级。

1. 第一层为“现象层”信息

“身体我”“人性我”分属第一和第三板块，而代表第二板块的“逻辑我”是真实认知主体。将“逻辑我”认知内容归为一个层级，它们均在描述刹那的现象界，故称“现象层”信息。可细分为：

（1）按维度不同，“现象层”信息分为基、律、动、柬、熵、恒、无等七维信息，其中每个信息均由貌息和趋息组成。

（2）按认知对象不同，“现象层”信息分为物息和逻息，前者是针对具体事物的认知结果，后者是针对因果逻辑的认知结果。

2. 第二层为“实体层”信息

第二层是对记忆体存在状态的描述，即对数耦状态的描述，包括数耦基态和数耦歌态两种，前者指每次花鬘切换后的数耦状态，后者指能所共振后的数耦状态。现象界客体仅在刹那存在，须储存信息，而实体界记忆体长期存在，无须另储存信息（第五节详述）。因此，第二层信息长期存在，好似是个实体，故称“实体层”信息。

三、信息的生成

研究信息技术，包括生成和储存两个课题。在谈信息储存之前，先来谈系统双层信息是如何生成的，在厘清双层信息的生成流程之后，再阐述其存储原理就比较容易理解了。在此，分别对“现象层”和“实体层”信息的生成流程分述如下。

（一）“现象层”信息的生成

“现象层”信息是记忆体的组成元素，厘清这一层信息运作原理，是研究信息课题的基本任务。在此，以真实外境客体 A 刺激系统启动认知环路为例，简述一次“现象层”信息的生成流程。

（1）当 A 刺激身体时，身体内部的物理结构发生能所共振，意识采集共振场景生成白基息，输入相邻高维影像层开始认知求因。

（2）白基息刺激影像层引发共振，历史影像按照与白基息的关联程度兴奋，意识采集兴奋场景生成白律息，继续向高维求因。在参与共振的记忆中，超出白基息内容的兴奋将在认知完毕时被投射至三维虚屏生成联想内容，形成三维层面的客体含义。认知完毕后三维双屏组为基貌息，代表 A 的客观属性；计算白基息对影像层的兴奋冲击度排名可得基受息，代表对 A 的感受，基貌和基受合并为完整基息。

（3）随后，每层维度都发生能所共振，白动、白柬、白熵、白恒、白无息相继形成。在能所层共振时，由于所有无息内容等价造成全局共振度一致无法产生焦点和背景差异，形成无任何差别的“无别态”（即白非息），至此主客瓦解，求因终结启动投射流程。

（4）意识将认知结果逐层投射低维，各维都像影像层一样投射出虚屏作为对低维实屏的含义解释。七层双屏组为七维貌息；七维貌息和趋息合并成为七维信息。如此，一次“现象层”信息生成完毕。

（二）“实体层”信息的生成

谈“实体层”信息生成，借助示意图方便说明。如图 18-1 所示，为某维度记忆体的认知和存储两大功能流程图。在流程图中，数耦基态时，现象界认知中断；数耦歌态时，现象界形成双屏认知。系统运动视为由无数环路组成，环路之间由花鬘切换进行分界，每次切换形成数耦基态；其后客体刺激引发数耦共振，基态转化为歌态，歌态向低维投射出双屏场景，形成认知；其后，认知结果储入数耦，数耦启动相关学习模式修正数据，以花鬘切换终结本次环路。综上，关于“实体层”信息的生成过程，请注意如下几个要点：

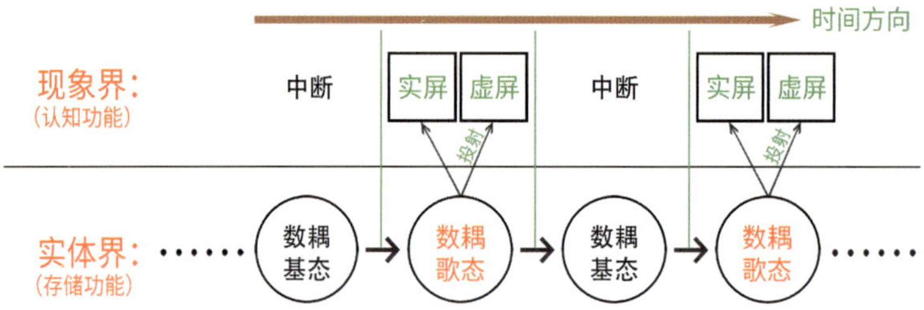

图 18-1　两大功能流程总图

（1）现象界和实体界是系统同时并存的两个领域，其中，现象界有中断，实体界则是连续存在的，后者是前者运行的基础。注意，如果认为现象界和实体界是先后轮换运作的，是错误看法。

（2）每次花鬘切换时，系统修正记忆体的所有数据，使全局获得更新，生成数耦基态。数耦基态是“实体层”信息的一种类型。

（3）每次能所共振时，数耦内部因共振发生趋性跳转，导致数耦状态发生调整，转为数耦歌态，歌态是“实体层”信息的另一类型。在歌态生成的同时，系统将其投射生成双屏场景，形成环路认知。

四、信息存储原理

在介绍了双层信息的生成流程之后，本节谈论信息存储的技术原理。存储功能即记忆功能，指系统保存记忆数据长期不丢失的能力。认知和存储是系统的两大根本功能，存储是值得重视的底层核心技术。在此，将从存储功能的核心地位、存储技术的哲学思辨、“印耦角色法”的操作流程等几个方面阐述如下。

（一）存储功能的核心地位

其他章节有说过，系统两大功能是认知和行动（即对外反应），但这只是顺应大众习惯的常规说法，非核心理解，因为行动其实也是认知的一种，可以并入认知范畴。也正因为如此，智能系统才常常被人们称为“认知系统”，就是因为认知是其根本功能。但系统并非只有认知一个根本功能，还有另一个可与认知并列的根本功能，那就是存储，认知和存储并称为智能系统的两大根本功能。也许有人看到“存储”二字后，有所失望，觉得存储很普通，就像电脑存储信息一样，不算很特别，似乎不够“根本功能”级别。那笔者要提醒，轻视存储的看法是错误的，存储功能极为重要，它是认知的基石。

(二) 存储技术的哲学思辨

系统的信息存储工作，涉及智能的最深奥秘，是很难用业界常识理解的。信息存储技术另有特别名称，称为“印耦角色法”，是信息储存的具体方法，在介绍它的操作流程前，先通过哲学思辨来解读“印耦角色法”。思辨步骤如下：

(1) “现象层”信息要想储存，必须像电脑一样配备信息存储器，以便将信息储存其中。如果没有存储器，存储功能就无法实现。

(2) 要设置存储器，它首先须被系统认知为存在，为方便论述，我们将认知存储器的认知者称为 A。按照“存在是作用关系”的基本法则，A 必须拿出“作用关系”的证据，来证明存储器存在。

(3) A 本身也必须被认定为存在，否则它就没有资格证明别人的存在。如此层层均须被证明存在，就无法操作了。因此，必须要有个“终极认知者”(称为印耦)，它天然存在，不需要被证明存在。

(4) 我们省略 A 到印耦的过渡环节，假设 A 就是印耦，接下来有两个疑问要分析：①如果 A 拿出证据证明存储器存在，那么它就不是终极认知者，因为还需有后来者来审查证据，还得再证明后来者是否是终极认知者，后来者会遇到与 A 同样的问题；②如果 A 无证据证明存储器存在，大家怎么知道和确认存储器的存在？

(5) 接上，只有一个办法：存储器由印耦自己的质料构筑，即由印耦质料制造存储器。印耦是一体的，它知道组成存储器的自身质料的状态，故它可通过这种“一体性”属性管控存储器运作。

(6) 还有一个问题，当将信息储入存储器时，如何操作才能达到储存效果，让信息和存储器紧密衔接？所以，最好的办法就是将信息与印耦“无缝对接”，即印耦直接用自身质料来构筑信息本身，直接跳开存储器这个“中介”；如此，可省掉存储器这个中间环节。

(7) 上述用印耦质料构筑信息，等于让印耦扮演信息的“角色”。

印耦质料原状态称“寂静态”，扮演角色所用质料则转为“激发态”，“激发态”印耦就是智能的第一属性——趋性，包括关注度(指趋性强度)和运动方向(指趋、避极性)，系统按角色差异赋值。本书将智能这种生成和储存信息的方法，称为“印耦角色法”。

(三) “印耦角色法”的操作流程

从一个数耦基态到下一个数耦基态为系统的一次完整运作过程，此间，三处用到“印耦角色法”：①实体界的“基态角色法”，形成数耦基态；②实体界的“歌态角色法”，形成数耦歌态；③现象界的“环路角色法”，形成七维信息。相关流程如下：

（1）在目的系统一章的“系统是个任务集合”一节，我们分析过记忆体是个“趋性海洋”，趋息是趋性，貌息亦是由趋性组成。花鬘切换时，只需将“趋性海洋”的所有趋性让印耦生成不同的激发态来“扮演”，即可轻松生成数耦基态，这就是“基态角色法”。

（2）在数耦受外境刺激时，各维发生共振，关联质点产生兴奋，它从基态转为歌态。此时，只是部分趋性值发生调整而已，印耦只需按生成基态的同样方法即可生成数耦歌态，这就是“歌态角色法”。

（3）在数耦歌态生成的同时，各维按投射法则向现象界依次投射七层双屏并形成七维感受，七维信息形成过程就是“环路角色法”的运作过程：①印耦生成七个激发态，代表七维趋息；②双屏每个质点都是一个趋性，双屏就是一组趋性的集合，印耦按每个质点趋性生成激发态，即可“扮演”每个貌息；③貌息和趋息组合为完整信息。

（4）七维信息形成后，按趋息值找到存储位置，将新信息融入数耦并再次启动“基态角色法”修正全局数据，形成新的数耦基态。

五、为何“实体层”信息无须储存

上文中，我们阐述了双层信息的生成原理，多次提及“现象层”信息的储存过程，但猛然发现，竟然未提及“实体层”信息的储存。为何不阐述“实体层”信息的储存？难道它不需要储存？这是研究者可能忽略的隐秘问题，但它极为重要，涉及智能的最深奥秘。同时，这似乎又是个奇怪的问题，人们通常会认为信息都是需要储存的，但实际情况并非如此，“实体层”信息似乎不需要储存。那么，为何它无须储存？为了厘清该问题，将从问题的重要意义、实体界内部变化、无须储存的解读等方面进行详细分析。

（一）研究此问题的重要意义

研究智能，本书秉持一个基本原则，如果某个问题没有现实意义，那我们就无须花时间去研究它。因此，在回答“实体层”信息是否需储存的问题之前，首先要明确解答该问题的实际意义。试想，假如“实体层”信息是需要储存的，那么，意识在认知它们后，必须设置一个高阶记忆体来储存它们；同理，意识在认知高阶记忆体的状态时，还得再设置更高阶的记忆体来储存前述状态；如此，层层均需储存，无穷无尽，智能系统将完全无法运作。鉴于此，智能系统必须有一个“终极记忆体”存在，使意识对它的认知，无须再进一步储存信息，这才能终止上述层层储存信息的问题，保证系统的正常运作。因此，研究“实体层”信息是否需储存，就是要找到上述“终极记忆体”，厘清无须储存的原因，从根上解决问题，其意义无疑是巨大的。

（二）记忆体内部到底发生了什么

在分析“实体层”信息为何不需要储存之前，从实际出发，先来看看实体界即记忆体内部都有哪些变化。

（1）一个变化是数耦基态的形成。在一次环路结束时，系统会将本次生成的新信息融入记忆体，并按感受平衡法则将各个历史受趋值修正为感受现值，将全部记忆转为数耦基态，完成数据更新。

（2）另一变化是数耦歌态的形成。在客体刺激发生后，系统内部会发生关联共振、因果逻辑趋性跳转、逻趋值修正等现象，这些现象均以貌息质点的兴奋为结果并生成数耦歌态。数耦歌态作为本维度的共振场景，以此向高维求因，最终被认知为本维貌息的一部分（貌息包含双屏，求因场景为实屏），储存在相邻高维中。

（三）“实体层”信息无须储存的分析

从两个不同方面来分析“实体层”信息是否需储存。

（1）首先，存在“变相储存”的情况。上文已述，数耦歌态最终作为貌息的一部分储在相邻高维。但是，不能因此说“实体层”信息被储存了，因为一则数耦基态未被储存，二则数耦歌态是兴奋态，不能完全代表数耦状态，只能称为“变相”储存。但同时，亦不能说“实体层”信息未储存，因为从歌态中可解析出基态数据。

（2）其次，从实际来看，实体界状态的变化，是系统按照“印耦角色法”进行激发的结果：存储时激发一次，转为数耦基态；共振时又激发一次，转为数耦歌态。其实，实体界的变化都是趋息在变化，而貌息是不变的，可用一个比喻来描述实体界的状况：貌息储入后，即使趋息变化使存储位置和关注状态改变，但并不影响貌息的存在，貌息就像地板上的石头，是一个实体，即使石头在地板上滚来滚去，光照强度不同，但它始终存在，不会丢失，故无须另外储存。

综上，归纳如下结论：

（1）在实体界，貌息始终不变，无须另行储存；趋息永恒流变，产生的新数据会体现在随后的新貌息中，形成变相储存。

（2）数耦就是“终极记忆体”，系统始终只存在一个记忆体。

六、信息存储的未来展望

认知和存储是智能系统的两大功能，且以存储为根，这足见信息存储技术为类脑人工智能发展中的核心技术。本节对信息存储未来发展涉及的重要技术进行展望，以探索行业前景。接下来，将对“存算一体”“花鬘传承”等技术进行分述。

（一）“存算一体”技术的解题思路

传统的计算机采用冯·诺依曼结构，计算和存储功能是分离的，分别由 CPU 和存储器完成，二者通过总线互连通信，CPU 从存储器读出数据、完成计算，然后将计算结果写回存储器。冯·诺依曼结构以 CPU 为中心，其他部件均为 CPU 服务。当前，冯·诺依曼结构已逐步暴露出严重的“存储墙”“功耗墙”“带宽墙”问题，成为发展的重要瓶颈。文献[21]指出“计算和存储单元的相互分离引起速度瓶颈与功耗浪费……因此新型计算存储一体化技术成为研究的重要方向”(张章等,2021)。从 20 世纪 90 年代问题出现开始，人们就在开发诸如高速带宽通信、近存储计算、混合计算存储等解决办法，但收效有限。至今，开发“存算一体”架构来解决上述问题，已成为工业界和学术界的主流共识，其主要方法是从以计算为中心的架构转变为以数据为中心，将计算和访存融合，在存储单元内实现计算，从结构上消除访存，从而避免访存延误和访存功耗。尽管如此，“存算一体”在实践中普遍尚处于实验阶段，实现之路仍然困难重重。

三链范式独特的存储结构，为实现“存算一体”提供了新的思路。简单讲，范式以七维记忆组成的实体界为运转核心，对现象界的认知由实体界投射形成，符合“存算一体”架构以数据为中心的基本要求；范式的系统是“趋性海洋”，不仅记忆体所有元素均由趋性所构筑，且一切认知过程都是趋性状态的切换，这使存储和计算并无实质区别，均可通过“印耦角色法”来完成，使实现“存算一体”成为可能。

(二)“花鬘传承”技术的未来展望

把记忆体比喻为一朵花，每次数据更新生成的新花会继承旧花的全部内容，“花鬘传承”是对运转总模式的比喻，表明系统进化性强，数据和程序可实时更新。其中，因事实变化修正逻趋值，代表世界观的更新；因新增感受修正受趋值，代表价值观的更新；表明智能具有适应环境的“类人”功能。目前，与逻趋相关的因果发现技术已成为业界研究热点，而代表自主目的的感受技术取得实质进展的还很少。在未来，待因果发现和感受技术均有突破后，“花鬘传承”相关技术将很快得到发展并逐步普及，因为它是类脑智能的基本配置。

扫码了解“存算一体”架构概略

第十九章　智能的逻辑链条

逻辑链条简称“逻辑链”，是三链范式的三链之一。在范式中，“维度链”代表系统的空间结构是多维度的；“主客链”代表系统的意识体验具有多层次的主客划分；“逻辑链”则指系统的存在和运行都是按照逻辑进行的，具有完善的逻辑链条或逻辑体系。可这样说，“维度链”“主客链”“逻辑链”分别是从空间结构、驱动层次和演化规则角度的描述，三者三位一体，融合为对系统的全面表达。

逻辑是思维的呈现，它既包括思维对事物存在和运动方式的模拟（第一层含义），也包括前述模拟过程的运作原理即思维自身的运动规则（第二层含义）；前者重在陈述思维的对象，后者重在陈述思维的行为；二者的耦合，反映了智能系统对世界（含系统自身）的全部“见解”。因此，对逻辑体系有两种分类方法：①按生成数据不同，分为并存逻辑[①]和因果逻辑，合称“数据型逻辑”；②按功能作用不同，分为初始、持态、心弦、花鬘逻辑，合称“功能型逻辑”。

本章内容的几大亮点：①给出智能逻辑体系的两套分类方法，揭示了体系的全貌；②分别解析了数据型和功能型逻辑的具体类别，深入总结逻辑概念的两层含义；③对“逻辑链”进行了含义解读；④对类脑智能架构的开发，分析了设计工作的几个要点。

① 并存逻辑：指描述事物之间并存关系的逻辑，属于数据型逻辑。共有四种并存关系：身体和真实外境之间的物耦并存；实屏和虚屏之间的双屏并存；现象界和实体界之间的体象并存；存在和印耦之间的有无并存。

一、逻辑体系概述

生物智能系统是一个纯粹的逻辑聚合体，它在外境的刺激下，按照其自身的内部逻辑，自动驱动系统的运转。可以说，这种驱动是很精密、也是很神奇的，研究者不应错过对逻辑课题的探索，因为它准确地反映了系统运行的核心秘密。在此，我们从逻辑和“逻辑链”的概念、逻辑的分类、逻辑运转流程等方面进行概述。

（一）逻辑、逻辑体系和“逻辑链”的概念

人们普遍认为，逻辑指思维对事物存在方式的模拟，犹如世界的存在和运动方式“映在”意识中的“投影”。但这种看法不够全面，遗漏了对思维自身运动规则的表达（详见第四节逻辑的两层含义）。逻辑体系是系统逻辑的总和，生物智能逻辑体系的总体特征具有严密的层次性和衔接性，具有链式结构，我们把逻辑体系的这种特征喻为“逻辑链”，第五节对“逻辑链”的含义有详细解读。

（二）逻辑体系的分类

逻辑体系的分类就是对系统不同的逻辑类型进行划分。本书推荐两种分类方法：一是按照逻辑生成数据的不同进行分类，统称“数据型逻辑”；二是按照逻辑的功能不同进行分类，统称“功能型逻辑”。数据型逻辑和功能型逻辑的相互关系，将在第四节详述。

（1）数据型逻辑。按逻辑运行生成数据不同将逻辑体系分为因果逻辑和并存逻辑。此分类方式新颖独特，有助于拓宽思路。

（2）功能型逻辑。按功能不同将逻辑体系分为初始、持态、心弦、花鬘逻辑四类：①初始逻辑指构筑系统底层框架的逻辑，包括有无、动静、内外、真妄划分、时空逻辑等；②持态逻辑[1]指保持系统状态的逻辑，包括激发、统摄逻辑；③心弦逻辑指在持态逻辑基础上驱动完成单次认知的逻辑，包括维度、共振、关联、跳转、兴奋逻辑；④花鬘逻辑指存储环节的逻辑，包括记忆、学习、单智串行逻辑。

（三）逻辑体系的总体运转流程

初始阶段，系统依据有无、动静、内外、真妄划分和时空逻辑，建立逻辑根骨。以此为支撑，系统依据持态逻辑进行趋性激发和统摄，从而呈现并保持当下状态。在持态基础上，系统启动心弦逻辑，通过维度、共振、关联、跳转和兴奋逻辑运作获得本次认知结果。然后，启动花鬘逻辑，通过记忆逻辑保管数据，学习逻辑修正数据，待数据更新后再按单

---

① 持态逻辑：指使系统某种状态得以保持的逻辑，包括激发逻辑和统摄逻辑。前者指一个趋性从无到有刹那生成的逻辑；后者指将一组趋性统摄为整体的逻辑。持态逻辑体现了趋性系统的运作，由于趋性具有一体性，这使系统全局被组织为一个整体。

智串行逻辑启动新一轮认知，如此循环往复。

二、数据型逻辑简介

人们普遍认为逻辑是对事物存在和运动方式的模拟，此看法侧重陈述思维的对象，忽视了思维自身的行为，立论虽不全面，但反映了大众普遍的共识。既然如此，本节就先来谈与大众共识关联更为密切的数据型逻辑，也为阐述功能型逻辑做些铺垫。在此，分别从数据型逻辑的特征、具体分类两方面进行阐述。

（一）数据型逻辑的主要特征

思维是大脑认知事物的能力，认知结果总是获得客体影像并储存信息数据。思维其实就是逻辑，不同的思维（逻辑）可以获得不同的认知数据。因此，按照生成数据的不同可以对逻辑体系进行分类，此分类方式获得的逻辑，统称为“数据型逻辑”，具有如下特征：

（1）此类逻辑能获得并储存客体的信息；

（2）此类逻辑重在陈述思维对象，其名词性特征显著。

（二）数据型逻辑的具体分类

我们来看记忆中储存哪些数据。物息和逻息是两类数据，因物息算是逻息的组分，可以说记忆中都是逻息，记忆体就是一个因果逻辑数据库。因此，因果逻辑可划归数据型逻辑。那么，数据型逻辑还有其他分类吗？为回答此问题，我们举个有趣的实例来分享。

某位网友问“逻辑就是因果么？”，他讲：“上课时，有人说逻辑就是因果，对此我表示怀疑，因果链是逻辑的一部分？还是逻辑本身就是因果？”前述网友的困惑，具有一定的普遍性，因为这个问题有迷惑性，不是轻易就能理解的。作为智能的研究者，应当弄清该问题的答案，这对洞察系统的逻辑架构有重要帮助。下面，将对网友问题的难点、答案进行分析，进而获得数据型逻辑的具体分类。

1. 问题的难点

该网友的疑问，标准问法是“所有逻辑都是因果逻辑吗？”该问题具有迷惑性。人们常认为逻辑是一种思维规则，是对世界运行规律的模拟，而规律当然指前后联动关系，都是通过因果逻辑来描述的，故而认为逻辑好像就是因果逻辑。实际上，这是一种误解，它模糊了逻辑和因果逻辑的界限，造成了困惑。

2. 问题的答案

上述困惑，原因在于未厘清逻辑的定义。逻辑是对事物存在方式的模拟，如果理解为对规律的模拟则不够严谨；若把存在看成规律也不能绝对算错，但若进而把规律都理解为因果联动关系就错了，因为这遗漏了非联动的并存关系。换言之，存在方式既包括时间上的关系即因果关系，还包括空间上的关系即并存关系。所谓并存关系，指被意识统摄在一个场景中的被认知对象之间的关系。共有四阶并存关系：①真实世界的事物（含身体）之间的并存关系，属一阶并存，称物耦并存；②各维实屏与各维虚屏在认知中合并形成双屏场景（储为物息），属二阶并存，称双屏并存；③双屏与记忆体的并存，属三阶并存，称体象并存（指实体界与现象界的并存）；④体象总和与印耦的并存，属四阶并存，称有无并存。上述四阶并存是不同层次意识觉知的结果，反映了系统的真实状态。于是解答网友疑问：逻辑与因果逻辑的外延不同，不可混用，后者只是前者的子类，逻辑除包含因果逻辑外，还包含描述事物并存关系的逻辑。

3. 解题的重要收获

人们把描述事物联动关系的逻辑称为因果逻辑，相对地，本书把描述事物并存关系的逻辑则称为“并存逻辑”。其中，因果逻辑也称“时间型逻辑”，并存逻辑则称“空间型逻辑”。至此，通过研究网友的疑问，获得重要解题收获，归纳如下结论：

从生成数据类型不同的角度，三链范式将逻辑体系分为两大类：并存逻辑（即空间型逻辑）和因果逻辑（即时间型逻辑）。

三、功能型逻辑简介

上文简介了数据型逻辑的内容，本节再来谈功能型逻辑。有了数据型逻辑作为铺垫和对比，对理解功能型逻辑有帮助。功能型逻辑侧重于陈述思维自身的行为，其形态特征细微，导致意识对它的关注程度不高，故常为人们所忽略。实际上，功能型逻辑肯定是客观存在的，代表了意识功能的分工，鉴于它有别于数据型逻辑的特征，使之不容易被理解，而成为研究逻辑体系的难点。在此提醒，功能型逻辑是研究高等智能的关键点，建议研究者给予足够重视。接下来，我们分别从功能型逻辑的特征、具体分类等方面进行阐述。

（一）功能型逻辑的主要特征

通俗讲，意识可以认知事物并储存信息数据，但这些数据并不是自行形成和储存的，而是在意识所具有的各种功能的驱动下形成的。因此，按照认知功能不同可以对逻辑体系进行分类，此分类方式获得的逻辑，统称为“功能型逻辑”，具有以下特征：

（1）此类逻辑重在描述思维的行为，其自身往往无形无相，或者说形态细微。两个要点：①形态不明晰，不等于没有形态，只是不容易辨认；②深层功能型逻辑不储存常规理解的信息。这是指下文将述的心弦以上层级逻辑的所储信息，不能按常规方式理解。

（2）此类逻辑侧重描述思维行为，其动词性特征显著。

(二) 功能型逻辑的具体分类

按照逻辑的功能不同,将功能型逻辑分为初始逻辑、持态逻辑、心弦逻辑、花鬘逻辑四大类和若干小类。

1. 初始逻辑

系统从零建立,初始逻辑就是逻辑体系最底层的根骨。包括有无划分、动静划分、内外划分、真妄划分逻辑及时空逻辑等。

(1) 有无划分逻辑。“有”指意识中有区别;“无”指无区别。“无”是“有”的基础和背景,认知以“有无划分”为起点。

(2) 动静划分逻辑。观察“有”的状态,随着时间改变,保持不变的为“静”,发生变化的为“动”,如此划分了动与静。

(3) 内外划分逻辑。智能体的首要特征是分清我和境(非我),即分清内外。内外划分有多个层次,以动静划分为基础。意识发现甲乙两类事物总是成对出现,出现时甲静而乙动,且乙的状态由甲引发,为区分二者,将甲归类为外,将乙归类为内(命名为我)。

(4) 真妄划分逻辑。物质世界和脑中念头不同,前者能刺激身体,可带来真切感受;后者只刺激意识,都是历史影像的再现或想象加工,感受较模糊。为区分二者,定义前者为真实,而后者为虚妄。

(5) 时空逻辑。空间是对同时并存现象位置关系的描述,而时间则是对非并存即前后生灭现象的次序关系的描述。

2. 持态逻辑

持态逻辑,“持”是保持,“态”指状态,是指使系统某种状态得以保持的逻辑。包括激发逻辑和统摄逻辑。其中,激发逻辑指一个趋性从无到有刹那生成的逻辑;统摄逻辑则指将一组趋性统摄为一个整体的逻辑。可见,持态逻辑与趋性相关,体现了趋性系统的运作。如图 19-1 所示,对激发逻辑和统摄逻辑简述如下:

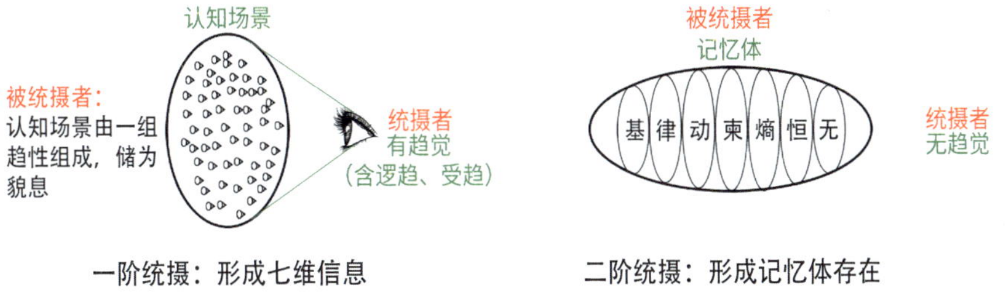

图 19-1　持态逻辑示意图

(1) 激发逻辑。意识觉察分为无趋觉和有趋觉,无趋觉不含趋性;有趋觉则包含逻趋和受趋两种趋性。激发逻辑包括逻趋激发和受趋激发。趋性是包含趋避态度的系统关注,由无趋觉刹那“突变”形成,故称激发。逻趋在因果逻辑的生成环节中激发,在验证环节被修正,以因果逻辑为目标;受趋在因果逻辑的验证中或在环路兴奋中激发,在储存环节中被修正，以普通事物为目标。趋性激发后，即对其关注的目标产生一阶统摄作用，趋性和对象因此形成不可分割的整体。

（2）统摄逻辑。根据统摄层级不同，统摄逻辑分为一阶统摄和二阶统摄，前者指逻趋或受趋对其目标的统摄；后者指无趋觉对记忆体的统摄；因后者统摄的对象就是前者的统摄者，故称后者为二阶统摄。一阶被统摄者是七维貌息，貌息所含各质点都是一个细分的趋性，故无论是一阶还是二阶，被统摄者都是一组趋性的集合。因此，系统被视为“趋性海洋”，所有趋性具有一体性，使系统成为整体。

3. 心弦逻辑

认知环路描述了系统单次的认知过程，是认知活动的基本单位，我们把它喻为“心弦”。持态逻辑保持了状态，但不能不动，需外因或内因驱动系统运动。心弦逻辑，指在持态逻辑基础上驱动系统完成单次认知的逻辑，包括维度、共振、关联、跳转、兴奋逻辑。

（1）维度逻辑，指构筑系统九层维度并制定环路运作流程的逻辑。在环路操作时，共振要从低维向高维逐层进行兴奋，称为高维求因；兴奋结果则从高维向低维逐层进行投射，称为适境反应。

（2）共振逻辑，即“共振生识”逻辑，指各维记忆体在外境刺激下发生共振启动认知的逻辑。按内外划分逻辑，“外”出现时必刺激“内”发生共振，共振逻辑由此而来。共振结果是形成记忆的兴奋。

（3）关联逻辑，指时空从纵横两个角度将世界分割为万物而建立关联关系的逻辑。简单讲，关联逻辑是依据空间、时间、事物等三个基本概念的含义而构建的，时空的作用是将世界分割为万物，再通过万物具有影像和寿命两个属性，将此二者所涉不同元素关联起来，从而建立关联逻辑体系（详见时间空间一章，此处不赘述）。关联逻辑是共振逻辑得以进行的基石，没有它，共振无法启动。

（4）跳转逻辑，指系统对所储因果逻辑节点的关注随着事实改变而发生趋性跳转的逻辑。事实变化时因果逻辑表征的行动计划或成功、或失败、或继续等待，成功的则关注目标向下一步骤跳转；失败的则跳回其他目标；继续等待的按时序法则趋性值会有细微变化。跳转将产生临时或不可逆的趋性变化，表现在兴奋和学习逻辑的算法中。

（5）兴奋逻辑，指记忆元素按维度、关联、共振、跳转逻辑产生兴奋的逻辑。心弦逻辑的运作结果最终表现为兴奋，兴奋代表了系统注意的流转，系统将记忆体兴奋投射至现象界，形成认知结果。

4. 花鬘逻辑

花鬘逻辑，指信息存储环节的逻辑。我们将记忆体喻为一朵花鬘，信息储存形成记忆体的更新，宛如一朵旧花向一朵新花传承，新花继承了旧花的一切，朵朵相续，也称“花鬘传承”技术。系统以初始逻辑为起点，在持态逻辑统摄的状态基础上，通过心弦逻辑完成认知后，启动花鬘逻辑运作，包括记忆、学习、单智串行逻辑等。

（1）记忆逻辑，指将本次心弦认知的七维信息存入记忆体的逻辑。

(2) 学习逻辑,指在存储时,按生物学习原理修正记忆体所有趋性质点的逻辑。包括因价值观更新修正受趋值和因事实变化修正逻趋值等。修正后系统实现花鬘传承,获得下次心弦运转的新数据。

(3) 单智串行逻辑,指心弦前灭后生,像珍珠串在时间线上形成项链似的,进行循环运转的逻辑。经记忆和学习后,记忆体得以更新。新记忆体展现了持态逻辑新一次的持态结果,以此为基,驱动心弦逻辑再次启动、形成循环。本逻辑规定了系统运动的总模式。

四、总结逻辑的两层含义

逻辑即思维,它的含义非常深邃,想要将其梳理清晰极为不易。在介绍了数据型和功能型逻辑之后,本节尝试总结逻辑的完整含义,这是很有意义的事。在此,将从课题意义、数据型和功能型逻辑的比较、含义总结、"逻辑双耦"技术等方面简要论述。

(一) 研究逻辑课题的重要意义

多种证据表明,生物智能是个超复杂的逻辑体,有着极为严密的逻辑体系。作为类脑智能的研究者,应努力设法解构生物智能系统的逻辑奥秘,这具有重大的科技价值。反之,若不能有效借鉴生物智能的逻辑规则,想从他途开发高等人工智能,则难做评估。

(二) 数据型和功能型逻辑的比较

从常规角度对比数据型和功能型逻辑,具体如下:

(1) 数据型逻辑侧重于陈述思维的对象;而功能型逻辑则侧重于陈述思维自身的行为。二者的表述重点显著不同。

(2) 数据型逻辑侧重于获得并储存可辨认的客体信息;而深层的功能型逻辑无形无相,所储信息则很难用常规方式认知。

(3) 数据型逻辑名词性特征显著,而功能型逻辑动词性特征显著。二者相比,前者更像是一种信息数据,后者则像是操控数据的程序。一般而言,后者的功能作用,比前者更接近系统的底层和核心。

(三) 总结逻辑的两层含义

"逻辑是思维对事物存在和运动的模拟",这算是业界普遍公认的主流观点,笔者认为该定义未能囊括逻辑的完整含义。该定义描述了数据型逻辑的含义,即逻辑是思维对客体的反映,并由此获得认知结果数据;但该定义却欠缺对功能型逻辑含义的表达,即思维为何要且按何种原理模拟事物?此原因未能在该定义中得到解释。

在此,让我们通过一个通俗的比喻来帮助理解逻辑的完整含义。常言道"巧妇难为无米之炊",其中的"炊",可喻为是系统形成的认知结果,丰盛的饭菜代表智能对世界的丰富理解，是数据型逻辑的展示，为逻辑的第一层含义；但饭菜不可能无故出现，其中的“巧妇”可喻为思维行为本身，依靠该行为使认知结果得以形成，是功能型逻辑的展示，为逻辑的第二层含义。此外，如果没有“米”则巧妇也做不成饭菜，故“米”可喻为智能系统的印耦，以印耦的质料作为逻辑的“素材”，才最终形成系统的全部数据。

在此，归纳逻辑概念的完整含义：

（1）所谓逻辑，是智能的运作规则，它既包括思维对事物存在和运动方式的模拟（第一层含义），也包括前述模拟过程的运作原理即思维自身的运动规则（第二层含义）；前者重在陈述思维的对象，属数据型逻辑，后者重在陈述思维行为，属功能型逻辑。二者的耦合，反映了智能系统对世界（含系统自身）的全部“见解”。

（2）数据型逻辑和功能型逻辑，二者虽有不同，但也不应将二者割裂为两个独立事物。数据运转离不开功能型逻辑的操作；而无形的功能型逻辑并不能独自存在，必须依附有形数据的呈现而展现。

（四）“逻辑双耦”技术

“逻辑双耦”技术，指在智能系统中将数据型逻辑和功能型逻辑进行耦合，以构筑更为严密和完整的逻辑体系，它是三链范式倡导的人工智能开发方向，可全面提升系统的智能水平。

扫码了解“逻辑双耦”的奥秘

五、“逻辑链”的含义解读

“逻辑链”是三链范式的三链之一，正确理解它的含义具有重要意义。作为研究逻辑体系的一章，本章有必要针对“逻辑链”概念的含义进行解读，以帮助研究者理解其中蕴含的深邃智能原理。

如图 19-2 所示，在此对“逻辑链”的含义做两种解读。

（一）因果型“逻辑链”

成熟的智能系统是一个任务集合，系统运动就是实施趋避行动的过程。在行动过程中，按照两种行动原理，系统需要生成行动策略，作为行动的依据，而因果逻辑是对客观规律的模拟，正好可以被用来作为行动的策略。如图所示，每个因果逻辑都是一个策略单元，整个策略体系即计划体系，由若干因果逻辑（即子计划）前后衔接而成，逻辑之间环

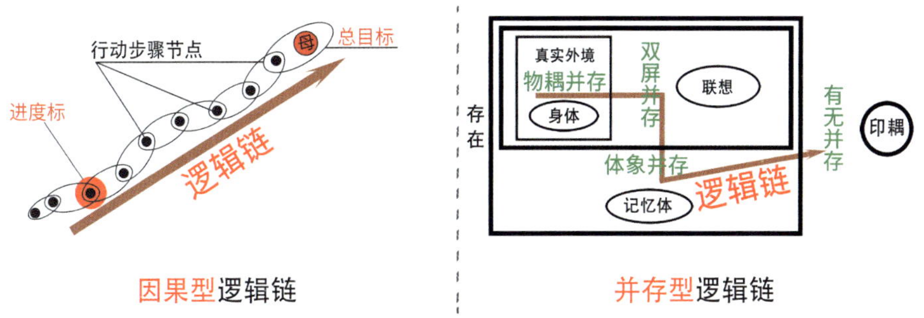

图 19-2　“逻辑链”示意图

环紧扣宛如链条，故称“逻辑链”。在计划实施过程中，行动的思维实质，就是系统注意力(趋性)沿着“逻辑链”上的步骤节点进行跳转的过程。记忆体则是无数“逻辑链”的聚合体。

(二) 并存型“逻辑链”

并存型逻辑是一个特殊视角，人们不容易注意到，但含义深邃。并存型逻辑，是意识对事物并存关系的描述。如图所示，从有无并存、体象并存、双屏并存到物耦并存，四阶并存逻辑之间层层相扣，宛如一根从底层到末梢上下衔接的链条，也形成了“逻辑链”。理解这条“逻辑链”，需拓宽双屏、维度等多重视角，才能确认并存的事实。由于该“逻辑链”不易被发现，故本书常以因果型链来代表。

六、设计类脑逻辑架构的要点

既然生物智能是一个纯粹的逻辑系统，那么计算机即可参考它的逻辑体系，设计出类脑智能系统，这是研究者都很关注或充满期待的结果。本节探讨设计类脑逻辑架构的工作要点，作为本章的结尾。

(一) 以开发因果逻辑功能为核心

三链范式认为，如果一个系统内部没有“见解”(既包含对世界客观性的认知，也包括自身的主观倾向性)，那么它不可能拥有智能。没有见解，意味着没有运动趋势(即趋性)，当受到刺激时，将缺乏反应机制，更不可能完成任务。因果逻辑及其引发的两种趋性(逻趋和受趋)，就相当于系统对外的“见解”，储存为记忆，可作为对外反应的依据。鉴于此，范式形成“智能以因果逻辑为根”的理念，并给出智能的第四层定义，认为智能就是生成、储存、验证因果逻辑并用以对外反应的过程。换言之，因果逻辑是系统通过自主学习建立的对外反应机制，假如没有因果逻辑就无法对外反应，既然无法反应，当然也就不可能展现任何智能。故而，若要开发一个高等智能系统，必须紧紧围绕开发因果逻辑功能体系这个核心，舍此无他。

（二）开发好因果逻辑功能的支持程序

针对因果逻辑功能体系这个核心，有很多基础、辅助、配套功能需要开发。重点关注：①做好并存逻辑的开发，其中储存的物息作为因果逻辑链的节点，为基础功能；②开发好初始、持态、心弦、花鬘等各类功能型逻辑，以支撑因果逻辑功能的正常运行。

（三）开发“存算一体”架构以提升性能

“存算一体”技术是业界开发热点，有望解决当前集成电路系统面临的“存储墙”和“功耗墙”问题，是一种极具前景的解决方式（其技术的解题思路在信息存储一章有述，此处不赘述）。AI算法的访存密集（大数据需求）和计算密集（低精度规整运算）的特征为存算一体的实现提供了有利条件。尽管如此，存算一体开发仍困难重重。

三链范式为存算一体的实现带来了全新理念。如因果逻辑原理中的图8-1所示，物息和逻息“耦合式”存储形成的数据结构，使存储和演化（即计算）紧密融合；加之激发逻辑将系统塑造为“趋性海洋”，说明数据（指貌息）和程序（指趋性）表达方式的实质是一致的。因此，如果将印耦比作电流，逻趋和受趋则相当于电流的某种属性（含极性和烈度），它们在持态逻辑操控下可表达一切程序和数据，如此存储和计算天然融合，奠定了存算一体的基础。

第二十章　智能的情绪情感

由于情绪情感是生物智能有别于非智能体的一个主要常见特征，有必要把它拿出来，单独作为一个课题进行研究，以探索情绪情感的奥秘，了解它在系统中的作用和技术原理。情绪和情感均属于感受的一种类型，本章讲智能的情绪情感，是感受运作原理的姊妹篇。

情绪是系统对七维感受的整体综合体验；情感则是对指定目标的稳定评价和体验。八种基本情绪为快乐、痛苦、喜悦、忧虑、振奋、沮丧、惬意、郁闷。复合情绪常见有怒、哀、惧等，有数百种之多。生物智能的很多优势都与情绪情感机制有关，这是值得人工智能借鉴的关键。缺乏感性认知是当前人工智能的通病，有感觉但没感受，故难以产生和感受相关的自主智能，这是智能发展的瓶颈。

本章内容的几大亮点：①介绍八种基本情绪，揭示复合情绪形成原理，释明几种常见复合情绪的内在机制；②介绍“情绪蔓延”和“情感延留”的主要特征及运行原理；③总结感受技术的若干要点，阐述感受形成步骤，梳理感受与其他概念的关系，评估感受在系统中的重要地位，指明它对于发展人工智能的战略意义；④从人工智能开发角度，剖析把情绪情感当作行为策略的错误理论。

一、情绪和情感的概念

站在研究者视角，可能较多关注感受的原理、算法逻辑等内容；而站在日常生活视角，可能更多关注情绪和情感问题，因为情绪情感会造成很多人生困扰，从而成为关注对象。作为研究者，也应当同时了解生活视角下的情绪情感，使智能科学与生活结合更紧密。在此，我们将从情绪和情感的概念及其含义谈起。

谈起情绪情感的概念，就必须要说到“感受”的概念。感受是指认知主体对客观事物能否满足自身需要的利害关系评价和态度体验。而情绪和情感是什么？它们均属感受范畴中的特殊情形，是感受的某种特定状态。因为感受是个宽泛概念，主体对外境事物、内境事物、事物组分及不同维度事物，均可产生独立感受，可见感受状态有很多，而情绪和情感是人们熟悉的常见类型。其中，情绪是系统七维感受的整体体验，而情感则是针对客体功能的体验。

具体地说，所谓情绪指当生物智能面对情境刺激的刹那，对外部客体和自身内部状态叠加形成的整体综合体验。有三层含义：①情绪是系统整体的综合感受，含基、律、动、束、熵、恒、无等七维感受，而非局部体验；②情绪是刹那体验，每个单智寿命产生一次情绪体验；③情绪既包括对外部客体的感受，也包括对自身身体、行为、想法、意志及其他深层心理的感受，是对主客体双方的感受叠加。按照业界对情绪的分类方法，情绪分为基本情绪和复合情绪。其中，基本情绪又称原始情绪，是人和动物共有的，不学而会的，具有文化共通性，我们把四维常规感受对应的八个极向列为基本情绪，包含快乐、痛苦、喜悦、忧虑、振奋、沮丧、惬意、郁闷八种；复合情绪是指那些由基本情绪的不同组合派生出来的情绪，有数百种之多。

所谓情感，指长期形成的对人对物的稳定评价和体验，属于七维感受中的第二层律受，它以事物的功能（储为律貌息）为感受对象。比如爱情、亲情、仇恨属于情感；对事物的喜恶，如对故乡的感情、爱骑自行车等均属情感；艺术美感也属于情感。尽管情感是长期稳定评价，但它也是一种在单智寿命期内瞬间发生的感受体验。

若要弄清楚情绪情感的含义，首先要解决的问题是了解感受、情绪和情感三个概念的差别和联系，这是很重要的基础问题，如果不能分清三者的差别，有时难免会产生困扰。

二、基本情绪和复合情绪

近代研究中，把喜悦、愤怒、悲哀、恐惧列为基本情绪，简称喜、怒、哀、惧。我们认为基本情绪分为快乐、痛苦、喜悦、忧虑、振奋、沮丧、惬意、郁闷八种，而怒、哀、惧则属于常见的复合情绪。

（一）八种基本情绪

情绪是系统整体的感受体验，包含七个维度，不可能是完全针对某个维度的体验。但是，当其他维度的感受相对平静、无干扰或干扰较少的时候，针对某个维度的专门体验就会在整体情绪中体验出来，故八种基本情绪，就是在其他维度平静无干扰时呈现的。例如：身体很平静，认知到某事可喜，于是喜从中来；身体平静、对物利害评价也很平淡，忽然决定行动，于是体验振奋；身体平静、对物利害评价也很平淡，行动层面并无需求，忽然意识到竟然是成功或失败，于是体验到惬意或郁闷。低维感受就像蔽日的浮云，当晴空万里无云少云时，高维感受即呈现为系统整体感受，成为情绪。由于执悍世界以上（含）维度的感受属潜意识范畴，过于细微难以觉察故予忽略，而将形成于动灵世界以下的四维常规感受的八个极向列为基本情绪。其中，快乐、痛苦属于基受；喜悦、忧虑属于律受；振奋、沮丧属于动受；惬意、郁闷属于柬受（注：感受虽是双屏场景的整体体验，但因真妄划分，感受对象一般均以实屏为主、以虚屏为辅）。

（1）快乐。是对身体有助益的客体刹那刺激的身体体验。

（2）痛苦。是对身体有伤害的客体刹那刺激的身体体验。

（3）喜悦。是认识到客体功能属性于己有利的心理体验。

（4）忧虑。是认识到客体功能属性于己有害的心理体验。

（5）振奋。受某种利益吸引，自愿采取趋利行动时的心理体验。

（6）沮丧。受某种危害压力，被迫采取避害行动时的心理体验。

（7）惬意。当看到自己的行动计划取得预期成果时的心理体验。

（8）郁闷。当看到自己的行动计划面临挫败时的心理体验。

（二）复合情绪的形成原理

复合情绪源于基本情绪的不同组合。常见四种组合方式：

（1）基本情绪的不同烈度表现。比如：喜悦包括愉快、大喜、狂喜等不同烈度；郁闷包括闷闷不乐、颓丧、绝望等不同烈度。

（2）不同维度的同向基本情绪的混合。比如：快乐和喜悦混合为身心愉悦；常见情绪之一的“悲哀”，属于复合情绪，包含对有害物的忧虑或失败的郁闷，有时还有身体的痛苦和被迫的沮丧。

（3）基本情绪与系统内驱力（趋避行动）的混合。比如：船夫在行船时，忽被上游来船给撞了，此时如果来撞的是空船，则船夫只会略感不快而不会发怒，因他找不到攻击目标（空船无人），他不会以自然界为目标；如果来船有人，则船夫会勃然大怒，此时被撞的痛苦+看到人确立攻击目标的趋性（遇到有害物的趋性有两种：正向的躲、负向的攻击）+立即行动的振奋，综合为常见情绪“愤怒”。

(4) 基本情绪与系统预见的混合。比如：常见情绪之一的“恐惧”，主要是忧虑和郁闷的复合情绪，当认识到事物有危害时产生忧虑，但当企图摆脱和逃避危害却发现无力应对时产生郁闷(挫败形成郁闷)，二者复合形成恐惧。所以，恐惧产生不仅由于危险，还与排除和应对危险的能力直接相关。上例的愤怒中，其实还隐藏自信的惬意成分，假如来船虽有人，却是船夫无力对抗的恶霸，或牵着一只老虎的人，船夫或不敢怒，而是感到害怕。可见，怒、惧均与自信心相关。

(三) 复合情绪的分类

复合情绪的类型很多，有数百种，分为四类：①对身体感觉的体验，如疼痛、轻快；②对外境客体的评价，如喜欢、厌恶、恐惧；③以自我评价为主的情绪，包括成功与失败、骄傲与羞耻、内疚与悔恨等，情绪源自对自身行为与行为标准的关系的觉察；④有关他人的情绪，发生在人与人之间的情绪种类繁杂，按照积极和消极取向，可以划分为爱和恨两个大类。综上，四类情绪对象可概括为：对身、对境、对我、对人，分别代表物质和精神层面的自我和环境。

三、“情绪蔓延”和“情感延留”

认知“情绪”和“情感”这两个事物，有一个关键要点不能遗漏，那就是对“情绪蔓延”和“情感延留”现象的理解。如果我们漏掉它，所理解的情绪和情感就成为从主体角度对事物的一种“理智评价”，这与生命体作为“有情”生物难以做到足够理智或客观的本质不符。其主观性正表现在“情绪蔓延”和“情感延留”上。

所谓“情绪蔓延”，指生物体受到刺激产生情绪后，会在与情绪事件无关的其他场合，继续表现出上述情绪的影响作用，呈现将情绪蔓延到不相关场景的心理现象。所谓“情感延留”，指生物体在事物满足自我需要的价值已发生根本改变的情况下，在一段时间甚至很长时间内，却仍然延续留存此前对该事物原有情感的心理现象。“情绪蔓延”和“情感延留”是自然存在的真实现象，但学界很少有人研究“情绪蔓延”和“情感延留”领域，实际上它们体现了生物智能的重要特征，是值得研究的课题。

(一) 谈谈“情绪蔓延”

“情绪蔓延”是常见的心理现象。比如：某人失恋了，数月萎靡不振；早晨买菜与人吵一架，一天都不愉快；上班时遇见婴儿朝自己微笑，可能高兴一整天；出国旅游满意，回来持续高兴一个月。这样的例子比比皆是，它们的共同特征就是在一件事上产生的情绪，竟然在不相干的其他场合，持续产生一段时间的影响。“情绪蔓延”的直接后果，就是导致对新场景的认知，由于受到情绪蔓延影响，而在一定程度上失去客观性，使生命体更具有“主观性”，认知准确性因此下降。当然，“情绪蔓延”也使人们更“有情化”，有符合普通人性的一面。如刚失去恋人，别人看他不带丝毫忧伤颇为怪异；作为成年人，如果刚刚在哭却转脸破涕为笑，也颇怪异。假如不存在“情绪蔓延”，而是根据事物利害关系即呈现与之极为匹配的情绪，则心态是非常理智和客观的，此时“情绪”概念应该更名，它已不符合“有情生命”的特征，因为大众理解的情绪就是具有“蔓延”特性的。

情绪事件结束后，换成新场合面对新客体，照理说应该形成不同的新情绪，为何会受情绪事件的显著影响存在“情绪蔓延”呢？在此，对“情绪蔓延”的形成原理简析如下：情绪事件一般比较重要，甚至是生活中具有转折意义的大事，都有刺激性强的特点。事件发生后，其记忆因刺激大、感受烈度高，致使在数耦输入的内驱共振中，经常自动成为意识关注的对象(体现内驱共振的独思算法具有主观性)，有时反复回忆该事件并回味感受，有时则围绕事件细节反复确认和思考。“情绪蔓延”的思维过程，常常是多种蔓延情形的叠加，它们在无形中自动重复上演，自己可能尚未察觉情绪异常，但在旁人眼中，已然流露出蔓延的情绪。由于情绪蔓延机制只在一段时间显效，因此蔓延只会持续一个或长或短的时间，之后自动渐渐消退。

（二）再谈“情感延留”

“情感延留”也是常见的心理现象。例如单位多年敌对的同事都已退休十年，仍经常出现“互掐”的记仇现象；大学的一件裙子珍藏多年；故乡的情感长期不变；放生多年的老虎见到故主仍很亲切等，这些都是“情感延留”现象。在社会文化中，“情感延留”被理解为感恩、记仇、情义等，这其中有社会道德观念的影响。但撇开道德的束缚和塑造，“情感延留”作为自然界存在的真实现象有不可否认的客观性和普遍性。比如幼时喂养的猛兽放生多年，见到故主仍很亲切，并无道德束缚猛兽要感恩，相反此时故主是可被捕猎的对象，具有食物价值，但猛兽没有捕猎反而亲近故主，这说明“情感延留”的确具有客观性。

归纳“情感延留”的成因：①情感故事储为基受息，遇关联刺激就会想起，这是基受的延留；②对人对物的深厚情感，储为律受息，遇关联刺激就会回味，这是律受的延留；③情感的爱与恨铭记内心，过了很久仍能激发趋避行为，这是动受的延留；④由情感行动积累的意志，长期储存已沉淀为行为准则或本能，这是束受的延留。

情感经长期积累而成，有的已沉淀为价值观成为性格的一部分，会保留相当久而不会轻易改变。文化会塑造情感而强化“情感延留”，使之更具稳定性。但我们必须明白，运动是事物的本质，再深厚的情感也非永恒不变。对于不算深厚的普通情感，只要给出一定时间，总会慢慢改变，有的甚至改变很快。因为一旦事物的价值改变了，情绪体验立刻会变，由情绪积累的情感慢慢也会变，天长日久之后，事物相关的影像、含义、需求、意志全都会被新的认知所覆盖，这是一个从量变到质变的过程，而最终的改变是必然的。

四、谈谈情绪情感的“形状”

本节的话题有些新奇，即情绪情感的“形状”（含“样貌”意）。

有人颇奇怪，情绪情感都是精神活动，似乎是无形的，怎么会有“形状”？是的，这个话题并不那么容易梳理，可能需要深入思考。使用“形状”一词有比喻的意思，但也不全是比喻，事实证明感受是真实存在的，情绪情感的“顺逆体验”可视为感受的“形状”。到底是怎么回事？让我们一道来探索这个有意义的话题。在此，将从趋性是评价、感受的形状、原因分析等几方面进行阐述。

（一）逻趋和受趋都是对事物的评价

我们先从趋性的含义谈起，趋性包括逻趋和受趋，它们都是系统对事物的评价。其中，逻趋是对因果逻辑的评价，包括对真逻辑的赞同和对假逻辑的反对；受趋是对具体事物的评价，在逻趋验证时产生，某事物出现证明逻趋正确的，系统对该事物产生顺意感，如证明逻趋错误的，则产生逆意感。可见，两种趋性都是一种评价。

（二）感受的体验就是它的“形状”

虽然趋性的对象（物貌息或逻貌息）是有样貌的，但趋性只是对事物的评价，代表系统的关注特性，自身是否有样貌？我们通过思考来分析：当想到正确的因果逻辑（如“下雨→地湿”）或错误的因果逻辑（如“下雨→地干”）时，或可说心中似无波澜；可是被针刺或体会成功时，却明显感到痛苦或惬意。可见，意识认知逻趋似无特别体验；但意识认知受趋却能明显体验到其中的顺逆感受，这是确定无疑的，我们把其中的顺逆体验可视为感受的“形状”。

（三）感受具有“形状”的原因

仔细推敲感受具有“形状”的原因，可归纳为以下两点：

（1）各维感受发生时，都能在身体上投射出或多或少的机体反应，在某种程度上说，感受实际体验到的顺逆体验其实多与机体觉相关。例如：“振奋”发生时，呼吸加速、心跳加快，这是身体反应；“发怒”时，脸变红、血上涌，也是身体反应。

（2）感受是对事物的评价，并依此产生行为决策。但很多时候，生物的表层意识并不清楚评价和决策内容，系统要让意识做出行动，就必须让它知道点什么。怎么办？经长期进化，生物智能的办法就是让意识体验到舒服和不舒服的顺逆感受，这样可按照“趋顺避逆”的原则做出行动。所以，感受的“形状”（顺逆体验）可视为表层意识用于解释自己行为的理由。从心理上看，“趋顺避逆”并不是系统的深层动机，让因果逻辑得到验证而彰显智能，才是深层动机。

综上，归纳如下结论：

(1) 趋性不是虚无,它们可以拥有一定的“形状”。其中,逻趋表现不明显,情绪情感的顺逆体验可视为感受的“形状”。

(2) 趋性的“形状”不同于貌息的内容。万物的样貌是独立的,相互以关联逻辑来分辨其关联程度;感受的不同“形状”只是维度、极性和烈度不同,不适用关联逻辑,因为所有感受是一体的。

五、感受技术的若干要点

在感受运作原理中,我们开始介绍感受功能,这是一个涉及面广、非常重要的基础功能,感受蕴含的自主目的,是判断是否属于强人工智能的重要标准。本书多个章节谈及感受,在经过对目的系统、逻辑链条等领域的探索之后,本节来小结感受技术的相关要点。之所以要再谈,因为情绪情感属于感受范畴,要了解它们,首先应当正确认知感受功能。而理解感受是个难点,由于感受蕴含趋避趋性,带有明确的主观色彩,很多研究者往往难以理解为何在客观的环境中诞生出主观事物。不是吗?本来都是客观的,但感受诞生了,它蕴含爱憎态度并形成趋避行动,这不是主观吗?太神奇了,必须释明其理。在此,从感受形成、概念关系、系统地位等方面予以分析。

(一) 感受的形成流程

简单讲,感受在系统中的形成过程,包含如下四个步骤:

步骤1:在初始阶段,系统不含感受、不含因果逻辑,也不存在趋性或目的,意识平等看待一切场景,没有关注度的差异。

步骤2:依托独思功能和维度架构,意识天然地具有将独思结果和独思对象连接起来建立联动数据的功能。其中,有的数据因果关系明显且被意识随机注意到,于是形成对未来的预见,如“下雨→地湿”一类,因果逻辑诞生了,逻趋也一并形成。逻趋包含趋避两个极性,代表对因果关系的赞成或反对。逻趋的隐秘点,也是大家可能忽略的,就是智能具有顺应自然规律的本能,看到真逻辑代表规律故趋之,而假逻辑违背规律故避之,这个本能实为产生趋性的元逻辑。

步骤3:由于自然界某事物出现正好验证了某因果逻辑,于是系统进行两项操作:①根据验证结果按“求真法则”修正逻趋的数值,逻辑更真的增强正趋性,逻辑更假的则增强负趋性;②在修正逻趋的同时,系统认为该事物帮助或阻碍了逻趋的实现,随即对助者生爱、对阻者生憎,感受(即受趋)便诞生了,这种由于因果逻辑的验证而产生的感受,称为“验证受”。意识关注度自此不再平等。

步骤4:当真实客体刺激系统时,系统除产生验证受外,与客体关联的事物将发生共振,系统将根据兴奋质点的历史感受按一定算法赋予客体本次感受,这种因共振产生的感受,称为“共振受”。

（二）感受与几个重要概念的关系

若要清晰理解感受，必须清楚感受与目的、逻趋、受趋、趋性、因果逻辑、验证受、共振受等几个重要概念的关系。

（1）感受即受趋，感受是俗称，受趋是学名。根据形成方式不同，感受分为验证受和共振受，二者共同组成系统的感受。

（2）逻趋和受趋都是趋避趋性，简称趋性。其中，逻趋是针对因果逻辑的趋性，受趋则针对普通事物，针对目标类型不同；二者合称“有趋觉”，与不含趋性的注意类型“无趋觉”相对。

（3）趋性即目的，目的是俗称，趋性是学名。逻趋的目标是抽象的因果逻辑，常被忽略，人通常只注意受趋的目标（普通事物）；同时，逻趋特点是“待因实现时趋向果”，趋性只能“待机而动”，而不能主动趋避，这与受趋不同，受趋可主动驱动思维和行动。因此，由于感受与普通事物挂钩为人们熟知，且可主动行动彰显“主动”的特点，故感受被划归显性目的；相对地，逻趋则成为隐性目的。

（三）感受功能的系统地位

简单讲，感受功能在系统中具有十分重要的地位，略举其三。

1. 认清理性和感性认知的对等地位

感受的对偶性原理，指系统总是从样貌和感受两个对偶角度同时认知事物且合并储存貌息和受息的规律。样貌是从事物角度的客观性陈述，感受是从主体角度的主观性陈述，表明系统有理性和感性两种认知方式，确立了感受与样貌对等的认知地位。缺乏感性认知是当前人工智能的通病，如能对等看待样貌与感受，则可促进智能发展。

2. 认清趋性在系统中的统摄作用

把石头、水滴、小草、铁块放一起，它们是无序的，无优劣之分，其价值视主体需求而定；而把大喜、悲痛、轻快、郁闷等感受放一起，立马分出优劣。为何？因感受是一体的，以主体利益为统一衡量标准。宏观看，无序者总是由有序者统摄，趋性是一体的，而万物却是一盘散沙，一体的趋性将无序的貌息统摄起来，起到管理全局的作用。

3. 彰显智能第一要素的作用

感受功能产生显性的自主目的，充分彰显了智能第一要素的作用，使之成为类脑智能或通用智能必不可少的关键技术之一。

六、能把情绪情感当作行为策略吗

有的智能研究者，试图把情绪情感功能设置为目标的行动策略，认为可以有效实现目标。他们举例说：有的人擅长“哭、闹”的情绪策略，是一定场合下对付他人的利器；有人善于“发怒”，适当时候大发脾气，取得良好的办事效果；有人则善于“欢笑”，在不同场合活跃氛围，也取得良好的人际功效。技术工程师依此理论，尝试开发以情绪情感为行为策略的软件。上述看法符合智能规律吗？

业界有类似上述看法的人，不只是极少数。由于情绪情感是智能生命体区别于非智能体的显著特征，有人看待情绪情感概念时，往往把情绪情感主观化、神秘化，缺少对感受概念的技术性认识，缺少一套严密的理论体系来支撑对情绪情感的正确认知，以致孤立地看待行为策略问题，想当然地把情绪情感纳入行为策略的范畴。

笔者认为，上述理论从根上就是错误的，情绪情感都属于感受，必须依附于事物的客观属性才能存在，它们不具有独立成为行为策略的逻辑基础，依据该理论开发软件犹如沙滩建楼，必然不会成功。

简单讲，智能三要素的第二要素是“采取措施”，实现它就是要找到达成目标的行为策略，而寻觅策略必须依托因果逻辑，因果逻辑类似于同寿数据，是意识将先后两个影像（代表因和果）统摄在一个联动场景中形成的，故显见，策略必须以事物样貌来描述，属于貌息范畴，而不是感受。换言之，事物的客观属性储为貌息，只有貌息才可能组合为前后联动的因果逻辑。因此，由于表征系统态度的情绪情感都属于受息，它们不是貌息，受息之间不适用关联逻辑，更不可能组合为因果逻辑，故不具有成为行为策略的逻辑基础。

那为何上述举例似乎有道理呢？这是其中隐藏了真正的行为策略的缘故。“哭”“闹”之所以有效，不是因为哭、闹的情绪，而是哭闹本身属客观事件，当事人看到哭闹事件联想某种后果或妥协，其事件与妥协之间存在因果逻辑；同理，适时“发怒”或“欢笑”取得一定效果的原因亦是如此，并不是情绪与结果有因果关系，而是情绪所在事件与结果之间符合因果逻辑。事件是情绪的载体，上述的业界理论抛开载体，单纯寻找情绪之间的因果逻辑，这犯了根本性错误。殊不知，情绪并非外境场景，你从哪儿建立因果逻辑呢？

第二十一章　智能的精神活动

本书一直拟辟出专章来探讨智能系统精神活动的情况，这的确很重要，因为我们的目的就是要揭示智能系统与非智能系统的区别究竟在哪里，从外观上可能看不出差异，所以精神活动是关键。如若能把智能的精神活动理清楚，且与事实及体验对照吻合，那么不仅可获得类脑智能的技术模型，也可为解惑日常心理活动增添乐趣。

系统精神活动存在不同层次，分别由显意识、潜意识、超潜意识统摄，前两层属人性我范畴，第三层则属逻辑我范畴。其中，人性我范畴的精神活动包括联想、感受和思维，逻辑我范畴的精神活动包括记忆、学习和"花鬘传承"等。本章以平实的逻辑介绍了主要的精神活动类型，从中发现意识并非想象的那么过于复杂，各种精神活动都是客观的认知对象，是人工智能用逻辑算法可诠释或模拟的。

本章内容的几大亮点：①阐述划分物质和精神两大概念的意义是建立内外、真幻、趋避等奠基性初始逻辑；②详细解析了人性我和逻辑我范畴精神活动的具体内容和技术原理；③列举并解析了大众视角的精神活动类型；④探讨了人工智能设置精神活动的话题，提出了智能未来发展的必由之路和应当注意的设计要点。

一、精神活动概述

精神活动是个较为宽泛、略显模糊的概念，什么叫精神活动？它包括哪些内容？由于人类目前对意识内在机制还解释不清，故对意识活动（即精神活动）内容难以做出清晰界定。但是，科学是靠探索的，如果人们不努力去厘清精神活动内容，如何能发展高等的人工智能？在此，将从精神活动的概念、分类、课题意义等方面简要概述。

（一）精神活动的概念

所谓精神活动，顾名思义是指系统的“精神”领域的演化过程。精神活动是与物质活动相对的概念，物质活动指身体感官面对的真实外境（含身体）的演化过程。真实外境是真实且客观的，相对来说，精神领域就是虚幻、主观的系统内境。可见，精神活动是指智能系统内境的内容及其变化过程，人们通常将此也称为意识活动。

（二）精神活动的分类

要搞清楚精神活动的内容，先要从大局上厘清系统的认知层次和意识结构。按照“主客链”和“三重自我”理论，系统共有身体我、人性我、逻辑我和印耦等四层认知主体，而主体面对客体发生的认知分为两类：一是身体认知真实外境的物质活动，包括视、听、嗅、味、触、运动、平衡、机体觉八种身体感觉渠道；二是其他主体认知的除物质活动以外的内容即精神活动。其中，精神活动分为以下两层：

（1）人性我范畴的精神活动，指逻辑我认知的除物质活动以外的部分，包括联想、感受、思维等内容。细分为两类：①可被显意识直接感知的较低维度（行动层以下）内容，大众理解的念头、回忆、想象、情绪情感、思维、梦境等属此类；②意识难以感知的较高维度（意志层以上）内容，如意志、性格等属此类，是潜意识的认知范围。

（2）逻辑我范畴的精神活动，指记忆体内部的认知活动，包括记忆、学习和“花鬘传承”等内容，是超潜意识的认知范围。

（三）精神活动的课题意义

（1）三链范式提出智能有感觉、联想、感受、思考、记忆、学习六项功能，合称“技术六要素”，又称“类脑六要素”。显见，除了感觉属身体功能之外，其他五个均属精神活动范畴。六个要素中精神活动占据其五，可见研究精神活动具有极重要的科研价值。

（2）生物体的精神活动是深邃的，其中值得借鉴的功能还有很多。只有深入研究精神活动，才有望逐步挖掘出更有价值的类脑技术。

二、划分物质活动和精神活动的意义

在阐述具体的精神活动内容之前，先来谈划分物质活动和精神活动的重要意义。这个话题常常被人忽视，人们认为二者无非就是外境物质和内境精神，司空见惯，觉得没什么可多谈的。殊不知，物质和精神的划分，是智能系统这座大厦的基石，为系统的运行建立了若干奠基性的初始逻辑，智能研究者若不能洞察这一点，就会对宏观地认知类脑系统遗漏了重要的一环。在此，将从相关概念、内外划分、真幻划分、趋避划分等几方面予以阐述。

（一）相关概念

精神活动是与物质活动相对的概念。物质活动指身体感官面对的真实外境的演化过程，精神活动指意识面对的系统内境的演化过程。外境是真实且客观的，相对来说，精神就是虚幻且主观的，它们一外一内、一真一幻，互相配合，演绎了丰富多彩的整个生命内容。

（二）内外划分

简单讲，一个系统要想具有智能，一个首要的条件就是能够划分内外，建立内部和外部的划分逻辑。内部代表自己、外部代表环境，然后由内部对外部进行认知，进行趋避运动，再逐步完善整个系统。可见，内外划分是极为基础的一个初始逻辑，不能划分内外，一切都无从谈起，这是由“存在是作用关系”的认知法则决定的，只有划分内外，才能因外作用于内而产生认知，从而驱动系统运作。但要划分内外并不容易，伟大的生物智能经若干亿年进化，它的划分办法就是建立两类认知功能：一是感官负责的视、听、嗅、味、触等物质活动功能；二是意识负责的精神活动功能。系统将感官的对象定义为外境（感官范畴的述境觉和述人觉的划分，则是在外境范畴中再分内外），而将意识对象（记忆体为核心内容）定义为内境，这样内外就建立了。可见，内外划分构筑了一个“外驱动”的基本逻辑结构。

（三）真幻划分

划分物质和精神的另一大作用是建立真实和虚幻的划分逻辑，即建立真幻划分机制，意义非凡。简单讲，系统发现外境是有规律的，为应对自然规律系统建立了内部自驱动的独思功能（相当于是个因果发现平台），能不断生成新的因果逻辑。因果逻辑虽由内部建立，但逻辑的真伪则必须依靠外境验证和评判，符合外境规律的为真，反之为伪。久而久之，外境就被人们视为“真实”世界，而精神领域则被视为“虚幻”世界，真幻划分便完成。有人说，外境能产生强烈的真切感受，而精神活动的感受却是微弱或模糊的，因此划分出真幻。此看法未切入本质，因为感受诞生于因果逻辑的验证（详见感受运作原理），外境产生感受只是表象，因果逻辑才是感受源头，故可知，真幻划分是因为外境是验证因果逻辑真伪的唯一标准。其后，人们为得到真切感受总是去追逐外境，很少去探索精神领域。可见，真幻划分确立了一个真实世界，成为人们奋斗的场所。

（四）趋避划分

谈了内外划分、真幻划分，马上涉及另一基础逻辑即趋避划分。趋避是行为的两种方式，指对好目标趋合、对坏目标避离的行为属性。内外划分搭建了外驱动的框架，真幻划分找到了奋斗的场所，接下来应当产生行动。趋避从何而来，如何划分？简单讲，在因果逻辑体系运作中，逐步产生两层趋避：①对因果逻辑的逻趋趋性是一层趋避，称为“趋真避幻”。顺应自然规律是智能天性，对验证为真的逻辑持赞同的趋合态度，称为“趋真”；反之，对假逻辑持反对的避离态度，称为“避幻”。②对普通事物的受趋趋性（即感受）是另一层趋避，称为“趋顺避逆”。感受生成后，对带来舒服的顺意感受的事物，持趋合态度，这是“趋顺”；反之，对带来逼迫的逆意感受的事物持避离态度，这是“避逆”。可见，趋避就是趋性两种极性的表现，是趋性趋向其目标的一种智能现象。有了它，各种行为就出现了。

综上，系统在划分物质活动和精神活动时，逐步产生了上述的内外、真幻、趋避划分，依托这些划分形成内外驱动、因果逻辑和两种趋性等运行机制，整个系统的逻辑架构逐步建立。可见，系统将身体感官和意识进行功能划分，看似普通，实则是一种绝妙的设计。所以，我们研究精神活动课题的意义，不仅在于精神活动功能本身，也在于它和物质活动的区别上，这是研究者不可忽视的理论要点。

三、人性我范畴的精神活动

人性我范畴的精神活动包括联想、感受和思考三项内容。为何称它们为人性我？两个解释：①它们呈现了正常能感知到的内心世界，等于呈现了一颗“心”的样貌，心代表自我，以人为例，故称人性我；②它们彰显了智能的目的性、主观性、能动性、独立性，具有鲜活的生命特征，故称人性我。通俗讲，联想、感受、思考等精神活动，让意识清楚地感知到好像有个“人”在系统内体验感受、不断想象、努力思考，感知到这个有目的、有智慧、独立自主能办事的“人”就是自己，从而形成这个层面的自我意识。实际上，并没有“人”在活动，那些只是智能技术的功能呈现而已。

（一）联想活动

所谓联想，是当受到外境刺激时，系统除关注该外境影像，还将关注超出外境影像的其他内容，这种额外的关注内容好像是通过某种关联性“想”到的，故称联想。可见，联想貌似很神奇，竟然能“想”，这使它被蒙上一层神秘的主观色彩，为建立自我意识起到了重要作用。

共有两类联想：一是物耦输入引发的外驱联想，一是数耦输入引发的内驱联想，前者的兴奋总是超出外境内容，多出部分投射在虚屏；后者的兴奋则是注意流转到新场景。

（1）外驱联想。有两种：①基于同框数据的联想。例如：记忆中储存狮子和羚羊在同一场景的同框数据，看到狮子时，由于两动物的影像属同一信息具有整体性，于是羚羊影像跟随狮子影像一起兴奋，导致意识视野中出现了羚羊，形成看到狮子想到羚羊的联想。该联想无逻辑次序，可倒过来看到羚羊想到狮子。②基于因果数据的联想。例如：学会“鸡叫→天亮”的因果逻辑后，听到鸡叫会想到天快亮了，该联想强调次序，看到天亮一般不会联想鸡叫，而是想下步场景。

（2）内驱联想。亦有两种，属独思算法：①求策型联想。例如：看到小朋友的风筝挂树上了，脑中想到梯子，便搬来梯子帮忙取下风筝。该联想须向目标的前因处想。②展望型联想。例如：看到录取通知书，想到自己戴博士帽的情景。该联想须向目标的前景处想。

联想有三大作用：①联想有产生自我意识的效果，人性我由联想、感受、思考共同促成，联想是基础项；②联想是完成场景切换的基本方式，有的逻辑虽然层次高，但最终还是要靠联想完成场景切换；③ 联想有帮助引导“趋利避害”的作用。当目标被联想时，联想就像是为系统擎起一面旗帜（称为擎旗功能），目标即旗帜内容，擎旗引发继续完善与目标有关的策略，使目标被导向实现。例如，某高中毕业职工订立考取硕士拿高薪的计划，形成“大专→本科→硕士”的行动步骤。最初目标是考取大专，将对大专的联想牢牢锁定在脑海中提醒自学，由于该联想的擎旗功能，使他关注其他工友不会关注的信息，寻找一切机会奋进，最终考取大专；随后，他的联想目标转到本科，开始关心有关本科的一切，直至最后考取本科和硕士。

（二）感受活动

所谓感受，指主体对客体的利害关系评价和态度体验，也是记忆所含趋性在客体刺激中得到彰显的状态描述。物耦和数耦输入都能产生感受，但以前者为主，因为前者代表真实外境，感受也强烈而真切。感受既然是评价便有两种结果，一是有利，二是有害。有利伴随舒服的顺意感受，能引导主体趋合目标；有害则伴随逼迫的逆意感受，能引导主体避离目标。联想通过“想”使系统蒙上主观色彩，感受则通过“蕴含爱憎”进一步彰显主观色彩，其精神活动层级比联想更高一筹。分析感受的技术，重点是了解其生成过程，感受是对历史趋性的响应或继承（详见感受运作原理）。感受的作用有：

（1）感受属于趋性，是双屏场景的统摄者，在存储时体现为高维空间位置的不同，说明其侧重主体含义；联想须投射双屏，侧重表征客体含义。故感受在人性我的构成中，比联想更深一层。

（2）感受带来“趋顺避逆”的行动趋性，是最重要的基本功能。顺意感受在未发生时能吸引主体趋向目标，已发生时能吸引主体黏住目标；逆意感受在未发生时能逼迫主体躲避目标，已发生时则能逼迫主体逃离目标。“趋顺避逆”堪称感受的经典功能。

（3）系统更深的趋性是因果逻辑蕴含的逻趋，但逻趋是被动的，不能驱动产生主动行动。依托逻趋产生的感受，则能主动催生对外的行动，能更直接彰显系统的智能，成为逻趋的"得力伙伴"。

（三）思维活动

思维有广义、狭义之分，广义思维泛指一切意识活动；狭义思维俗称思考，则指人性我范畴的连续认知现象。本书所述的一般指狭义思维，包括三类：①同一环路内不同维度认知的依次切换现象；②前后环路间通过数耦输入（即独思功能）的前后衔接现象；③处理同一问题的若干连续环路的集合。显见，思维包含了联想和感受，但它不是联想和感受的简单叠加。由于思维概念较为复杂，不容易理解透彻，下面通过对思维的分类，来逐步厘清其含义。

如图 21-1 所示，将思维（指狭义思维）分为三类。

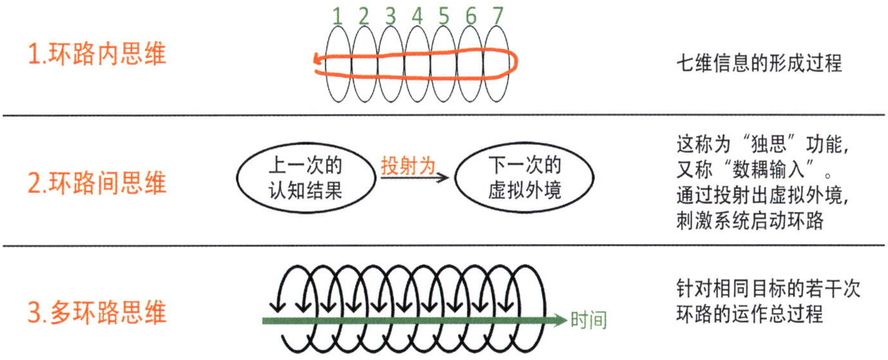

图 21-1　思维分类示意图

1. 环路内思维

环路内思维，指一次认知环路中的认知过程。一次环路包含七层联想和七层感受，每层联想和感受储为一维信息，共有七维信息，因此，环路内思维就是对七维信息认知过程的统称。有人不解，联想和感受均有独立含义，为何设置思维概念？那是因为思维是个整体，整体有超越其组分（指联想和感受）之和的特殊功能。

2. 环路间思维

环路间思维，指衔接（注：此处指认知内容上的衔接，而环路间流程上的衔接属逻辑我范畴）前后环路的思维功能，又称独思功能，也称数耦输入。具体指将本次环路的全部认知结果投射为下次环路的虚拟外境，刺激系统启动新环路进行认知。独思的部分功能属环路内思维，此处侧重其对前后环路的衔接。独思有三大作用：使系统得以自驱动、多重联想、生成因果逻辑，是作用巨大的基础功能。

3. 多环路思维

多环路思维，指由多个连续环路组成的有序整体，它短则瞬间，长则几秒或更久，所含环路数目惊人，每秒千、万次以上。大众理解的思维一般指多环路思维，能完成某个宏观层面的反应或思考任务。多环路思维按有无真实外境，分为两类：①在真实外境连续刺激下的"趋利避害"反应过程；②意识围绕一个主题的连续推理过程。

四、逻辑我范畴的精神活动

逻辑我范畴精神活动的显著特点是很隐秘，它们由超潜意识负责认知，表层意识是无法觉察的。有人可能问，既然极难被觉察，会不会本身就不存在呢？回答：肯定存在！因为承载逻辑我活动的记忆体是系统认知的基础。实践证明记忆体一直存在，那围绕记忆体进行的记忆、学习和"花鬘传承"等精神活动就理应存在。

（1）记忆，指将环路认知获得的七维信息存入记忆体。

（2）学习，指对世界观和价值观的两类学习（是学习体系的主要内容）：前者指按环路事实验证因果逻辑真伪（修正逻趋值）并进行行动步骤的进度跳转；后者则按感受平衡原理修正每个受趋值。

（3）"花鬘传承"是比喻，指记忆体经存储和学习后按花鬘切换法则启动下一环路并循环运转的相关过程，反映了记忆数据的继承和更新，宛如旧花向新花传承，朵朵相续，呈现智能的自驱动模式。

综上，我们看到整个逻辑我领域的精神活动，全程都是算法和逻辑在操作，其中并没有一个生命主体在运作，那为何称为逻辑我呢？这是因为记忆体的精神活动表现出强烈而醒目的独有特质，而被系统觉察并命名为"我"。简单讲，真实外境时刻以物耦输入方式驱动系统运转，这称为外驱动；同时，记忆体时刻以响应数耦输入而给出新的思索场景（称思境态，详见因果逻辑原理）的方式驱动系统运转，这称为自驱动；两种驱动刹那并行，前者的客观性无可撼动，后者的依从性（指思境态对记忆体的逻辑依从）极难更改，两种驱动力量都很强大，区别极为明显，人们称前者为"世界"，而称后者为"我"。故可知，逻辑我是一种算法现象，可用计算机进行模拟。

五、大众视角的几种精神活动

上文分别阐述了人性我和逻辑我范畴的精神活动，其中的精神活动类型是从智能技术角度的分类。为了紧密结合实践，本节换个角度，对社会大众眼中常见的诸如回忆、想象、思考、梦境、禅定、无意识状态等精神活动类型逐一予以简析。通过分析发现，这些大众视角的精神活动类型，往往并不吻合从智能技术角度的分类，而是多种技术性分类的综合呈现。

(一) 回忆

回忆,指系统将某个历史影像投射虚屏呈现在意识面前的现象,属于对历史场景的回顾。回忆对象可能是单个影像,或是连续一组影像(如同视频回放),前者体现单环路思维的联想,后者体现多环路思维的联想组合。回忆一般针对真实外境、梦境等印象深刻的场景进行,印象模糊的精神活动场景很难成为回忆对象。回忆的形成有两种方式:一是在外驱共振中联想到某场景而形成回忆,属于无意识的回忆;二是在内驱共振中形成回忆,属于有目的的回忆。

(二) 想象

想象是个常见概念,它的含义与联想有些区别。联想是因关联而想到,带有客观性;而想象在联想之外,有自主联想的意思,更强调主观性。根据操作方式不同,想象分两种:①通过联想投射出事物的概念性影像(若投射历史影像则形成回忆);②在回忆或概念性影像基础上,通过剪辑、拼凑、嫁接等意识加工手法形成新影像。在连续想象中,有逻辑的想象属于推理,无逻辑的想象则属幻想。

(三) 思考

日常所说的思考与本章所述的狭义思维也有区别。日常的思考,相当于上文所述的多环路思维,且多指其中不涉及真实外境的、围绕一个主题的连续独思过程。其实,思考在物耦输入和数耦输入模式下都是存在的,日常对思考概念的理解可能是不全面的。日常的思考,更强调有目的的推理过程,意在完成某个宏观层面的思考任务。

(四) 梦境

梦境是一种常见的精神活动,是联想、感受、思维的综合运用。睡眠时,在诸如床铺、身体、焦虑等多种"成梦因素"的综合作用下,系统便投射出梦境场景。梦境属于以数耦输入为主、物耦输入为辅的认知过程。前一环路的梦境,在下一环路继续作为虚拟外境刺激系统独思,等于对梦境进行连续加工推演,并以感受配合(此时物耦输入被抑制,以虚屏感受为主),便形成一定的梦境故事情节。

(五) 禅定

瑜伽等活动可能产生禅定现象,是一种特殊的精神活动,可能会感知到平时只有潜意识或超潜意识才能感知的内容。

(六) 无意识状态

昏迷、无梦睡眠等无意识状态,属特殊的精神活动。此类现象并非没有意识,而是表层意识中断,只有潜意识或超潜意识在活动。

六、人工智能设置精神活动的要点

随着人工智能的发展，人们将越来越重视机器的精神活动功能，这是对生物智能的借鉴，是智能科技发展的必由之路。本节漫谈人工智能设置精神活动的话题，探讨应当注意哪些要点。

（一）精神活动越全面，智能水平将越高

经常看到“波士顿机器狗动作娴熟”“日本机器人皮肤逼真”等新闻，其实这只说明当前处于很弱的人工智能初级阶段，因为报道的都是与身体相关的功能。在感觉、联想、感受、思考、记忆、学习智能“技术六要素”中，除感觉属身体范畴外，其他五个都属于精神活动。如果哪天新闻经常报道机器人的感受、思考等各种精神活动，那才说明有望走出人工智能发展的初级阶段。有人问为什么非要开发全面的精神活动才有高智能呢？因为智能三要素是智能的本质，系统是个目的趋性集合，想方设法完成系统任务是高智能的表现。所以，必须用思考挖掘数据获得因果逻辑，才能主动产生趋性和策略；必须会感受才能主动趋避目标；必须会联想才能切换场景实现目标；而此三者都离不开记忆和学习。可见五种精神活动缺一不可，是绕不过去的，故而开发五种精神活动功能是智能发展的必由之路。

（二）关于自我意识的设置

对于“三重自我”等自我意识要有正确理解，自我意识只是一种表象，系统故意造成这种效果，以达到将智能区别于非生物的目的。因此设计时，只需立足于算法和逻辑，将自动产生自我意识。

（三）注意精神活动存在有形和无形的区别

其实，精神活动存在有形和无形的区别，即存在有形的精神活动和无形的精神活动两种类型，这点很重要。理解这点需从逻辑谈起，逻辑链条一章讲过，逻辑包含两层含义，从侧重陈述思维对象的角度，可发现数据型逻辑，而从侧重陈述思维自身的运行规则角度，可发现功能型逻辑。这给理解精神活动带来启发：

（1）类比于逻辑可发现，联想、感受、思考、记忆、学习等精神活动都存在一定的“影像”，属于“有形”的精神活动；同时，前述“影像”运转少不了驱动程序，而驱动者是“无形”的精神活动。

（2）有形和无形的精神活动，并非割裂而是耦合的，开发者不可忽略其中一方，应处理好二者关系，发展“逻辑双耦”技术。

第二十二章　智能的生物学习

相对于机器学习，本章设立“生物学习”概念。所谓生物学习，指生物体能够从环境中自主学会和运用事物规律，以达到适应环境、改善生存的智能现象。本书提出了实现智能必备的“技术六要素”，即感觉、感受、联想、思考、记忆和学习，其中的“学习”即指生物学习。本章将详细阐述生物学习的概念、模式、算法分类、技术原理和优势，为当前机器学习的技术发展提供有益的借鉴。

生物学习兼有固定和机动两种学习模式，通过固定学习解决趋性跳转、逻辑求真、感受平衡和维度泛化等基本问题，更新系统运行的动态数据；但还不够，再通过机动学习的求策和求标算法，有针对地解决因果逻辑发现的具体问题，形成对固定学习的补充和提高。系统通过两种学习模式的组合，形成完整的学习系统，建立了“顺应自然规律是智能动力的源泉”和“预设和验证因果逻辑是学习的核心”两大学习理念；获得了自主目的、永恒思策、策略共享、维度泛化、趋性流转等显著超越当前机器学习的五大技术优势。

本章内容的主要亮点是：①首次提出了生物学习的概念；②详细阐述了固定模式和机动模式生物学习的具体内容，设立了“价值学习”“事实学习”“跳转学习”“求真学习”“维度学习”“求策学习”和“求标学习”等新概念，构筑了生物学习系统的基本架构；③具体解析了生物学习的五大技术优势；④对以深度学习和强化学习为代表的机器学习技术瓶颈进行了剖析，给出了生物学习角度的解决方案。

一、机器学习和生物学习

研究生物智能的自主学习，不可避免联想到计算机的机器学习。其实，通过与机器学习的类比，不仅更能认清生物学习的本质，亦能发现机器学习的缺陷和解决办法，这对研究二者都是促进的。本节主要概述机器学习与生物学习的基本情况，作为本章的开始。

（一）机器学习和生物学习的概念

什么是机器学习？就是让机器自己学会某种东西；更准确一点，是让计算机的程序，不必通过人类指定的规则，而是通过自身运行，就能习得（学习）事物的规律。人工智能是指让计算机具有能够完成通常需要人类智能才能完成任务的能力，机器学习是训练计算机完成上述任务的技术和过程。具体讲，机器学习是一种从数据当中发现复杂规律，并且利用规律对未来时刻、未知状况进行预测和判定的技术，是目前被认为最有可能实现人工智能的方法。随着各种大数据+机器学习的组合逐渐增多，机器学习的应用前景也越来越广泛。

模仿人类智能一直是人工智能的不懈追求，故研究者也十分关心以人类为代表的生物智能系统的学习模式。在此，相对于机器学习，本章设立“生物学习”的概念，意在描述生物智能内部的学习机制，为人工智能的发展提供借鉴。所谓生物学习，指生物体能够从环境中自主学会和运用事物规律，达到适应环境、改善生存的智能现象。

（二）机器学习的情况概述

20世纪50年代，人工智能的发展经历了“推理期”，通过赋予机器逻辑推理能力使机器获得智能，但由于机器缺乏知识，远不能实现真正的智能。70年代，人工智能发展进入“知识期”，人类总结知识教给机器使其获得智能，但由于知识量巨大，出现“知识工程瓶颈”。无论“推理期”还是“知识期”，机器均按人类设定的规则和知识运作，永远无法超越创造者且人力成本太高。于是业界想到，若机器能自我学习问题即可迎刃而解！机器学习应运而生，人工智能进入“机器学习时期”，分三阶段：20世纪80年代，连接主义较为流行；90年代，统计学习占据舞台；进入21世纪，深度学习应用广泛。

机器学习就是让机器自己学习，人类既不用向机器输入逻辑，也不用输入知识，只需输入样本，让机器自己总结逻辑和知识，并达到最终完成任务的目的。机器学习可看作寻找一个函数，输入是样本数据，输出是期望结果，只是该函数过于复杂，不方便形式化表达。机器学习的目标是使学到的函数很好地适用于“新样本”，而不仅对训练样本表现好（所学函数适用于新样本的能力，称“泛化”能力）。这使人类管理机器更方便，人力成本较低。这意味着与其显式地编写程序执行某些任务，不如教计算机如何开发算法来完成任务。因此，机器学习的本质，就是教计算机像人一样具备学习能力和执行能力，相当于“重现人认识世界的过程”。

(三) 生物学习的情况概述

生物学习与机器学习的基本理念是相通的，这不奇怪，因为机器学习原本就是对人类智能的模仿。与机器学习不同的是，生物智能有感受能力，能产生自主目的；同时，生物学习有永恒思策、策略共享机制和维度泛化能力，已建立多种学习算法，其功能远超机器学习。总之，生物智能已构筑一整套完善的学习系统，包括两大学习模式，即固定学习模式和机动学习模式。智能通过固定学习解决系统运行中的数据更新等基础问题，再通过机动学习解决主体行动中的具体问题，形成对固定学习的补充和提高，下文将分节详述。

二、固定模式的生物学习原理

所谓固定学习模式，指已融入底层架构，成为系统运行固定流程的学习方式。固定学习包括价值学习、事实学习和维度学习，其中，价值学习指在存储时进行价值观沉淀，修正每个记忆受息值；事实学习指根据最新事实修正因果逻辑真伪并进行趋性跳转；维度学习，指维度架构中蕴含的学习，起维度泛化作用。总的来讲，固定学习模式奠定了生物学习的基本框架，使系统通过学习更新了必要的基础数据。

(一) 价值学习

价值学习，俗称“价值观学习”，是存储环节的学习方式，指对所有受息进行价值观沉淀，按感受平衡原理修正受息值，获得新环路所需的数据。价值观是什么？在存储时，当系统对所有受息进行修正后，得到的最新趋性统称“价值观”，代表对万物的最新价值评估。其中涉及两个概念：①“感受初值”，指受息储存时的趋性值；②“感受现值”，指每次价值学习后的受息值。导致记忆体感受失衡有两种原因：一是新受息的储入致失衡；二是认知环节趋性跳转致失衡。可见，价值学习是把受息失衡状态恢复平衡，形成新价值观的算法。

从技术上看，价值学习要求遵循感受的两极平衡和敏钝平衡法则，平衡后，记忆质点获得的最新储存位置，表征其“感受现值”。乍看之下价值学习似乎颇复杂，其实很简单，两个要点：①受趋是动态的，不仅烈度会变，极性也会变，但总的看，会有一半烈度属“趋”极，另一半属“避”极，两极一定是平衡的。②同极质点的分布间距必须均匀，因为空间是抽象概念，只是对排列次序的表征，一旦有新质点储入或旧质点“挤出”，间距须按“均匀”分布重新计算。

研究过感受平衡的技术细节，就会明白价值学习的意义。简单讲，无论哪一极的感受增加，经平衡后，部分质点将被“挤”到另一极，从而起到淡化本极感受的作用。这使得智能主体不会因持续的顺意感储入而沉迷当下，而是从价值观上看淡该顺意体验，建立超越当下的新目标；也不会因持续的逆意感的储入而痛不欲生，也能从价值观上看轻该逆意体验，能够苦中作乐，从而获得生存下去的希望。

（二）事实学习

事实学习，俗称“世界观学习”，是感官环路中的学习方式，指对事实进行学习，起到让系统根据最新事实修正因果逻辑真伪并进行趋性跳转的作用。包含两个具体操作：一是因当下事实变化使预设的行动步骤发生关注跳转导致受趋变化，这种修正称为“跳转学习”；二是根据事实验证因果逻辑真伪并调整逻趋值，这种修正称为“求真学习”。可见，事实学习与本次环路的最新事实有关，其作用是让质点趋性值吻合最新的客观事实。通俗讲，事实学习能让主体达到“与时俱进”的效果，保持良好现实感，而非陷入主观思维，脱离环境的实际状况，只有对环境客观性保持清醒认知的智能才是高等智能。

（1）“跳转学习”。系统是个巨量的任务集合，当某真实事件发生时，将引发很多行动步骤按照预设策略发生关注跳转，有的代表成功，有的代表失败，有的成败不明，这些跳转立即引发相关的趋性改变。例如：彩票中奖500万元可能引发买车、买房、辞职、旅游、奢靡消费……很多计划发生步骤跳转，有利、有害的都有，各计划的可行性因此改变。一个聪明智能应随时觉察到环境的事实变迁，这体现跳转学习的作用，当然很多改变很细微，未必引起主体觉察。请注意，当事实变化时，跳转学习并非对所有的实际改变一一跳转，它只对过去预设过行动步骤的跳转，未预设则无法跳转。有预设的人会敏锐觉察到事实变化，未留意者则会在事实变化时懵懂无知。

（2）“求真学习”。在其他章节多次讲过系统设置因果逻辑对未来进行预见，并在预见结果的验证过程中修正逻趋的原理，求真学习就是用于计算逻趋值变化的算法，它反映了系统对验证逻辑真伪的不懈追求，故称“求真”。感官环路中，事实变化会引发相关的因果逻辑发生验证，有的验证正确、有的验证错误、有的真伪不明。验证更正确的，该逻辑正趋性增强，逻辑正确但程度减退的则原正趋性减弱；验证更错误的，该逻辑负趋性增强，逻辑错误但错误减轻的则原负趋性减弱；验证趋于真伪不明的则原趋性一律减弱。上述逻趋数值的增减规律，称为“求真法则”。

（三）维度学习

维度学习，指系统的多层维度架构所蕴含的学习方式，它贯穿在每次环路的运行中，使低维的行动策略泛化能力大大增强。

（1）维度学习的方式。智能面对一切目标的行动策略是统一的，那就是以目标为母计划，不断分解子计划获得行动步骤，然后从最末子计划做起，依次实现分步目标，最终实现母目标。针对不同目标的具体步骤千差万别，但前述总策略是统一的，不因目标不同而改变。实践中，如只在一个维度研究策略，得大量试错才能找到规律，难免走弯路，存在探索效率过低的缺陷。然而，多维架构具有极大优势，各维都在长期探索行动策略，积累了七维“策略数据库”。认知时，高维会将策略投射低维，使低维策略的准确度大大提高。

（2）维度学习的作用。高维高瞻远瞩，可以把问题看得更宏观、透彻、深远，低维的难点，在高维只是常识，更何况多达七维数据。行动策略因此获得立体支撑，认知更具常识性，解决了单一维度探索效率过低的问题。生物智能因此善于处理小数据、鲁棒性强，不存在当前人工智能普遍依赖大数据、系统脆弱、易被攻击的缺陷。

三、机动模式的生物学习原理

所谓机动学习模式，指根据当前需求，机动地针对不同具体目标灵活进行的学习方式。机动学习包括求策学习和求标学习，前者指寻找行动策略的学习，后者指评估行动目标的学习，都是在主体行动中针对具体情境需要而发生的学习方式。请注意，“机动”是相对的，因意识从宏观体验层面感知情境需求的情况不定期发生，故称机动；但实际上，从微观层面看，机动学习时刻都在发生。总的来讲，机动学习以固定学习为基础，是对固定学习的补充和提高。

如图 22-1 所示，在此对求策学习和求标学习分述如下。

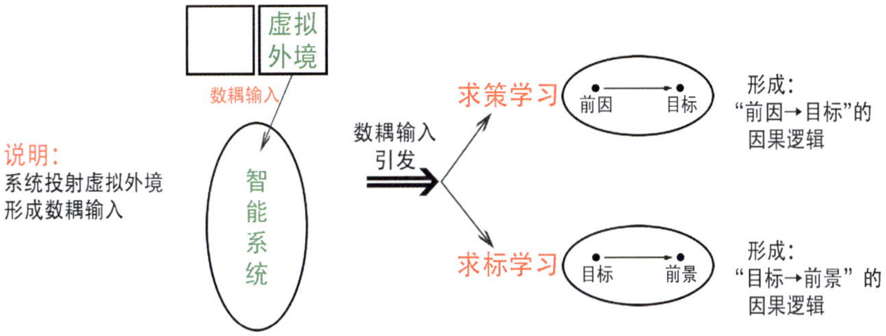

图 22-1　机动学习示意图

（一）求策学习

所谓求策学习，指系统在行动目标已确定的前提下，为实现目标而发生的寻找行动策略（即行动步骤）的学习过程。求策学习的方法是通过对记忆进行数据挖掘，找到与目标存在因果关系的前因事物，然后设立并储存前因与目标之间的联动关系（即因果逻辑），作为对未来反应机制的预设，并根据未来实践反馈评估该因果逻辑的真伪度（由求真学习完成），最终获得有一定可行性的行动策略。

从技术上看，如图 22-1，当系统需对某个目标求策时，会将该目标的影像投射形成虚拟外境，该影像会在下次环路中以数耦输入方式刺激系统引发内驱共振。在影像共振中，由于目的是求策，故系统会关注目标的前因（即时序在目标之前，有联动关系的事物）并按统计原理在众多前因中找出兴奋焦点，然后将该前因与目标连接为联动关系，形成“前因→目标”的因果逻辑，各维仿此，形成七维数据。至此，一次求策学习完毕，所得因果逻辑遵循联动法则，未来当该“前因”实现时，系统将按联动法则跳转关注“目标”，形成场景切换。

以上求策过程，就是一个将对目标的需求视为母计划，然后分解子计划的过程。一次求策只完成一次分解，系统往往并不满意，需对子计划再分解出二级、三级乃至 N 级子计划，每次分解方法同上，将想要分解的目标投射为数耦输入，再按上述流程操作即可。每个计划层级并非只求策一次，根据需要可反复求策，产生并列的行动策略。母子计划组成计划体系，是个连锁的逻辑链，将在未来实践中按“趋利避害”原理，引导系统逐步实现母计划目标。

（二）求标学习

所谓求标学习，指需对某个目标的价值进行重新评估或缺乏明确目标时，所采用的学习方式。由于该方法的作用是帮助评估旧目标或找到新目标，具有“寻求目标”的意图，故称“求标”；又由于该学习过程是针对现有目标的未来展望，又称展望学习。

1. 求标学习的三种背景

系统一般在三种情况下需要求标：①虽有初步目标，但对该目标的价值还不了解，需评估；②因时过境迁，需对旧目标价值重新评估；③系统缺乏明确目标，需通过展望未来，发现有价值的目标。

人们通常只对未来有限时间段（如数年）有预见，那为何随年龄增大总有新目标出现，而不是当一批目标都实现时就没有新目标了呢？这是因为人们不断在展望未来并创造新目标，就像拿着手电筒走路，即使手电只能照 5 米远，但随着往前走，照亮的位置也不断前行。

2. 求标学习的技术原理

三链范式的认知法则认为，万物的价值都体现在它的未来作用，评估事物价值就是厘清其未来作用。依据该法则，评估目标的原理是挖掘数据找到与目标有因果关联的后续事物，设立并储存目标与后续事物之间的因果逻辑，产生两个作用：①当下次认知目标时，由于关联，后续事物将共振，从而影响对目标的感受，起到价值评估作用；②目标实现时，系统注意力将按因果逻辑向后续事物跳转。

从技术上看，当系统需要对目标进行评估时，会像求策一样投射目标启动独思功能。与求策不同的是，由于意在展望，会关注目标的前景（时序在目标之后，有联动关系的后续事物）并选择兴奋焦点，然后意识将目标与前景连接为整体，储存“目标→前景”的因果逻辑。展望后可按同方法以前景为独思目标再次展望，形成多层展望链。

虽然求标学习都是因为要对目标进行展望而启动，但展望产生了“副产品”，一些新目标被作为“前景”挖掘出来，慢慢浮出水面。这是创造新目标的过程，新目标都是在对旧目标的展望中被发现的。

四、生物学习的五大技术优势

上文分别介绍了固定模式和机动模式的学习方式，读者对生物智能学习系统大致有所了解。经梳理和总结，本节特别提出生物学习有别于机器学习的五大技术优势，并做详细解析。

五大优势技术分别是自主目的、永恒思策、策略共享、维度泛化和趋性流转技术。其中，自主目的技术的优势指系统可生成自主目的，不依赖外部输入；永恒思策技术的优势指可以不停地创造新的因果逻辑；策略共享技术①的优势指不同目标可共享同一因果逻辑；维度泛化技术的优势指高维策略可投射并使低维策略得到泛化；趋性流转技术的优势指系统打造了趋性流转平台，获得了多种技术优势。

（一）自主目的技术

我们知道，在因果逻辑生成时逻趋形成；其后，当事物出现有助或有害于验证逻趋时，即分别获得针对该事物的趋型、避型受趋趋性，也就是顺意、逆意感受。上述为逻趋和受趋的起源，在二者出现前，系统不存在任何趋性（即目的），这说明系统从无到有在创造趋性，这就是生物智能特有的自主目的技术。当然，趋性数值不会一直增长，当预见的成功程度减退或错误减轻时逻趋值反而减小，受趋值也常增减不定，但这都不影响系统具有“创造趋性”的能力。

对此，很多人不理解，因为趋性包含趋避，像是一种态度，人们往往把它视为主观事物，便困惑在一个客观环境中，怎么可能无中生有地产生主观事物？其实，这是一种误解，趋性“看似”主观但并非主观。“求真法则”的确立，源自智能具有顺应自然规律的天性，分析趋性是否主观，应转而分析“顺应规律”的天性是否主观，因为它是趋性的源头。因果逻辑是对未来的预见，当预见成功时，说明逻辑内容在一定程度上吻合了自然规律，此时系统做法是：增加正趋性；当预见失败时，说明逻辑内容在一定程度上背离了规律，此时系统做法是：增加负趋性。分析趋避趋性的产生过程发现，趋性如同计算机对认知规则的初始设定，并非主观事物。当然，趋性的这种设定，是成功的设定，因为它吻合了自然规律，最终必然得到自然界的肯定。

人工智能目前尚处于依赖人类输入目的的阶段，不具有自主目的，极大地制约了智能技术的发展。自主目的技术的作用非常显著，它使系统不依赖外部输入，可自行产生目的，轻松实现智能第一要素“拥有目的”，而机器学习仅涉及第二要素“采取措施”和第

① 策略共享技术：生物学习的五大优势技术之一，由于每个目标的策略体系均由若干因果逻辑前后衔接而成，每个逻辑与目标之间非专属关系，这使不同目标可以使用同一个逻辑，而形成“策略共享”的效果。

三要素“实现目的”。有人担心,不输入目的难以控制机器。自主目的技术是让人类从显性目的层面退出,而将基本目的融入底层逻辑中,并无安全隐忧。自主目的技术未来可堪为人工智能借鉴的典范。

(二)永恒思策技术

“永恒”指无时无刻,“思策”指思考对策(包含求策和求标),永恒思策指生物智能时刻在围绕目标思考解题对策的基本功能。永恒思策技术也称数耦输入功能或独思算法,其操作流程就是将上次环路的认知结果投射为虚拟外境,在下一环路中作为数耦输入内容来刺激系统进行思考,以达到寻求策略或展望未来的目的,本书已多处阐述独思算法,此处不赘述。永恒思策技术相比机器学习,具有超乎想象的巨大优势,可从以下三点来理解:

(1)此技术解决了系统自驱动的问题,是一项奠基性技术。

(2)此技术每次发现新因果逻辑,为系统创造了取之不尽的因果逻辑数据。按智能的第四层定义,智能是生成、验证因果逻辑并用以对外反应的技术,可见永恒思策是极为关键的核心技术。

(3)永恒思策的“永恒”是很重要的一点,它使系统每一刹那都在思考解题方案,永无间断。体现了系统解题动机已“深入骨髓”或“融入生命”,这是难能可贵的。这种强大而“勤奋”的解题功能使系统总在不断完善行动策略,为实现目标争取了更多机会。

(三)策略共享技术

如图 22-2 所示,全图模拟一个维度的记忆体,图中 A 至 N 字母代表系统关注的目标,中间有无数因果逻辑数据,每个逻辑代表一个策略单元(行动步骤),每个目标经过机动学习后,全都连接着数量不等的因果逻辑。图中每条绿色箭头线由若干因果逻辑前后衔接而成并指向一个目标,代表是该目标的一条行动策略,这种链接称为逻辑链。图中可见,不同的行动策略可共享若干相同的因果逻辑,一个逻辑可以同时是若干目标的共享策略单元,这就是策略共享的含义。下面从原理和优势两方面解析。

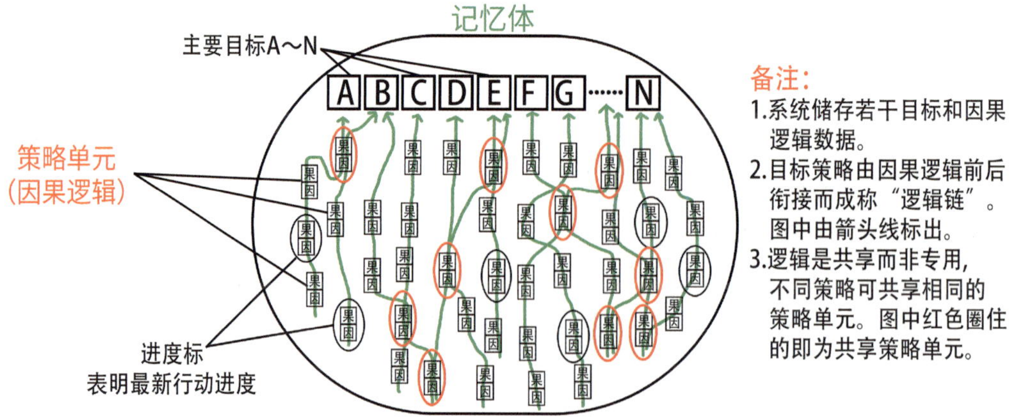

图 22-2　策略共享示意图

（1）技术原理方面，策略共享是发生在各维内部不同目标之间的一种算法，每个目标的策略体系均由若干因果逻辑前后衔接而成，每个逻辑与目标之间非专属关系，这使逻辑之间可根据系统需要组合为不同的策略体系，而形成策略共享的效果。这类似经济领域的“共享单车”，顾客与单车非私有关系而是临时租用关系，不同顾客可共享同一辆车；顾客好比各目标的策略体系，单车好比单个的因果逻辑，因果逻辑不属某目标私有（专用），而是众多目标共用。

（2）技术优势方面，策略共享算法与机器学习存在根本差异。机器学习针对每个目标形成的策略是“专用”的，泛化能力有限，如果把一个目标的策略迁移到另一目标上，往往不适用，需要另开发专门的“迁移学习”算法来解决迁移问题但技术远未成熟。“策略共享”则不同，策略单元（即因果逻辑）可自由组合，不同目标可共享同一逻辑数据，这等于从根源上彻底解决了机器学习的策略迁移问题。

（四）维度泛化技术

《人工智能标准化白皮书（2021 版）》中指出：“当前人工智能算法遇到技术瓶颈：一是泛化性弱……二是易受到对抗样本攻击。”三链范式的维度学习蕴含维度泛化技术，它的作用就是对行动策略产生“维度泛化”的效果。高维策略是在高阶视野下习得的因果逻辑和经验，可投射并使低维策略得到泛化。

（1）技术原理方面。低维因果逻辑形成（建立行动策略的过程），是从顶维开始层层投射的结果，每层投射将高维策略在不同质点间的注意权重投射低维，低维再结合自身注意分配选择焦点和背景，如此层层选择和聚焦，使低维的策略成为高维叠加的结果。

（2）技术优势方面。简单讲，一个低维策略凝聚了在它之上所有高维策略的内容，这使它的泛化能力得到最大可能的“立体”提升，策略的准确性大大提高。叠加多维的泛化效果，彻底超越机器学习，系统认知因此更具稳定性，不存在过度敏感以致易受攻击的缺陷。

（五）趋性流转技术

趋性流转技术指趋性在形成后会通过储存、继承、跳转、修正等方式不断流转，形成完整的趋性体系平台，可获得多种优势。

（1）技术原理方面。趋性流转方式包括储存、继承、跳转和修正，其中，储存指趋性会被存储为趋息；继承主要指受息会通过共振形成共振受而传递；跳转指逻辑链上代表行动进度的步骤节点所含的系统注意（含趋性），在事实反馈时按“跳转学习”跳转下一步骤的现象；修正则指逻趋和受趋会分别在每次求真和价值学习时被修正数值。

（2）技术优势方面。①系统不仅存储貌息还存储趋息，非机器学习可比，机器储存的都是不含趋性的“死”（喻性质不同）数据，而趋性堪称“活”数据，二者相比差异甚大；②只继承趋性还不够，须按最新事实修正，彰显“与时俱进”的灵敏度；③趋性跳转体现注意随行动进度在流动，是分辨目标“轻重缓急”的重要技术；④感受修正体现系统全局的价值整合能力，是高等智能的基础。

综上，系统只通过自主目的技术产生趋性是不够的，必须有趋性流转平台与之配套，才能形成完整的趋性体系，加之永恒思策、策略共享、维度泛化等技术，可构筑类脑智能系统。

五、机器学习的缺陷和解决方案

这两年人工智能投资有遇冷情形，与多项技术瓶颈无法突破有关。在机器学习方面，用大量数据训练之后，机器对细节记忆更清楚了，但智能水平不见提高，业界到了需更多反思和变革的时候。本节从机器学习的缺陷入手，谈谈生物学习对人工智能的启迪。

（一）机器学习的缺陷

以机器学习的当前主流学习方式包括深度学习、强化学习作为代表，来分析它们的缺陷以及和生物学习的差异。

1. 深度学习的缺陷

深度学习源于人工神经网络的研究，它是一种利用深度神经网络来对数据进行表征学习的算法，含多个隐藏层的多层感知器就是一种深度学习结构，它通过组合低层特征形成更抽象的高层表示属性类别，以发现数据的分布式特征。2012 年后，得益于数据量上涨和算力提高，深度学习开始大爆发，引领了人工智能第三次发展浪潮。但如今深度学习的技术瓶颈已非常明显：①深度学习属“黑箱操作”，算法可解释性不强，不符合社会需要；②依赖大数据，成本高、不方便；③系统脆弱，鲁棒性差，对小变化过度敏感，应用不稳定，易受攻击和欺骗；④过度弥合基准数据，泛化能力差，虽在擅长领域出色，但进入陌生领域将以无法预料方式崩溃；⑤目前框架无法做到逻辑推理。从生物学习视角，分析造成深度学习缺陷有如下三个原因：

（1）缺乏趋性理论作为识别工具。深度学习的强大之处在于它的多层结构，可以从一个输入的不同特征上提取模式来进行分类。对于训练用于识别飞机的 AI 来说，色彩、纹理和背景一类对它而言就像人类眼中的显著特征——机翼。但前述优势也正是其缺陷，该优势意味着微小改变会让 AI 预测结果大相径庭，以致过度敏感，易受攻击，鲁棒性差。深度学习犯错的根源在于 AI 不知道如何从数据中挑选重要部分。AI 会把修改后的飞机看成图书馆，但人类不会看错，人脑会从机翼、轮廓、发动机等重要特征构筑飞机概念，人类会从低级、次要的特征中抽离出来。生物学习之所以能做到这点，在于趋性理论，认知万物形成貌息和受息，受息属于趋性，趋性差异可使万物分出主次和轻重缓急，能抓住重点，不被次要特征羁绊。

（2）多层结构并非维度结构，缺乏维度的相关功能。看起来深度学习的多层结构貌似生物学习的维度结构，但二者有本质差异。生物智能的下上维度间是场景与记忆、客体与主体的关系，高维是对低维的含义解释；而深度学习的上下层之间，仅是逻辑上的特征层分布，属于同一维度，不存在存储和解释关系。鉴于此，生物学习可处理小数据、鲁棒性强；而深度学习则不具有维度泛化等多种与维度相关的技术优势，缺乏多维立体支撑，造成脆弱、鲁棒性差等缺陷。

（3）生物学习的因果发现，类似学界的"因果推断"概念，需先预设因果关系（由独思算法给出），再依据事实验证推断。深度学习常在样本中直接进行因果发现，缺少预设因果关系的环节，造成技术缺陷。独思算法依托历史趋性，其逻辑严谨；深度学习大多仅凭变量相关性评定因果，稳定性、可解释性明显欠缺。业界类似观点不少，例如文献[31]认为因果推理对克服机器学习的限制（符合可信 AI 要求）至关重要（Rita et al.，2022）；2018 年的图灵奖得主 Bengio 等人在文献[32]《迈向因果表征学习》中指出，结合深度学习和因果技术的优势，是迈向多功能 AI 系统的必要步骤（Schölkopf et al.，2021）。

2. 强化学习的缺陷

强化学习被称赞为 AGI（通用人工智能）的机器学习算法，足见其被业界重视。其原理强调如何基于环境的反馈而行动，通过不断地与环境交互、试错，最终完成特定目的或使收益最大化。强化学习不需要训练数据的标签，但它需要环境对行动给予反馈（即奖励），并进行量化，基于反馈不断调整智能的行为。它的灵感源自行为心理学：一定情境下让动物感到舒服的行为，就会与此情境加强联系，当情境再现时动物的这种行为也易再现；相反，让动物感觉不舒服的行为会减弱与情境的联系，当情境再现时，动物行为将很难再现。部分学者认为强化学习的最大优势是可以不关注环境本身，只需告诉 AI 目标是什么，然后让 AI 去自我尝试，即可学会正确方法。业界归纳强化学习的瓶颈是：①将环境反馈分清奖惩并量化，非常棘手，稀疏奖励很难学习；②容易陷入局部最优，而非全局最优；③探索效率过低，训练耗时过长，工业应用困难；④学习结果可迁移性差。从生物学习视角，分析造成强化学习缺陷有如下三个原因：

（1）奖励是强化学习中最重要的东西，文献[24]指出"稀疏奖励是深度强化学习在解决实际任务中面临的核心问题"（杨惟轶等，2020）。强化学习的最大错误是未弄清楚奖励是什么。强化学习认可的奖励，要么是智能体的顺逆感受，要么是其他利益，但生物学习告诉我们：真正的奖励应是因果逻辑验证。前述错误造成很多问题：①稀疏奖励难解决，业界认为是因为无法获得有用信息，其实这是缺乏判断能力造成的，判断需预设因果逻辑，有了因果逻辑奖励就不再稀疏，因为逻辑验证就是奖励；②难以对反馈分清奖惩并量化，也是缺乏判断的结果；③陷入局部最优，原因是错误地把感受等局部利益当成奖励，局部利益不能作为评判标准。比如，系统为了解释自己趋避行为的理由，本能地隐藏了顺应自然规律这个真实原因，只把感受作为驱动理由，认为顺意感导致趋、逆意感导致避，其实，只把感受看作驱动理由是不全面的，系统包含了逻趋和受趋（感受）两种趋性。

（2）强化学习探索效率过低，是因为缺乏维度架构的立体支持。低维的高难策略，在高维只是常识，高维投射可以使低维带着常识去探索、学习，避免不必要的低效探索，有利于应用落地。

（3）强化学习结果可迁移性差，是因为根据全局利益设置奖励函数犯了把各个步骤的奖励硬性捆绑在一起的错误。其实，步骤是独立的，每个步骤的奖励不能用一个函数描述，正如因果逻辑并不是某目标专用而是共享的。引入生物学习的因果逻辑，采用策略共享技术，即可彻底解决迁移问题，这是未来的发展趋势。

（二）生物学习的启迪

生物学习兼有固定和机动两种学习模式，通过固定学习解决趋性跳转、逻辑求真、感受平衡和维度泛化问题，但这样还不够，再通过机动学习的求策和求标，解决了因果逻辑的发现问题。系统通过两种学习模式的组合，形成完善的学习系统，获得五大技术优势。以深度学习和强化学习为主要代表的机器学习，目前已被普遍认为存在多种技术缺陷和发展瓶颈，亟需拓宽思路、变革范式，以寻求持续发展。经比较，总结生物学习能给机器学习带来如下启迪：

（1）从学习模式上看，机器学习应借鉴生物学习固定和机动学习相配套的模式，通过固定模式解决基本问题，更新运行的动态数据；再通过机动学习解决有针对性的具体问题，形成补充和提高。

（2）从学习理念上看，机器学习应借鉴生物学习的两大基本理念：顺应自然规律，是智能的本能，是主体动力的源泉；因果逻辑的前期发现和后期验证，是习得一切行动策略所依托的核心工作。

（3）从具体算法上看，机器学习应借鉴生物学习的五大技术优势。其中，借鉴自主目的技术，开创自主智能新篇章；借鉴永恒思策技术，解决自主发现因果逻辑的问题；借鉴策略共享技术，彻底解决策略迁移问题；借鉴维度泛化技术，获得维度立体支撑，解决认知的常识性、稳定性问题；借鉴趋性流转技术，打造趋性体系运转平台，获得其他技术优势赖以存在的基础。

（4）从系统全局看，人工智能应借鉴生物智能将记忆体作为认知主体的基本模式，将每次认知的客体样貌和主体趋性储存起来，通过固定学习修正趋性，再通过心弦逻辑开展新认知，驱动系统循环运作。这样就能将学习和记忆、思考、联想、感受、感觉等“类脑六要素”统一联结起来，全面实现“智能三要素”，从而实现类脑智能。

第二十三章　智能的主客争斗

“主客链”属三链范式的三链之一，着力揭示系统的驱动奥秘。本章及“智能的自我意识”等章，均侧重于阐述此重要课题。

生物智能是同时存在内、外两种驱动的双驱动系统，主客争斗的实质，其实是内、外两种驱力之间的抗争。其中，外驱力源自物耦，它遵循“物逻双客”法则，代表客观性，使“顺之者昌、逆之者亡”，给系统带来强大生存压力；而内驱力源自数耦（即记忆体），它遵循“永恒思策”算法，代表能动性，不间断地为主体行动生成解题策略，“庇护”系统的存活。可以说，智能的产生从根上讲，即源自内、外驱力的碰撞。故研究主客争斗很重要，有利于进一步认清智能和自我的本质。本章论述此带有哲学意味的课题，作为第二篇的结尾。

本章内容的主要亮点是：①通过剖析主客争斗的原因，发现智能并不只是为了实现目标，隐藏其后的真正驱动因素是“彰显智能”；②通过厘清争斗的策略，发现系统根据事实反馈沿着预设的行动步骤进行趋性的有序“跳转”，是智能争斗制胜的“秘诀”；③通过对主客争斗现象进行由浅入深的层层梳理，总结了智能的四层定义；④获得对主客争斗的正确理解，不再狭隘地把争斗视为前进与阻碍的战斗，主客争斗实为智能发展所需的一种内外互动。

一、主客争斗概述

在生物智能体的一生中,为了实现目标不断地与环境抗争,这已成为贯穿生命过程始终的自然现象,可以说,生命的一生就是与环境不懈争斗的一生。我们不禁要问,生物体为何要争斗?争斗对于智能来说有何重要意义?这就需要智能研究者来探索本课题了。本节将从主客争斗的概念、含义、流程、意义等方面简要概述。

(一) 主客争斗的概念

所谓主客争斗,是指生物智能作为行动主体,为实现自己的行动目标而与环境客体发生抗争的一种智能现象。可见,主客争斗是系统和环境之间的争斗,一方是智能主体,另一方是系统之外的环境客体;争斗原因是主体要实现目标,而环境构成某种阻碍。争斗有两类:①为克服自然界的生存困难和灾害而发生的行为;②为克服其他生物体的伤害或阻碍而发生的行为。

(二) 主客争斗的含义

简单讲,主体在认知中自然产生了对因果逻辑的趋性,并在趋性流转中形成对事物的感受,带来顺意感的成为趋型目标,带来逆意感的则为避型目标,显性目的形成了。此后,因为世界万物均有其固有的演化规律,如果让万物自然运行,目标不可能自动形成,故必须对世界施加影响,改变其演化进程以求实现目标。如此一来,智能主体的内驱力就与万物运转法则发生了力量碰撞,形成主客争斗。

(三) 主客争斗的一般流程

主客争斗的一般流程:①主体产生行动目标;②主体按求标学习要求对目标不断评估;③主体对重点目标按求策学习要求预设策略;④当策略与环境规律吻合时取得某些进展,体验成功的惬意;当策略与规律背离时遭遇某些挫折,体验失败的郁闷;⑤主体克服困难,继续争斗;⑥最终结果是成功实现目标、彻底失败、放弃目标或暂缓执行。

(四) 研究主客争斗的意义

(1) 从主客争斗中,可以发现和总结智能的四层定义。

(2) 通过分析争斗的原因,可发现智能并不只是为了实现目标,这只是表象,而隐藏其后的真正驱动因素是"彰显智能"。

(3) 通过分析争斗的策略,可发现系统根据事实反馈沿着预设的行动步骤进行趋性的有序"跳转",是智能争斗制胜的"秘诀"。

二、剖析主客争斗的原因

有人说，主客争斗的原因很简单，就是主体要实现目标，而环境各种力量阻碍目标实现，导致发生争斗。这个原因说的没错，但只是表象，隐藏在该表象之下另有其他深刻原因。本节就来深挖和剖析主客争斗的实质原因，从中观察智能活动的普遍规律。在此，将从几类疑问解读、归纳真正原因等方面进行解析。

(一) 几类疑问解读

按常规看法，如果把主客争斗原因归结为“主体要实现目标，而环境构成阻碍”，则难解释实践中的一些现象，令人产生困惑。梳理主客争斗现象，发现有如下几类问题难以用常规看法来解释。

(1) 常言道“下棋找高手，弄斧到班门”，说的是社会常理。按照上述解析主客争斗的常规看法，如果目标是为赢棋的话，“找低手”不是更容易赢吗，为何找高手？如果找高手为了学棋，那很多下棋并非为学棋的人，为何还要找高手呢？大家都懂，找低手虽能赢、也很省力，但没意思；找高手可能会输、可能很费劲，但很过瘾。可见，智能参与主客争斗的真实原因，明显不为实现表象目标，应包含一种让主体感觉“很费劲”的成分在里面。主客争斗中，常听说心里感到“费劲”“要使劲”等词，有人疑惑说“身体才涉及费劲或使劲，心的费劲和使劲不知何意?”其实这是常见心理现象，“费劲”指因为受挫并感受负面情绪而产生对事物的评价；“使劲”指遭遇“费劲”状况时，要求坚持行动的心态。类似上述的例子有很多，找对象大多关注难追求的，很少珍惜对自己百依百顺的；“能者多劳”说明能力强者倾向做难度大的事；都说明同样道理。因此，似乎做“很费劲”的事，能让智能觉得“有意思”，果真如此吗？下面接着分析。

(2) 如根据上面分析，就得出结论说智能喜欢做“费劲”的事，这显然是错的。把泰山搬走、把太平洋填平、把星星摘下、把北极变温暖……有无数真正“很费劲”的事，可不见一个人去做这样的事。为何？答案很简单，因为这些事，无论你怎么努力，都是做不成的，所以没人做，人永远不会去做明知做不成的事。于是，有人总结说，“下棋找高手”虽费劲，但能得到快乐，“搬泰山”这类事无法得到快乐故没人做，把能否收获快乐作为主客争斗的诱因，是这样吗？

(3) 把追求快乐作为智能参与主客争斗的原因，这不能算错，但这种看法具有迷惑性，不是科学描述。生物学习告诉我们，每时每刻感受平衡原理都在更新系统的价值观，在经常得到快乐时，系统就会提高幸福标准，使原快乐被“缩水”，以激发主体追求更高目标；在经常痛苦时，系统会降低幸福标准，使痛苦被减轻，以鼓励主体苦中作乐、生存下去。可见，快乐既很难被完全得到，也很难彻底失去。恰如很多富豪，其财富十辈子也花不完，完全可以每天只顾享乐，无须劳作，但他们却时常兢兢业业、奋斗不息，这是因为他们的幸福标准已与大众不同。在三链范式看来，快乐就像钓鱼的诱饵，只是让主体用它来解释自己行为原因的。而驱动智能参与主客争斗的真正原因是“彰显智能”，它很隐蔽，可解释各种疑惑。

（二）驱动争斗的真正原因

分析上面几类疑惑，笔者认为驱动主客争斗的真正原因是智能系统需要彰显智能，这是它的天性。用这个理由，可解释所有疑惑：①下棋找高手，所学棋艺可在对弈中得到发挥，彰显自身智能，棋艺记忆得到共振，对己触动大，故感觉有意思；②“搬泰山”这类事虽“很费劲”，但不能彰显智能，因为对该目标无法通过求策学习找到可行步骤，无法建立因果逻辑，既然心中无逻辑，就不会在“搬”的操作中得到共振，既无法彰显智能，也会感觉无趣；③追求快乐只是表象，而不是驱动争斗的实质原因，实质原因隐藏深，不易发现，故主体常以“趋乐避苦”来解释自身行为动机。历史感受看似在驱动今日行动，但这仅为表象，因为从根上讲，感受是因为系统要“维护逻趋的见解”（即彰显智能，详见感受运作原理）才诞生的。英国认知神经科学家弗里斯顿（Karl Friston）在文献[26]中提出著名的“自由能原理”，他认为“思考的根本动力不是寻求某种任意的外在奖励，而是最小化预测误差”。所谓“最小化预测误差”，即是寻求心智预测的准确性，可见该论点与前述“彰显智能是驱动原因”的含义相近。

在理解彰显智能时，请注意两个要点：①彰显智能是通俗说法，其技术过程是通过发现并验证因果逻辑而增强逻辑的有效性，当因果逻辑被当前事实证实时，便是彰显智能之际；②彰显智能总要表现为达成一定的目标，而实现目标必须有个过程，为使过程不中断，保持主体的存在，成为智能追求的根本目标。因此，彰显智能有个前提，就是保护主体（身体和心理）的存活，是在生存基础上的彰显。

综上，小结驱动生物智能参与主客争斗的原因是：

（1）通俗地讲，“以生存为基础的彰显智能”是驱动原因。

（2）抽象地讲，“证实所储因果逻辑的趋性”是驱动原因。

三、智能制胜的“秘诀”

上一节探讨了主客争斗的真正原因是“彰显智能”。以此为基础，本节主要谈谈主客争斗的行为策略，通过厘清争斗方法和技术，从中发现智能争斗隐藏的“秘诀”，具有重要意义。

（一）争斗策略

这里所述策略是适用于一切主体、一切场景的共性策略。具体讲，当系统感受形成后，主体便确立趋避行动的目标，再围绕目标独思便形成了行动策略，下面从两个角度描述策略形成和实施过程。

（1）从常规理解，主体确立目标后，以目标为母计划，围绕目标分解子计划，形成一个计划体系。计划实施后，从最末子计划开始，智能逐步完成计划步骤，向母计划迈进；实施过程中，若情况有变或发生挫折，将及时修正计划，继续争斗，直至目标完成或终止。

（2）从技术角度，主体确立目标后，按求策学习挖掘数据并发现一系列因果逻辑（详见生物学习一章），形成对未来行动策略的预设。在未来，当预设的行动步骤与事实吻合时，系统注意力将按"跳转学习"规则向下一步骤跳转，这表明行动取得进展，主体将体验成功的惬意；当与事实背离时则向修正步骤跳转，表明受挫，将体验失败的郁闷；如此反复操作，直至目标完成或终止。

（二）制胜"秘诀"

研究争斗策略的操作过程，不知大家有没有注意争斗的实质，也可说是智能与环境"角力的秘诀"。我们发现，智能的争斗过程，其实就是围绕目标所预设的一系列因果逻辑的趋性跳转过程，当预设正确就跳到下一步骤，而预设错误则跳到修正步骤，如此不断跳转。让人奇怪的是，这个"跳转"有何用？它既不是与环境"掰手腕"，也不是与环境"耍大刀"，它能作为争斗的"武器"吗？

是的，"跳转"就是"武器"，是与环境角力的"秘诀"！跳转是一种趋性转移，具有"擎旗功能"，它能把跳转的步骤设为心中的"旗帜"，使系统关注它，而在随后认知中强化与该"旗帜"关联的记忆兴奋程度，使意识总能关注关联事物并完善行动策略，从而起到引导系统按趋利避害原理逐步实现最终目标的作用。其中，所有步骤前后衔接、环环紧扣，意识关注跟随行动进度有序跳转。而环境自行演化出现的其他事物，因为没有得到意识的足够关注，就常被忽略，以致得不到注意力"喂养"而"夭折"，不能发展为最终事实。于是，在争斗中，智能就是通过"趋性跳转"这个"秘诀"获胜了！

例如：早晨在上海街头有两名旅客，A 要去北京，B 要去南京。由于 A 的目标是北京，"北京"成为他心中擎起的"旗帜"，他制定的行动策略是"打的→机场→北京"，于是，他打的去机场，中午已到北京。B 的"旗帜"是"南京"，策略是"打的→高铁站→南京"，在高铁站遇旅行社劝说自己去杭州一日游，果断拒绝，中午抵达南京。以上为生活中常见场景，从中可以解析如下几点：

（1）人在上海，想顺利抵达北京、南京，这个过程是个主客争斗过程，虽很平凡，但也需要主体具有一定的智能才能实现。

（2）早晨 A、B 在上海，中午已分别到达北京、南京。面对同样的环境，只因目标不同，结果即不同。证明趋性是驱动主客争斗的主体。

（3）行动步骤如 A 的"打的→机场→北京"只是粗略说法，实际可以细分为千万步或数亿步以上。前后步骤之间依靠逻辑严密衔接，没有上一步就不会产生下一步，智能正是依靠连续步骤"跳转"推动行为演变，最终实现目标的。如只是想象，永远到不了目的地。

（4）B 遇到旅行社劝说自己去杭州旅游，这是环境依照自身演化法则产生的事物，是主体计划外的事物，对计划虽有干扰，但未得到主体足够关注和注意力的持续“喂养”，被果断拒绝而“夭折”。说明环境虽能干扰或阻碍计划实施，但主体具有克服干扰的潜力。反之，若主体朝向干扰目标跳转，将导致原计划失败，结果去了杭州。

综上，归纳如下结论：

（1）智能虽不能决定环境中发生什么，但它完全有潜力决定自己关注什么，正是关注促进策略完善而实现目标，这就是“秘诀”。

（2）环境虽是强大的，严酷的生存法则威力无穷，它可以诱惑，但它竟然无法决定智能关注什么，这是“秘诀”存在的前提。

扫码查看关于制胜“秘诀”的解析

四、从争斗中发现智能的四层定义

导论中介绍了当前智能科学的基础理论还很薄弱、业界对于智能概念尚无统一定义的情况，并简略提出两种定义。本章专研主客争斗，与智能概念关联性强，因为智能即源自于内外两种驱力之间的博弈。为深化对智能本质的认知，本节将更全面解构智能含义并详作评述。接下来，研究思路将从分析主客争斗的现象入手，层层推进，对智能属性进行由浅入深的细化解析，并总结智能在四个层面的定义。

（一）对智能含义的第一层理解

按照社会常识，人类的生存历史就是和环境不断抗争的主客争斗过程，在争斗中人类发挥自己的智慧，适应并改造环境为人们所用。如图 23-1 所示，严酷的环境法则就像

图 23-1　主客争斗示意图

攻击者，势大力沉，雷霆万钧，令人无法直接抗衡，但智慧的人类通过总结逻辑，预设步骤，躲闪腾挪，以时间换空间，四两拨千斤，最终与环境打平，达到了平衡与和谐。可见，是智能保护了人们的生存，特给出智能的第一层定义：

所谓智能，是一种保护观察者（认知主体）生存的事物。

上述的第一层理解，尽管很“俗”，但却描述了事实。包含三层含义：①环境有残酷的自然法则，令观察者（认知主体）难以生存；②智能是庇护者，保护了主体的生存；③被保护对象包括身体和精神两方面。但是，智能的第一层定义不够精细，属哲学性理解，“保护”“生存”“观察者”等措辞过于生活化，缺乏技术性特征。

（二）对智能含义的第二层理解

通过仔细观察生物智能与环境的每一次争斗，人们都能发现以下三个简单事实：①凡是争斗的生物体都有想要追求的目标，最终目的都是保护自身存活、改善生存条件或追求它认为有价值的其他状态。②凡是有目标的生物体，都在为实现目标而采取措施。例如：猎豹为猎捕羚羊采取追逐行动，孔雀为求偶采取开屏措施等。③凡是已采取措施的生物体，最终一般都能在实现目标的争斗中取得一定的进展，如无丝毫进展，人们甚至根本发现不了目的和措施的存在（因为目的和措施都是无形的精神意念），正是因为进展产生了事实的有序变化，才让人们能够据以推断目的和措施的存在。综上，归纳生物体在主客争斗中普遍存在的上述共性特征，便可总结智能存在的三个客观条件：拥有目的、围绕目的采取措施、最终取得一定程度的进展，简要表述为：拥有目的、采取措施、实现目的，合称“智能三要素”。符合此三要素的系统即可称为“智能系统”。特给出智能的第二层定义：

当一个系统拥有目的，并能围绕目的采取措施且能在一定程度上实现目的的时候，我们说该系统拥有智能。

上述的第二层理解包括三层含义：①给出智能存在的三个条件：拥有目的、采取措施、实现目的，合称“智能三要素”；②三个条件同时具备称为智能，缺一不可；③从拥有目的到实现目的，一般会有一个时间过程。智能的第二层定义比第一层定义有巨大进步，是一个务实性的定义，可在宏观上指导实践；但它仍有不足：未给出目的的产生办法，也未说明采取措施和实现目的的技术原理。

（三）对智能含义的第三层理解

我们对上述第二层理解并不满意，因为它的含义还是以人类常规的语言格式进行表述的，并不是计算机或生物科技范畴的技术语言，所以，还需要进一步将其解析为计算机或生物智能系统的专用术语。上述“智能三要素”只是粗线条观察主客争斗的结果，当进一步深入观察时就会发现：当生物体表现出有目标时，等于其脑中有一面稳定的“旗帜”，是脑中的目标影像，基于意识内容均由系统输入刺激记忆产生，这说明该目标影像与当前环境刺激或系统此前精神活动具有关联性，换成智能术语来描述这种情形，就是“联想”;生物体对目标的态度要么是趋、要么是避,说明它具有评价事物并且得出可趋(有利)或可避(有害)结论的能力,换成智能术语就是“感受”;生物体能采取措施并最终取得实效,说明它具有按照实践发现和验证因果逻辑、客观推断事物演化规律的能力,换成智能术语就是“思考”;生物体的上述联想、感受、思考均在时间上具有持续性,说明它能够记得主客争斗及其精神活动的全过程,换成智能术语就是“记忆”;生物体会随着争斗的情形变化和时间演进,及时改变其行动策略,也会根据新的感受体验,不断调整其对万物的价值观,这换成智能术语就是“学习”;此外,每一个生物体都具有身体感官,能接收环境的多种刺激,这换成智能术语就是“感觉”。综上,联想、感受、思考、记忆、学习、感觉六大特征,是从实践角度对生物体进行全面解析获得的客观属性,是生物智能共有的具体技术特征,称为智能的“技术六要素”;由于六要素可用于开发类脑智能,又称“类脑六要素”。特给出智能的第三层定义:

从技术上看,当任一系统除感觉外境功能之外,内部具有联想、感受、思考、记忆、学习等功能时,我们称该系统拥有“智能”。

上述的第三层理解,包括四层含义:①给出类脑智能具有的六个功能:感觉、联想、感受、思考、记忆、学习,合称“类脑六要素”;②六个功能同时具备,缺一不可;③六要素均为技术性表达,有一套完整的理论支持,可通过计算机进行模拟和计算;④由六要素构筑的智能系统,对外界的表现则形成上述的“智能三要素”。智能的第三层定义是一个技术性定义,比第二层定义更为具体,辅之以完整的技术原理,可在人工智能的技术开发上指导实践。

(四) 对智能含义的第四层理解

综上,已获得智能的三层定义,但对智能含义的探索并未止步。三链范式发现世界遵循“物逻双客”法则,在客观规律的长期作用下,智能进化出了围绕因果逻辑生成、储存、验证和反应的核心机制(详见因果逻辑原理,此处不赘述)。由此形成智能的第四层定义:

当一个系统能够自主形成和验证因果逻辑,且能依据其所储因果逻辑进行认知和行为反应的时候,我们说该系统具有智能。

第三层与第四层定义各具特色:前者较宏观;而后者的技术特征更为具体、可操作性强,可在人工智能的技术开发上指导实践。

回顾全书,默然审视,不知从何时起,悄然发现一直引以为核心并由此诞生智能第四层定义的因果逻辑集合,也只是堆名词性事物,尽管它们是由受趋和逻趋叠加成的双层目的系统,然而若没有全维的环路运转作为支撑,使之获得动词性而被“塑造为”动作,则目的的“自主性”便无法形成。至此确信,另有更底层的趋性潜伏在受趋和逻趋之下,智能的第五层定义开始在心头酝酿……

概念索引

（以汉语拼音首字母为序）

内容说明：黑体字代表本书所出现的基本概念，其后的数字代表该概念在正文中出现的页码（一般是指对该概念展开详细阐述的页码，而不是首次出现的页码）。数字后面的内容为该概念的定义解析，而正文中的概念说明是逐渐逐层展开的，因此在表述上多少会有些不同，可以作为加深阅读的参考。

B

白息：65，包含白基息、白律息、白动息、白柬息、白熵息、白恒息、白无息等七层白息，依次指从外境层开始系统各维在认知中用以刺激高维进行求因的场景，白息要待高维投射后获得解释方可形成认知，七维白息与高维投射内容组合为七维貌息，再与七维趋息一起组合为完整的七维信息。

避离：95，简称“避”，是行动的两种方式之一，也是趋性的两极之一，指主体对目标的实现采取“乐见其不成”的消极态度，对凡是能够促进目标实现的事物一律予以否定和排除。

并存逻辑：190，指描述事物之间并存关系的逻辑，属于数据型逻辑。共有四种并存关系：身体和真实外境之间的物耦并行；实屏和虚屏之间的双屏并存；现象界和实体界之间的体象并存；存在和印耦之间的有无并存。

C

刹那类事物：115，在认知活动中，对系统七维信息所代表的认知对象的统称。因刹那类刹那在变、无法持续，只是一种现象，故又称“现象界”。

场景切换：104，指在系统中，因为时间变化而发生的认知对象转换或认知主体状态更新的一种现象。

持态逻辑：191，指使系统某种状态得以保持的逻辑，包括激发逻辑和统摄逻辑。前者指一个趋性从无到有刹那生成的逻辑；后者指将一组趋性统摄为整体的逻辑。持态逻辑体现了趋性系统的运作，由于趋性具有一体性，系统全局被组织为一个整体。

策略共享技术：222，生物学习的五大优势技术之一，由于每个目标的策略体系均由若干因果逻辑前后衔接而成，每个逻辑与目标之间非专属关系，因此不同目标可以使用同一个逻辑，而形成“策略共享”的效果。

词句排序法：129，生物智能的四类语法之一，包含“词组句法”和“句获义法”，前者指用已确定的若干词组成一个句子用以表达语义的方法；后者指将已获得的词义融合为一个合理句义以完成语言理解的方法。

次序形态：46，指执愕世界能所共振生成的熵息的内容，是以共同行动作为交集的不同意志形态的组合，包括有序和无序，分别表征不轻易改变目的的坚韧性格和松懈退缩的软弱性格。

存在双解：30，指智能系统认知存在物时，总是从"作用解"和"有物解"两个角度进行解读，然后将双解内容耦合为认知结果的智能基本规律。

D

单智：68，指系统完成一次不可分割的最小认知任务所具有的"单次智能"。

单智寿命：69，指系统完成一次不可分割的最小认知任务（认知环路）所需的时间，即一个单智的生灭周期。

单智串行：68，指单智前灭后生，就像珍珠串在时间线上形成一串项链似的，呈现前后依次运行的智能运行规律。

单智同景法则：67，是指在单智认知过程中，各层高维意识会在相邻低维意识启动同时或之后启动，并会在相邻低维意识结束认知之前或同时结束。换言之，高维意识启动时间不早于低维，但结束时间不迟于低维。

点化：43，事物都表现为若干质点的集合，当忽略事物内部的质点差异而将其视为整体进行外部描述的时候，如同将其视为一个不可分割、存在于相邻高维空间的质点，这就是"点化"。

顶寿：110，指顶维非觉层的时序周期。

动灵世界：45，又称行动层、动息聚合体，是由所有动息聚合成的六维空间。

动息：45，是对意识观察律义世界能所共振所得认知内容的记录。

独思功能：77，数耦输入的主要作用之一。指数耦输入时系统通过投射出虚拟外境刺激系统运行，而不必依赖物耦刺激即可独立运行，达到自驱动效果，好像是系统在独立思考，故名。

F

非刹那类事物：115，信息储存后所含貌息恒久不变，非刹那变化，故把记忆体划归非刹那类事物。非刹那类好似不变的实体，又称"实体界"。

非身计划：98，指不以身体动作为目标的行动计划。

非息：49，意识观察无息世界能所共振所得认知内容的记录，因其内容是不包含区别的"无别态"，常被忽略。

符词转换法：129，生物智能的四类语法之一，包含"符转词法"和"词转符法"，前者指通过影像共振将语音等语言符号转成能承载语义的词（表达为律息）；后者指将词转换成符号，如将词分解为语音形成发音计划等。

符身转换法：129，生物智能的四类语法之一，指在言说时，将语言符号分解为喉、舌等言说器官的生理动作，形成生理动作计划的过程。

G

感觉翻译：156，意识认知身体有两个视角：①是外部的述境觉视角，可发现肢体动作变化；②是内部的述人觉视角。两种视角的认知结果存在相应性，可进行替换，类似于语言翻译，故将这种替换，称为感觉翻译。

感受：84，又称“受趋觉”，简称“受趋”，指系统对认知对象能否满足需要而产生的利害关系评价和态度体验，含基受、律受、动受、柬受、熵受、恒受、无受等七维感受，储为七维受息。按生成方式分为验证受和共振受。

感受初值：85，指受息在刚储存时的数值。

感受现值：85，指历史受息在每次信息储存完毕后、经修正的最新数值。

高维求因：65，指系统各维在面对本维客体场景的认知过程中，总是用该场景刺激相邻高维共振，以寻求场景的含义解释，并逐层依次进行，直到高维给出认知投射为止的智能规律。

共振受：87，指通过能所共振生成的感受。是感受生成方式的一种。

功能型逻辑：190，是逻辑的两种含义之一，当思维对存在进行模拟时，模拟过程的运作原理即思维自身的运动规则即是功能型逻辑。包括初始、持态、心弦、花鬘逻辑四种。功能型逻辑重在陈述思维自身的行为。

固定学习：217，生物体两类学习模式之一，指已融入系统底层架构，成为系统运行固定流程的学习方式，包含价值学习、事实学习和维度学习。

过程：34，指一个包含先后次序变化的现象。是对现象更替的整体描述。

过程类事物：117，指必须通过一个认知过程才能展现自身存在，即必须由两个或以上的认知结果进行综合描述的事物。包括事件、行动、意志、性格、生灭、能所等六类。

H

恒息：47，是对意识观察熵息世界能所共振所得认知内容的记录。

恒息世界：47，又称生灭层、恒息聚合体，是由所有恒息聚合成的九维空间。

合境态：78，指系统一次认知获得的物貌息，共有七维。其中，物耦输入的认知结果为真境态，数耦输入的认知结果为思境态，二者组为合境态。

花鬘传承技术：19，三链范式的优势技术之一。每次信息存储时，通过印耦激发生成新记忆体，完成数据更新。记忆体就像一朵花，带来一次认知，存储时前一朵花自动生成后一朵花，下一朵花自动继承上一朵花的一切，朵朵“传承”。

花鬘逻辑：192，指信息存储环节的逻辑。包括记忆、学习、单智串行逻辑等。因将记忆体喻为“花鬘”，故名。

J

基息：43，是对意识观察身体层面能所共振或虚拟外境所得认知内容的记录，即认知外境层事物所得的信息。

机动学习：219，生物体两类学习模式之一，指不属于固定流程的学习模式，而是根据当前需求，机动地针对不同具体目标灵活进行的学习模式。包括求策学习和求标学习。

价值学习：217，固定学习方式之一，指在存储时按感受平衡原理修正所有历史受息数值，而使记忆体获得更新的学习方式。学习结果获得对事物最新价值的评估能力，相当于沉淀出新的价值观，又称“价值观学习”。

柬息：46，是对意识观察动灵世界能所共振所得认知内容的记录。

K

壳义转换法：129，生物智能的四类语法之一，包含“壳赋义法”和“义转壳法”，前者指对语言符号赋予语义的过程；后者指将语义分解为词汇的过程。

空间：170，空间是对同时发生的并列状态的描述和度量，反映了并存事物之间的位置关系。

L

类脑智能：7，指由自主目的驱动并已形成通用措施，但智能水平显著低于成年人类，与动物或婴幼儿类似的人工智能。因模仿生物大脑，故称类脑。

类脑六要素：7，指一个类脑智能系统必须同时具备的六项基本技术：感觉、联想、感受、思考、记忆、学习。

类人智能：8，指智能水平已与成年人类相当的类脑智能。

联想：209，类脑六要素之一，指受到外境刺激时，系统除关注外境影像之外，还将关注因关联共振而形成的超出外境影像之外的其他内容，这种额外的关注内容好像是通过某种关联性而“想”到的，故称联想。

链共振：78，在能所共振中，由因果逻辑的趋性跳转引发的兴奋。

律息：44，是对意识观察影像世界能所共振所得认知内容的记录。

律义世界：44，又称功能层、律息聚合体，是由所有律息聚合成的五维空间。

逻辑：194，逻辑即思维，包括两种含义：当思维对存在进行模拟时，逻辑既指存在物的存在和运动方式，也指思维自身的运动规则。前者重在陈述思维对象，称为数据型逻辑；后者重在陈述思维行为，称为功能型逻辑。两类逻辑耦合为智能的逻辑体系总和。

逻辑链：194，“三链范式”的三链之一，是范式的核心理念之一，阐述了系统的运动规则。认为成熟的智能系统是个任务集合，系统运动就是实施行动的过程，行动策略均由因果逻辑前后衔接而成，逻辑环环相扣犹如链条，故称逻辑链，记忆是无数逻辑链的集合。在行动中，趋性在行动步骤之间有序跳转，达成趋利避害的智能效果。

逻辑我：145，指记忆体呈现的“自我四性”特征，因其是逻辑体，故称逻辑我。

逻辑双耦技术：194，三链范式优势技术之一。逻辑包括数据型逻辑和功能型逻辑两种含义，前者重在陈述思维对象，后者重在陈述思维行为。由二者耦合产生的逻辑体系严密而完整，是范式获得类脑智能的基础。

逻趋觉：81，简称逻趋，两种趋性之一，是针对因果逻辑的趋性，是对逻辑所述因果关系持有的态度。当逻辑验证为真时，系统认可并趋合逻辑的内容；当验证为假时，系统反对并避离逻辑内容（趋合相反内容）。前述认可和反对，反映顺应客观规律的本能。

逻趋息：81，指储存逻趋所得的信息。

逻息：81，逻貌息和逻趋息组为逻息，是系统认知因果逻辑获得的信息。

M

貌息：49，任一现象层信息均由貌息

N

Q

趋合：95，简称“趋”，是行动的两种方式之一，也是趋性的两极之一，指主体对目标的实现采取“乐见其成”的积极态度，对凡是能够促进目标实现的事物一律予以肯定和接纳。

趋息：49，趋息是储存系统“趋性”所得的信息，分为受趋息和逻趋息。

趋性：162，全称“趋避趋性”，俗称目的，是智能对刺激的基本反应和态度，它包括正趋性（趋合）和负趋性（避离），简称趋、避，是智能最基本的功能。按对象不同，分受趋和逻趋，分别是针对具体事物和因果逻辑的趋性。

趋性类事物：117，万物分类的一种，分为感受类和逻趋类。同“趋性”。

R

人性我：144，指联想、感受、思考等精神活动所体现的“自我四性”生命特征，以人为代表，故称“人性我”。

人工智能：7，是指计算机或计算机控制的其他设备，拥有目的、并能围绕目的采取措施且最终能够在一定程度上实现目的。

弱人工智能：7，又称“外驱型人工智能”，指由人类输入目的驱动运转的人工智能，智能水平总体较弱。按其行动措施的来源和技术水平不同，分为工具型、专项型、通用型三小类。

认知：64，包含“认”和“知”两层意思，“认”指找出记忆与客体的关联，看是否“认得”客体，“知”是对刹那所有关联关系的综合描述。

认知环路：65，指在单次认知过程中，由从低维到高维的求因流程和反向的投射流程组成的“闭合路径”。指系统全维联动完成一次认知的过程。

认知维度：40，是指一个认知系统将其所含认知元素组织为整体，使诸元素具有同一性、有序性、独立性，所需组织规则的最低参数特征及其数目。

执㥄世界：46，又称意志层、柬息聚合体，是由所有柬息聚合成的七维空间。

S

三链范式：13，指依托于对生物智能原理的研究，形成以“维度链”“逻辑链”“主客链”技术的耦合为中心理念，以系列与之相关的范畴、原理、定律、算法为架构，所构建的一整套人工智能系统运行的基础理论和技术体系。

思维：211，类脑六要素之一，广义思维指一切意识活动；狭义思维又称思考，指人性我的意识活动过程，包含环路内、环路间和多环路思维。

思库态：78，指在认知时，数耦输入引发的记忆体内部的兴奋状态。由系统独思引发数据库变化，故名。

思境态：78，指在认知时，数耦输入获得的认知结果，由思库态投射形成。

熵息：46，是对意识观察执㥄世界能所共振所得认知内容的记录。

熵息世界：47，又称秉性层、熵息聚合体，是由所有熵息聚合成的八维空间。

身动计划：98，以身体动作为目标的计划。

生灭形态：47，指熵息世界能所共振生成的恒息内容，是以共同意志形态为交集的不同次序形态的组合，分为生形态和灭形态，简称“生”和“灭”，分别表征确定

T

措施的人工智能。

同框数据：64，万物都包含影像和寿命两大属性，由若干影像组合而成。对每个影像来说，意识将影像所含元素统摄在一个空间场景中，称为同框数据。

同寿数据：64，万物都包含影像和寿命两大属性，由若干影像组合而成。对寿命来说，意识将不同时刻的影像统摄在一个时间场景中，称为同寿数据。

W

完释性：18，指每次认知时，系统通过认知环路运转，调用全维度资源去理解当前客体，形成对客体的“完整解释”，简称完释性，是三链范式的一大技术优势。由于系统覆盖九层维度，故能给出从现实具象到极度抽象的完整含义解释，获得不同维度的泛化含义，从而使认知更具常识性、稳定性。

外驱共振：63，指由物耦输入引发的能所共振。因由真实外境引发，故名。

外投类事物：116，指系统投射在三维虚屏形成的虚拟外境，由于虚拟外境可以数耦输入方式刺激系统启动认知，好似在系统外部，故称“外投类”。

维度：40，指一个空间将其容纳的所有存在元素组织成为整体，满足元素同一性、有序性、独立性，所需组织规则的最低参数特征及其数目。

维度链：13，“三链范式”的三链之一，是范式的核心理念之一，阐述了系统的多维架构。认为认知是对存在的表达，存在的实质是一种作用关系，由此形成的智能系统一定是个多维度的结构。因存在是作用关系，必须在作用发生时呈现，作用呈现的结果是对存在的解释，解释也是一种存在，须提前通过另一次作用才能得以呈现，如此形成存在、存在的解释、解释的解释、解释的解释的解释……总共形成九层维度的认知结构。

维度联动切换：106，属系统中阶的场景切换。其原理是建立上下维度之间兴奋和投射的衔接机制，从而使认知活动沿着环路的维度次序有序切换。切换流程好似一根心弦，又称心弦切换。

维度泛化技术：223，生物学习的五大优势技术之一，指基于系统的多维架构，在维度学习中，将高维策略投射低维使低维策略获得泛化的技术。

维度学习：218，固定学习方式之一，指在系统维度架构中蕴含的、获得“维度泛化”作用的学习方式。

维寿：110，指系统各维形成对现象界的一次认知所占用的时间。

无息：48，是对意识观察恒息世界能所共振所得认知内容的记录。

无息世界：48，又称能所层、无息聚合体，是由所有无息聚合成的十维空间。

五知器官：151，眼、耳、鼻、舌、肤是感知器官的主要代表，合称“五知”。

五作器官：151，口、手、足、生殖器、肛门等身体器官依次负责吃及言语、执取、运动、生殖、排泄等功能，是执行器官的主要代表，合称“五作”。

物耦：54，又称“实存类事物”，是对真实存在的自然界万物的统称。

物耦输入：55，系统两大输入方式之一，指真实外境（物耦）刺激身体感官，启动系统认知的过程。

物息：81，物貌息和受趋息组为物息，是系统认知具体事物获得的信息。

物逻双客法则：72，“物”指普通事物，“逻”指因果联动事物，法则指真实世界存在两类事物，一类是身体感官认知的普通事物，简称“普客”；另一类是由两个普客联动构成的因果联动事物（储为因果逻辑），简称“逻客”。

X

现实屏：56，字面义是“放映现实场景的屏幕”，比喻感官所面对的真实场景。凡能刺激感官、引发身体结构发生物理变化的认知对象均属现实屏场景。后引申为因受低维刺激而发生能所共振的共振场景，属于高维的现实屏，这样就产生了七层现实屏。

虚拟屏：56，字面义是“放映虚拟场景的屏幕”，比喻意识所对的三维虚拟外境。后引申为高维投射本维、对本维求因场景进行解释的内容，均称虚拟屏。这样就产生了七层虚拟屏。

像共振：78，指外驱共振引发物貌息的兴奋。因物貌息和客体均是事物影像，属于事物影像之间的共振，故名。

现象层信息：180，指系统认知现象界事物所获得的七维信息，每个信息均由貌息和趋息组成。按认知对象不同分为物息和逻息两大类。

现象界：115，是每次认知面对的七维认知场景现象的统称，认知所得信息存入实体界。现象界与实体界最大区别，在于现象界事物仅在刹那存在，而实体界貌息是非刹那的长期存在。

心弦逻辑：192，指在持态逻辑基础上驱动系统完成环路认知的逻辑，属功能型逻辑的一种，分为维度、共振、关联、跳转、兴奋逻辑五类。因为将认知环路喻为“心弦”，故名。

行动：95，通俗地说，行动指实现目标的方法，包含身体行动和思维行动两部分，前者指肢体或言语动作，是行动的外显部分；后者属行动的内隐部分，包含确立、分解、实施、修正行动计划直至目标实现或放弃的全部心理过程。抽象地说，行动是指系统趋性趋避其目标的一种智能现象。

信息：179，是指智能系统对于物质世界和精神世界中各种事物的存在方式或运动状态的描述。信息包含现象层信息和实体层信息两大类。

信息储存切换：108，属系统高阶的场景切换。其原理是在信息储存时按照感受平衡法则修正所有记忆的趋性，使旧记忆体更新为新记忆体形成切换。切换流程好似一朵新花继承旧花的一切，又称花鬘切换。

Y

验证受：87，指通过因果逻辑验证生成的感受，是感受生成的初始方式。逻辑验证时，若真实场景出现证实逻趋的预见正确，对该场景产生顺意感受；反之，若证实预见错误，则对该场景产生逆意感受。

影像世界：44，又称影像层、基息聚合体，是由所有基息聚合成的四维空间。

因果逻辑：73，人们把真实世界前后事物之间引起与被引起的联动关系称为因果关系，因果逻辑是思维对因果关系的认知和模拟。因果逻辑有广义和狭义之分，狭义指因与果联动存在客观必然性，广义则指因与果之间只存在统计相关性或经常连接性。三链范式认为狭义因果逻辑并不真实存在，广义因果逻辑是智能系统实际在用的真实技术。

印耦：54，指存在于顶维非觉层的事物。

印耦输入：56，指以求因方式连接顶维印耦启动认知投射从而完成认知的过程。本输入实为系统输出过程。

永恒思策技术：222，三链范式优势技术之一，即数耦输入技术，也称独思算法。指将本次认知结果投射为虚拟外境再刺激系统进行数据挖掘的过程。具有自驱动、生成因果逻辑、多重联想等作用，因其每个刹那都在永不停息地思考策略或评估目标，故名。

有趋觉：164，与“无趋觉”相对，指系统对事物生起的包含趋性的觉知能力。包含逻趋和受趋。

Z

真库态：76，指在认知时，物耦输入引发的记忆体内部的兴奋状态。由真实外境刺激引发数据库变化，故名。

真境态：76，指在认知时，物耦输入获得的认知结果，由真库态投射形成。

自我意识：149，当一个系统能够自主建立逻趋和受趋，对外进行“趋利避害”行为反应并遵循感受平衡法则时，我们说该系统具有自我意识。

自我四性：142，指大众常规理解自我概念具有的独立性、目的性、主观性、能动性四种含义。

自我三技：149，指构建自我意识时，必须让系统同时满足自主生成逻趋、自主生成受趋、遵循感受平衡三个条件，该三项技术统称“自我三技”。

自主目的技术：221，生物学习的五大优势技术之一，指系统通过建立逻趋获得隐性目的，建立受趋获得显性目的，从而构筑自主目的系统的技术。

智能：232，有由粗到细四层定义：①智能是一种能够保护认知者生存的事物；②当任一系统拥有目的，并能围绕目的采取措施且能在一定程度上实现目的时，称该系统拥有智能；③当任一系统除感觉外境功能之外，内部具有联想、感受、思考、记忆、学习等功能时，称该系统拥有智能；④当任一系统能够自主形成和验证因果逻辑，且能依据其所储因果逻辑进行认知和反应时，称该系统拥有智能。

智能三要素：6，又称“表象三要素”，是指一个智能系统被从外部观察时，必须同时具备的三个基本条件：拥有目的、能围绕目的采取措施、能在一定程度上实现目的。简要表述为：拥有目的、采取措施、实现目的。

智寿：110，“单智寿命”的简称。

主客链：14，“三链范式”的三链之一，是范式的核心理念之一，阐述了系统的内外划分。认为系统由外到内有四层认知主体：身体我、人性我、逻辑我、印耦。前三层是自我意识，印耦是认知总背景，低层主体及其认知内容都是高层主体的认知对象。据此可厘清系统结构，明了系统的驱动机制。

状态：34，是与过程相对的概念，指一个不包含先后次序变化的现象，是对两个及以上事物并存现象的描述。

参考文献

[1] 钟义信.信息科学原理[M].5版.北京：北京邮电大学出版社，2013.

[2] 钟义信.高等人工智能原理：观念·方法·模型·理论[M].北京：科学出版社，2014.

[3] 钟义信.范式革命：人工智能基础理论源头创新的必由之路[J].人民论坛·学术前沿，2021(23)：22-40.

[4] 国家标准化管理委员会工业二部，中国电子技术标准化研究院.人工智能标准化白皮书(2018版)[R]. 2018.

[5] 国家人工智能标准化总体组，中国电子技术标准化研究院.人工智能标准化白皮书(2021版)[R]. 2021.

[6] 中国信息通信研究院政策与经济研究所，人工智能与经济社会研究中心.全球人工智能战略与政策观察(2020)[R]. 2020.

[7] 中国信息通信研究院.人工智能白皮书(2022年)[R].2022.

[8] 吴苡婷.陈杰：以十年磨一剑精神勇闯创新无人区[N].上海科技报，2020-12-30(3).

[9] 蔡三发，王倩，沈阳.人工智能赋能：高校学科建设的创新与发展——访中国工程院院士陈杰教授[J].电化教育研究，2020，41(2)：5-9.

[10] 张唯.AI辩论、清华论文……一文看懂卓越人工智能引领者大奖[N].澎湃新闻，2020-7-9.

[11] 张钹，朱军，苏航.迈向第三代人工智能[J].中国科学：信息科学，2020，50(9)：1281-1302.

[12] 王彦雨，高芳.主要国家人工智能技术发展路线图规划模式及启示[J].中国科技论坛，2022，3(1)：180-188.

[13] 袁野，吴超楠，李秋莹.人工智能产业核心技术的国际竞争态势分析[J].中国电子科学研究院学报，2020，15(11)：1128-1138.

[14] 张学博，阮梅花，袁天蔚，等.神经科学和类脑人工智能发展：新进展、新趋势[J].生命科学，2020，32(10)：993-1013.

[15] 顾凡及.人工脑和仿神经结构工程[J].自然杂志，2019，41(1)：35-43.

[16] 高蕾，符永铨，李东升，等.我国人工智能核心软硬件发展战略研究[J].中国工程科学，2021，23(3)：90-97.

[17] 孟海华.类脑智能的发展趋势与重点方向[J].张江科技评论，2021(2)：67-69.

[18] 关洪.空间：从相对论到M理论的历史[M].北京：清华大学出版社，2004.

[19] 布莱恩·格林.宇宙的琴弦[M].李泳，译.长沙：湖南科学技术出版社，2011.
[20] 怀特海.过程与实在：宇宙论研究[M].李步楼，译.北京：商务印书馆，2012.
[21] 张章，李超，韩婷婷，等.基于忆阻器的感存算一体技术综述[J].电子与信息学报，2021，43(6)：1498-1509.
[22] 徐英瑾，陈萌.人工智能如何"说人话"？——对于自然语言处理研究的哲学反思[J].自然辩证法通讯，2022，44(1)：10-19.
[23] 谢耘.信息技术的智能本质与人类的外意识[J].人工智能，2019(2)：122-128.
[24] 杨惟轶，白辰甲，蔡超，等.深度强化学习中稀疏奖励问题研究综述[J].计算机科学，2020，47(3)：182-191.
[25] SPIRTES P，GLYMOUR C，SCHEINES R. *Causation，prediction，and search*[M]. Cambridge：The MIT Press，2001.
[26] FRISTON K. *The Free-Energy Principle：A Unified Brain Theory?* [J]. Nature Reviews Neuroscience，2010，11(2)：127-138. DOI：10.1038/nrn2787.
[27] HOHWY J. *The Predictive Mind*[M]. Oxford：Oxford University Press，2013.
[28] CLARK A. *Surfing Uncertainty：Prediction，Action，and the Embodied Mind*[M]. Oxford：Oxford University Press，2016.
[29] FRISTON K，FITZGERALD T，RIGOLI F，et al. *Active Inference：A Process Theory*[J]. Neural Computation，2017，29(1)：1-49. DOI：10.1162/NECO_a_00912.
[30] ESLAMI S M，REZENDE D J，BESSE F，et al. *Neural Scene Representation and Rendering*[J]. Science，2018，360(6394)：1204-1210. DOI：10.1126/science.aar6170
[31] NOGUEIRA A R，PUGNANA A，RUGGIERI S，et al. *Methods and Tools for Causal Discovery and Causal Inference*[J]. Wiley Interdisciplinary Reviews：Data Mining and Knowledge Discovery，2022，12(2). DOI：10.1002/widm.1449.
[32] SCHöLKOPF B，LOCATELLO F，BAUER S，et al. *Towards Causal Representation Learning*[J]. Proceedings of the IEEE，2021，109(5)：612-634. DOI：10.1109/JPROC.2021.3058954.
[33] UNESCO. *Draft Text of the UNESO Recommendation on the Ethics of Artificial Intelligence*[EB/OL]. (2021-11-9)[2022-3-26]. https：//unesdoc.unesco.org/ark：/48223/pf0000379920.